U0239433

城市与区域规划研究

本期执行主编　顾朝林

商务印书馆
The Commercial Press
2015年·北京

图书在版编目（CIP）数据

城市与区域规划研究（第 7 卷第 1 期，总第 17 期）/ 顾朝林
本期执行主编. —北京：商务印书馆，2015
ISBN 978 - 7 - 100 - 10894 - 2

Ⅰ. ①城… Ⅱ. ①顾… Ⅲ. ①城市规划—研究—丛刊②区域
规划—研究—丛刊 Ⅳ. ①TU984-55②TU982-55

中国版本图书馆 CIP 数据核字（2014）第 273237 号

城市与区域规划研究

本期执行主编 顾朝林

———————————————————

商 务 印 书 馆 出 版
（北京王府井大街36号 邮政编码 100710）
商 务 印 书 馆 发 行
北 京 冠 中 印 刷 厂 印 刷
ISBN 978 - 7 - 100 - 10894 - 2

2015 年 1 月第 1 版 开本 787×1092 1/16
2015 年 1 月北京第 1 次印刷 印张 14¼
定价：42.00 元

主编导读
Editor's Introduction

In order to meet the challenges brought about by the opening-up policy and rapid economic growth since 1978, China's planning practitioners (including academics and planners) have been learning the relevant theories and methods of the Western countries, and trying to innovatively apply them in the researches and practices of China. Undoubtedly, the urban planning discipline has contributed a lot to China's economic miracle in the last 30 years, and has played active and important roles. Though originally derived from architectural and engineering sciences, urban planning in the Western countries has long become a social science. Similarly, in China the discipline is now shifting to a more social science-based one for better urban design, property management, land use policy-making, and landscape ecology restoration. This transformation is the result of the

自 1978 年改革开放以来，为了应对快速的经济增长带来的挑战，中国的规划业者（包括学者和规划师）一直在学习西方国家的规划理论和方法，从最大程度上进行内容整合和方法创新。毋庸置疑，中国最近 30 多年的城市规划学科发展为中国经济奇迹立下汗马功劳，发挥了积极和重要的作用。西方国家的城市规划学科已经从建筑和工程科学中分离出来，与社会科学的关系却越来越紧密。中国正在尝试建立在最优秀的社会科学的基础上、可以满足最好的建筑设计、物业、土地经济和景观生态的城市规划学科。这些都与不同国家不同发展阶段城市规划需要解决的问题不同相关联。英国《城市设计与规划杂志》2014 年推出两期专门介绍转型中的中国城市规划专辑，主要展现最近 30 年中国城市规划转型发展的过程和当下规划关注的重点以及解决问题的规划编制途径。为与发达国家城市规划同行有更广阔、更深入的学术交流的平台，本期作为这两个专辑的补充，试图展现清华大学城市规划系积极参与国家推进新型城镇化进程和推进城市规划学科转型发展的创新研究成果。

过去的 30 多年，中国的城市规划业者，一方面努力学习西方发达国家市场经济条件下的城乡

socio-economic growth, because at different stages of development, urban planning faces different problems and has different focal points. *Urban Design and Planning* (UDP) has been publish two special issues to exhibit the China's urban planning in transition, mainly to show the restructuring and development process of the field and the problem-solving focuses and planning-making methods in the last 30 years. This issue will focus on some new progresses of China's urban planning from the perspective of the Department of Urban Planning, Tsinghua University. We hope they will serve as a bridge for more in-depth academic exchanges between China and the rest of the world.

Over the past 30 years, China's urban planning practitioners have exerted themselves to learn the theories and methods of urban and rural planning under the market economy from the Western countries. Meanwhile, they have made utmost efforts to meet the demand of making "problem-oriented planning" and "goal-oriented developmental planning" under China's reform and opening-up policy. China has grown out of the former Soviet urban

规划理论和方法，另一方面满足中国应改革开放"问题导向型规划"和"发展目标导向型规划"的需求，完成了从计划经济体制下苏联城市规划模式向"社会主义市场经济体制"下的城市规划模式转型。然而，经济持续稳定的高速增长推动了直接和根本城镇化动因的多元化，也形成了国家新的战略重点和空间格局。在较长时期采取的"效率优先、兼顾公平、促进社会稳定和协调"的发展思路，以及各地争先恐后追求 GDP 增长的策略，出现了城市外延扩张占主导、城乡人居环境质量提升慢和区域差异急剧扩大等问题。城镇发展客观上比较依赖土地财政等非正式的制度安排，在城市发展环节上放任自流，农民进城自由放任，公共交通建设沦为地方政府追逐土地收益的工具，房地产在"市场经济"的幌子下成为投机趋利的行业，农民工及其随迁家属在教育、就业、医疗、养老、保障性住房等方面的公共服务设施被忽视。

诚然，过去 30 多年，中国城乡规划学习西方规划理论和方法进行的整合和创新是基于特殊社会主义市场经济集权制度的，即国家和城市政府利用权力支配了土地开发，并使国家、地方和人民从中获利。更关键的是，中国城市正在从依赖土地出让的财政体系向开征物业税和土地二级市场建立的地方税系统转型。为了适应这种快速转型，中国需要建立一种全新模式的城市规划学科，主要包括混合设计、社会经济分析、科学分析模型和实用性城市理论等。要解决中国面临的这些问题，城市规划业者也需求进一步增加相关技能，例如：住房规划与市场和政策、基础设施规划与财政、环境规划与城市设计、绿色交通规划、城市财政与城市经济学。未来学科发展的关键仍然是城市规划与建筑学、社

planning model and established its own model for the emerging socialist market economy. However, its sustained and stable economic growth has directly enhanced the diversification of urbanization and produced new strategic focuses, bringing about the change of the spatial pattern in the country. For a long period of time, China has adopted a policy of "giving priority to efficiency with due consideration to fairness, and promoting social stability and coordination." However, the pursuit of GDP growth has brought about some serious issues such as urban sprawl, environmental degradation, slow improvement of living quality, and regional disparity. Urban development in China has been mostly dependent on informal institutional arrangements like land finance. The uncontrolled development, local governments using public transportation as a tool for land revenue, the real estate industry speculating under the name of market economy, etc. have become major problems. Furthermore, farmers are flocking into the cities blindly without much attention being paid to their education, job training, health care, pension, affordable housing, and other public services.

会科学以及交通和资源可持续性等硬技术工程学的进一步有机整合。

中国城乡规划学科如何更好地为国家经济发展和社会转型服务？首先，强化应对气候变化的适应规划；其次，基于传统的城市规划与设计原理，增加社会经济分析，在物质空间、基础设施、社会服务设施规划方面满足城镇化过程中城市空间发展和基本公共服务需要；再次，满足新型城镇化需要，开设新课程，例如：房地产市场和住房政策（尤其关于保障性住房概念）、城市公共财政与方案预算、多元统计分析等；最后，基于资源可持续性原理，科学确定城市发展的生态红线和生产、生活、生态空间，划定城市特别是特大城市的增长边界，节约集约利用土地、水、能源等资源，规划绿色、低碳、可持续发展城市。本辑注重发表这些领域的相关规划研究成果。

本辑特约专稿是李郇撰写的"面临新型城镇化的三个规划转型问题"，文章在分析中国城市的宏观经济调控变化、人口增长速度变化以及城市管治模式变化的基础上，认为未来中国城镇发展动力会发生变化：货币驱动下的外生性土地扩张将受地方政府债务压力而难以为继，城市人口增长也将失去大规模人口迁移的机会，以兼并为主要目的的城区行政区划调整将停止。因此，过往的扩张性城市规划思维将转向土地约束下的内生性增长的思维，传统的增长趋势法的城镇人口规模预测将转向就业机会的预测，同城化成为城市群协调规划的主流。进而适应新型城镇化，中国城市规划发展将向"以人为核心、土地集约利用和产城协同"转型发展。

本辑学术文章选择三篇文章。于涛方的"中

Indeed, over the past 30 years, the integration and innovation of China's urban and rural planning in the process of learning Western experiences are based on a special centralized system of socialist market economy, namely, national and city governments use their power to govern urban land development and to make profits for national and local governments and ideally for all people. Now a more critical event is occurring, i. e., Chinese cities have to rely on the local property tax and second-hand estate market. To accommodate the rapid transformation, China's urban and rural planning has to establish a new paradigm, including mixed design, socio-economic analysis, and scientific analysis model, practical urban theories, etc. China's urban and rural planning also needs to further accumulate relevant knowledge and skills, such as housing planning and marketing policy, infrastructure planning and finance, environmental planning and urban design, green transportation planning, and municipal finance and urban economics. A key to the future development of China's urban and rural planning relies on its further integration with architecture, social

国巨型城市地区：发展变化与规划思考"运用 2010 年第六次全国人口普查数据中不同行业的就业密度、就业构成等指标，从多中心、功能性和全球性、地方性—区域性等角度对中国巨型城市地区进行了界定和较为系统的特征定量分析，并结合 2000 年第五次全国人口普查数据，分析了 2000～2010 年中国巨型城市地区的发展演变，从而给出中国巨型城市地区的发展趋势，在此基础上就中国巨型城市地区规划进行展望和思考。文章认为中国巨型城市地区的未来发展将更不确定、更复杂，为此需要动员社会能量，协同进行创造性思维，统筹巨型城市地区发展的市场机制的根本性（促进效率、创新、效益、竞争力等的提升）和城市规划等政府调节工作的有效性（促进市场负外部性的解决），是应对巨型城市地区不确定性和复杂性的根本途径。于长明、吴唯佳的"世界五大城市地区土地使用模式比较研究"认为：土地使用模式被认为是影响城市可持续发展、造成不可持续问题产生的关键因素之一。文章选择伦敦、巴黎、纽约、东京、北京五个世界特大城市地区进行实证研究，试图通过准确认识其土地使用模式化解世界特大城市地区的可持续发展和在全球竞争中取得优势的基础性问题。论文制定了多指标的测度方案，运用人工解译和分层随机抽样相结合的测度方法获取数据，结合空间矩阵、缓冲区分析、情景模拟等环节，比较北京和其他世界城市地区的土地使用模式构成情况并解释其成因，论文给出了解决相关问题的新视角和新方法。顾朝林、郭婧、运迎霞等撰写的"京津冀城镇空间布局研究"是中国发展研究基金会委托提交中央决策参考的专门研究报告的一部分，研究针对京津冀地区发展面临的"区域生态退化，环

sciences, resource sustainability, transportation, and other engineering technologies.

　　How can the discipline of urban and rural planning better serve China's economic development and social transformation? Firstly, it is of great importance to strengthen the environmental management and the adaptive planning in response to climate change. Secondly, it is necessary to integrate the traditional urban planning and design principles with socio-economic analysis, so as to meet the needs of rapid urbanization in the aspects of physical space, infrastructure, and social facilities. Thirdly, it is advisable to add new programs for the changing quantity and quality of China's fast urbanization, including real estate market and housing policies (especially with regard to affordable housing), urban public finance and budget, multivariate statistical analysis, etc. Fourthly, based on the principle of resource sustainability, there is the need to scientifically determine ecological spaces and urban growth boundary, economically and intensively use of land, water, energy and other resources, in order to build green, low-

境污染严重；产业转型升级滞后，重化工倾向严重；贫富差距扩大，社会矛盾日趋激化"三大挑战，进行了京津冀地区协同发展和城镇空间布局研究。文章从多中心网络城市群和集中圈层发展两种模式出发，提出了京津冀城镇空间布局调整的建议方案，特别是依据城镇化水平预测，就城镇体系、京津核心区、边缘城和特色自立新城进行了系统的规划研究，并从水源涵养区建设、静脉产业园区建设、生态补偿机制建立和区域一体化规划四方面阐述规划实施的对策。毫无疑问，这项研究的视角转向基于区域问题及其解决途径的规划研究，值得一读。

　　本辑国际快线选择格哈德·欧·布劳恩的"重建丝绸之路经济带的几个理论问题"，根据2014年6月中国科学院召开的"丝绸之路经济带的生态、环境和可持续发展国际会议"的发言整理和翻译，文章主要探讨了丝绸之路经济带区域网络构建的条件、需求及概念。文章认为：首先，应将区域视为灵活的、具有开放边界的功能性社会经济空间单元，并基于劳迪奇纳的五维度进行情境设想，强调这个集群内部的倍增效应及其与区际市场关联的重要性。其次，应在宏观、中观、微观三个尺度上考察区域空间结构。网络、市场和层级结构的设计对于竞争合作的成功至关重要，同时也建议施加有效而明智的管理，以实现三个"E"的均衡发展，并提出理想的均衡结构状态。文章还从区内机制和区际机制两组概念出发，分析内生发展和空间结构倍增概念的内容。最后，提出重建丝绸之路经济带应当同时在自上而下和自下而上发展的过程中促进创新、决策及合作，并基于以上给出丝绸之路经济带的空间及区域网络集群示意。

　　中国的法定规划编制一直处在不断的创新过

carbon, and sustainable cities.

Hope this special issue will provide readers with a better understanding of the process of transformation, existing problems, and future prospects of the urban and rural planning in China.

程中。本辑选择三篇文章反映最新的研究进展。首先，周显坤等的"城市总体规划强制性内容编制技术方法研究"着眼于规划转型对城市总体规划强制性内容的编制技术环节，从间接的规划衔接与直接的规划技术工具两个方面考察规划体系中相关的"强制"关系和其中的强制性内容，对现状做出了"对象过多"和"手段多元"的评价，据此按照管制目的进行了简化归并，初步构建了新的内容范畴和管制方法体系。其次，赵庆海等的"城市总体规划实施的定量评估方法初探"，以乌兰浩特2008版评估为例，针对当下城市总体规划修编频繁、规划实施评估以定性为主、存在主观性和任意性的具体情况，进行城市总体规划定量评估方法的探索。通过乌兰浩特2008版总规评估证明：城市总体规划实施评估可以采取定性与定量相结合的方法，最终以数量表述规划实施的效果，具有一定的可操作性和实用性。最后，牛品一等完成的"城镇体系规划实施评估及其案例"，以兴安盟2008版城镇体系规划为例，依据城镇体系的基本内容，构建了"城镇体系规划实施评价指标体系"，采用定性与定量相结合等分析方法对城镇体系规划实施的效果进行评价与分析。通过评估证明：城镇体系规划实施评估可以采取定性与定量相结合的方法，最终以数量表述规划实施的效果，具有一定的可操作性和实用性，有助于城镇体系规划实施评估的科学化和系统化。

本辑的经典集萃选择"慢科学宣言"，这看起来似乎和城市与区域规划研究关系不大，事实上，认真阅读，对摒弃当下"急功近利"、"杀鸡取卵"的研究风气，倡导"潜心专研"、"深入研究"有所裨益。本辑也介绍了《社会主义市场经济条件下城市规划工作框架研究》，希望大家喜欢。

城市与区域规划研究

本期主题：转型中的中国城市规划（清华专辑·上）

目　次 [第7卷 第1期 (总第17期) 2015]

Journal of Urban and Regional Planning

Special Issue of Tsinghua University (I): China's Urban Planning in Transition

CONTENTS [Vol. 7, No. 1, Series No. 17, 2015]

面临新型城镇化的三个规划转型问题

李 郇

Three Issues Concerning Planning Transformation in the Context of New Urbanization

LI Xun
(Geography and Planning School, Sun Yat-sen University, Xingang West Road No. 135, Haizhu District, Guangzhou 510275, China)

Abstract China's urbanization is facing various influencing factors after three decades of rapid urbanization since the reform and opening up. This paper analyzes the changes of Chinese cities concerning macroeconomic regulation and control, population growth rate, and management mode. Based on the analysis, the paper predicts: the urban development driven by currency-based land expansion will be influenced by government debt in the future; cities will lose the chance of large-scale population migration; and there will be no more administrative division adjustments aiming at merging. Therefore, the former expansive urban planning will transform to the endogenous growth with limited land; the prediction on urban population growth will transform to prediction on job opportunities; and urban integration will become the mainstream of city cluster coordination and planning, so as to meet requirements of the human-oriented intensive land use and city-industry coordinated development in the context of new urbanization.
Keywords planning transformation; endogenous growth; population size; urban integration

作者简介
李郇，中山大学地理科学与规划学院。

摘 要 在经历改革开放 30 年的快速城市化后，中国的城镇化正面临各种影响因素的变化，在分析中国城市的宏观经济调控变化、人口增长速度变化以及城市管治模式变化的基础上，认为未来城镇发展动力将从货币驱动下的外生性土地扩张转而受到政府债务的压力；城市人口规模将失去大规模迁移人口增长的机会；以兼并为主要目的的行政区划调整将停止。因此，过往的扩张性城市规划思维将转向土地约束下的内生性增长思维，传统的增长趋势法的城镇人口规模预测将转向就业机会预测，同城化成为城市群协调规划的主流，进而适应新型城镇化下以人为核心、土地集约利用、产城协调发展的要求。

关键词 规划转型；内生增长；人口规模；同城化

改革开放以来，我国城镇化发展进入高速拓展阶段，城市化率（城镇人口占总人口比率）大大提高，2012 年达到 52.6%。快速城市化实现城市规模和城市空间的迅速扩张。1990~2000 年我国城市建设用地面积扩大 90.5%，而 2000~2010 年，城市建设用地面积扩大 83.41%；北京的建成区面积由 2000 年的 488km² 增长到 2011 年的 1 231km²，上海从 550km² 增长到 886km²，广州则从 431km² 上升到 990km²。

与此同时，城市空间的持续扩张往往是以新城建设为载体的。据不完全统计，2000 年以来，27 个省市区规划建设新城/新区 748 个，规划总面积高达 2.7 万 km²（邹德慈，2010）。而且，地方政府热衷于圈地造城的城市发展模式。数据显示，调查的 12 个省的 156 个地级以上城市中提出新城/新区建设的有 145 个，占 92.9%；12 个省会城市共规划建设了 55 个新城/新区；在 144 个地级城市中，有 133 个提出要建设新城/新区，占 92.4%，共规划建设了 200 个新城/新区，平均每个地级市提出建设 1.5 个新城/新区。

30 多年的快速城市化过程表明，目前我国的城市规划是一种城市规模快速扩张的规划。2013 年全国新型城镇化工作会议提出，"城市规划要由扩张性规划逐步转向限定城市边界、优化空间结构的规划"。可以预见，今后城市规划将从扩张规划向存量规划和缩量规划转变，更多关注城市内部空间的优化、城乡公共服务设施均等化等方面。

因此，本文的研究分别从宏观机制、人口规模和城市管治模式三个方面，分析面临新型城镇化我国城市规划和经济建设中可能出现的变化和特征，探讨城市规划由扩张性规划向内部空间结构优化转型的机制，为我国未来城市规划提供研究的思路和方向。

1 宏观机制：从外生动力转向内生动力

城镇化和经济增长是相辅相成的两个过程，经济增长带来社会生产率的提升是城镇化的内驱动力，城镇化的发展反过来又会促进城市经济的增长。在此情况下，经济增长动力模式的变化也必然会对城镇发展的机制造成影响。

改革开放以来，中国城镇发展的动力主要来自招商引资、出口、固定资产投资三大外生的动力，在经历了 2008 年金融危机后，国家通过扩张性的财政政策推动城镇经济发展的力量正在发生变化，寻求城镇发展的内生动力是现在城市规划中机制探讨的重要内容。

1.1 扩张性财政政策下的城镇快速拓展

扩张性财政政策是国家通过财政分配活动刺激和增加社会总需求的政策行为。2008 年 11 月，国务院出台的"扩大内需十项措施"标志着我国政府实行扩张性财政政策，出台的措施中涉及民生工程、基础建设、产业支持等方面，投资总值约 4 万亿元人民币。其中，由中央财政承担约 11 800 亿元，剩余的部分需要由地方政府及社会资本承担。

在投资需求增加的情况下，中央政府通过直接增加经济中的货币供应量，以及国债发行、利率调整、信贷条件放宽等配套措施，实施扩张性货币政策；而地方政府依托土地出让收入，以及通过银行贷款、信托、债券发行、BT 项目等方式进行融资。扩张性货币政策带来经济体中的广义货币供应量（M2）和整体信贷规模大幅增加。如图 1 所示，以 2008 年为节点，2008～2010 年，我国经济中货币供应量由 47.5 万亿元增加至 72.6 万亿元，平均年增长速度 23.6%，而 2008 年以前 10 年的年均增长速度只有 16.4%。随着市场货币供给的激增，经济体中商品价格也将大幅上升，2008 年以后我国通货膨胀率处在较高水平。

大量财政资金的落地需要与设施建设、产业相结合，根据国家发改委的数据，4 万亿资金中，投入到道路交通等基础设施建设的约有 15 000 亿元，用于产业结构调整和技术改造的约有 3 700 亿元。

2009年，国家通过资金和政策支持七大战略性新兴产业发展，鼓励各地方政府组织实施重大应用示范工程，随之各级地方政府即通过建设经济技术开发区作为投资和产业的载体。最为突出的表现是国家级经济技术开发区的大量批出，数据显示（图2），2008～2012这4年间获批的国家级经济技术开发区数量达93个，为1984～2007这23年间获批数量的1.7倍。据国土资源部统计，2010～2012年，仅国家级开发区面积已增加1 201.23km²。此外，以高新技术开发区、保税区等名义建设的各级园区也在2008年后呈井喷状态。所以，扩张性财政政策促进大量开发区的建设，土地的资本化成为消化货币发行量最直接的途径，扩张性的财政政策和货币政策共同成为这一阶段城镇化拓展的直接推动因素。

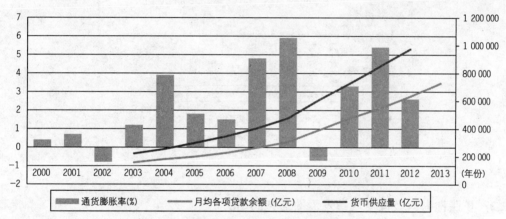

图1　通货膨胀率、货币供应量和借贷规模

资料来源：国家统计局，新浪宏观经济数据库。

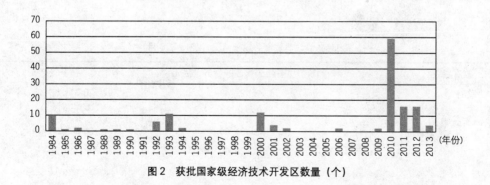

图2　获批国家级经济技术开发区数量（个）

　　同时，在这一阶段，城镇化发展与经济、货币周期的联系渐趋紧密。2008年以后，土地溢价率与广义货币供应量的变化趋势近乎同步（图3），信贷资金加深了土地资本化的程度。在此情况下，土地作为生产要素的生产功能更多地被其作为资本的投机功能所替代。在投资回报的激励之下，大量的土地、资金被用于进行地产开发，过快上升的土地价格对整体产业结构造成冲击。此外，由此催生的对住房、土地的投机性需求也进一步加剧了土地价格的波动性，且增加其形成泡沫的风险，如鄂尔多斯的"鬼城"现象，即是由虚高房价背景下现金流的断裂所引致。

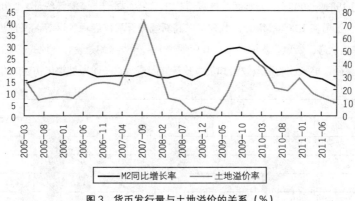

图3　货币发行量与土地溢价的关系（%）

资料来源：新浪宏观经济数据库。

1.2　扩张性财政政策使城镇发展缺乏持续动力

随着国家实行最严格的土地管理制度，可出让土地的减少使得地方政府主要收入来源的土地出让收入已逐渐增长乏力，而土地财政难以为继，地方政府的债务问题开始凸显。截至2013年6月，全国政府性债务合计30.27万亿元，其中地方政府负有直接偿还责任的超过10万亿元，大部分集中在市、乡镇一级，占比达80.8%（表1）。

表1　各级政府性债务规模情况（2013年6月）

政府层级		政府负有偿还责任的债务（亿元）	政府或有债务（亿元）
中央政府		98 129.48	25 711.56
地方政府	省级	17 780.84	34 158.91
	市级	48 434.61	24 467.83
	县级	39 573.60	10 845.58
	乡级	3 070.12	577.17
	地方政府债务合计	108 859.17	70 049.49
合计		206 988.65	95 761.05

2008年以后，政府投资的主要方向是市政建设、土地收储、交通设施建设等短期回报不明显的项目，而投往新能源、基建原材料等产业方面的资金利用效率不高。国内消费需求的增长并未能完全消

耗快速扩大的产能，导致产能闲置问题严重，如钢铁、水泥等产业开工率不足 75％，多晶硅等新能源产业开工率甚至低至 35％（财经网，2013）。由此，在债务高企、收入缺乏增长点的情况下，大部分地方政府已无力再承受以扩张性财政政策带动地方经济增长的模式。

从效果来看，扩张性财政政策短期内刺激了经济的增长，2009 年成功实现保 8 目标，2010 年甚至恢复 10.4％的两位数增长，扩张性财政政策在其中起到了重要的作用。但是，政府主导的大规模项目投资对经济增长仅有短期的拉动作用，国内消费对经济增长的拉动作用则没有明显的提升。因此，本轮扩张性财政政策"扩大内需"的初衷仅以政府主导的手段实现了国内投资需求的增加，并未对国内消费需求形成明显刺激。在出口对经济拉动乏力、政府财政债务高企的情况下，释放国内巨大的消费潜力，才是缓解我国产能过剩，实现长期经济增长的最有效途径（图 4）。

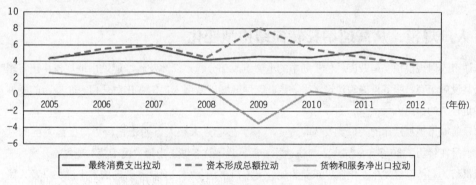

图4　三大需求对 GDP 增长的贡献（百分点）

资料来源：新浪宏观经济数据库。

综上，金融危机过后的扩张性财政政策尽管能在短期对经济形成刺激，但难以维持可持续的经济增长。此外，短期大规模的财政刺激还为整体经济、产业及城镇化发展带来了如下的问题：①庞大的政府债务规模，造成后续城市建设、产业培育资金的紧张，不利于城镇化的优化和推进，也不利于政府对产业结构转型的引导；②大量资源投入房地产领域，造成产业结构失衡，并增加经济形成泡沫的风险，造成诸如"鬼城"等虚假城镇化现象；③土地资源消耗过快，后续城镇化及产业的发展受用地"瓶颈"制约；④配套的宽松货币政策造成的高通胀为相关的物价调控、民生工作带来较大压力，非户籍人口的"市民化"进程将因此受到阻碍。这些问题的存在，也进一步限制了未来继续使用扩张性财政政策推动经济和城镇化发展的空间。

1.3　内生性是城镇发展的未来动力

2013 年以后，中央对宏观政策采取了较大幅度的调整，明确提出宏观经济进入经济增长的换挡期、结构调整的阵痛期和前期政策消化期。不动用货币政策，而是培育信息消费，增加节能环保、棚户区改造、城市基础设施，通过制度改革释放经济活力。在这种背景下，城镇发展需要通过产业结构的转型与城镇空间优化来寻求新的经济增长动力。

在产业上，一方面需要加大产业研发和技术创新的投入力度，紧密结合市场需求积极培育新兴产业；另一方面则需要优化整体产业发展环境，强调市场作用，放宽、减少政府行政上的审批、管制，为中小企业营造优良的营商环境，激发其活力。

因此，在城镇规划工作中，则首先需要转变粗放式的土地扩张的思维，注重旧城的改造和土地资源的集约使用，新城规划与开发中将更加强调以产业发展为基础，注重适度的规模与内生产业的培育，避免单纯的以"卧城"为特征的新城开发。同时，旧城的价值将需要被重新发现，与国外城镇规划发展相似的是，挖掘城市内生发展的基础、社区参与式等将会成为旧城改造规划的主要模式。

2 人口规模：从高速增长转向结构型变化

城市人口规模预测是城市总体规划中的重要组成部分，不仅涉及新增建设用地规模，还将影响城市公共设施配套和服务设施的建设水平。因此，理解城市新增人口的变化对任何一个城市的发展都具有举足轻重的作用。

目前城市规划常用的人口预测方法是趋势法，核心是未来人口的增长趋势与已经发生的过程一致。但是在经历了30多年的城市人口快速增长后，我国许多城市出现"民工荒"现象，外来务工人员无限供给的趋势已经发生变化。以东莞为例，受出口市场萎缩、原料和劳动成本上涨，以及人民币升值等因素影响，东莞正失去"世界工厂"的地位，东莞人口从2008年的1 300万减至2013年的700多万（《联合早报》，2013）。传统的人口增量的趋势预测很大程度上将被打破，因此有必要重新理解未来人口规模变化的特点。

研究人口规模增长的经典理论是1950年代美国人口学家博格（D. J. Bogue）提出的系统的人口流动"推力—拉力"理论，本文将通过这个经典的框架分析今后我国城市人口规模增长的动力。

2.1 城市人口增长的推力降低

城市新增人口的推力来源于农业生产技术的提高和劳动人口总量的增加。发展经济学的学者首先认识到了农业技术进步对于劳动力转移的关键意义。农业生产技术的不断进步促进农村劳动生产率的不断提高，使得农业生产的劳动力需求减少，出现农业生产的剩余劳动力。改革开放期间农村剩余劳动力资源禀赋的结构特征，决定了中国在国际竞争中获得劳动密集型产品的比较优势（蔡昉等，2008），城市吸收了大量的农村剩余劳动力，促进城市经济发展和城市化进程。

从农村人口的存量来看，改革开放以后，农村大量劳动力向城市转移首先得益于农村体制的改革，即1970年代末实行农业家庭联产承包责任制（蔡昉，2007），承包制度激励了农村生产效率的提高，大量隐性的劳动力转化成剩余劳动力，为城市人口的快速增长提供了大量的后备力量。其次，

1984 年提出的劳动力转移"离土不离乡"模式，鼓励农民从农业生产转移向非农产业转移，随后产生了数亿的人口从中西部向东部转移。但是，这种制度产生的生产效率的提高并没有得到农业生产技术的延续。

另外，现在劳动力主要流出地区出现农村的"空心化"问题，导致农村人口总量和青壮年人口比例下降，剩下的大多数为老人、妇女和儿童（周祝平，2008），他们成为农村的主要劳动力，不可能为农村技术进步做出贡献。以福建省永定县为例，永定县各乡镇外出半年以上人口占所在乡镇户籍人口比重从 2000 年平均 15.3％上升至 2010 年的 42.1％，十年来上升近 27 个百分点。因此，现有劳动力的迁出遇到技术进步的"瓶颈"问题。

从人口总量来看，中国人口再生产类型逐步进入低生育阶段，15～64 岁的劳动年龄人口的增长率，从 1990 年代以来开始放慢，目前正呈现递减速度日益加快的趋势，而且全部来自农村的贡献，预计到 2015 年全国劳动力作为整体达到零增长（蔡昉，2009）。

因此，刘易斯转折点的到来，使得农村的劳动人口大规模向城市流动的动力逐渐消失，未来中国城市人口规模不可能再像改革开放以来 30 年这样的快速增长。

2.2　城市人口增长的拉力减弱

城市提供的就业机会是吸引外来务工人员的拉力。胡佛（Hoover，1937）将产业经济划分成地方化经济和城市化经济两种表现形态。地方化经济是指某一产业的地理集中对生产效率的促进效应；城市化经济则是指地方经济体系的产业多样化，生产性服务业的出现是多样化的城市化经济的显著表现。

综观我国人口流动过程，在全球化劳动分工的潮流下，东部沿海地区通过吸引外商直接投资（FDI）迅速成为世界制造业的加工生产基地，形成地方化经济，吸引了大批农村剩余劳动力向这些地区的城镇转移就业。而凭借土地、劳动力等生产要素成本较低的优势，东部沿海地区大城市的周边地区和农村地区得到了快速发展，促进了城镇规模的迅速增长。

然而，2008 年全球金融危机以后，人民币汇率上升，制造业工资上升，FDI 占全社会固定资产的投资比例在下降，制造业工资从 1990 年的 2 073 元激增至 2012 年的 36 494 元，而 FDI 占社会总投资的份额从 1990 年代初的 15％下降至 2009 年的 8％（图 5、图 6）。数据显示，沿海地区的地方化经济的优势在下降，地级市和镇一级吸引人口迁移的拉力在减小。

从服务业的角度看，城市尚不具备容纳新增高素质劳动力的拉力。随着义务教育的普及和高等教育的扩招，城市中知识文化水平较高的劳动人口特别是高校毕业生总量逐年增多，其就业动机不再满足于基本的"生存意识"，而是追求农民身份的改变以及得到尊重和认可的"发展意识"，使得他们在就业过程中更倾向于选择从事服务业工作，而放弃传统的制造业工作。统计年鉴数据显示，我国高校毕业生数量从 2000 年的 95 万增长至 2013 年的 699 万，而 2012 年我国城市提供的服务业的就业人口是 27 690 万人（图 7）。也就是说，高校毕业生数与第三产业从业人员之间容量正在不断缩小，如果城市不能实现生产性服务业的升级,主要集中在城市 CBD 的服务业岗位数量将与劳动力市场存在矛盾,城市服务业的驱动停滞导致城市削弱了对新增人口的拉动。

事实上,服务业是城市集聚的重要产业拉力,当服务业占主导地位的时候,可以视为城市进入后工业时期。世界银行的数据显示,世界主要国家第三产业成为主导产业(服务业比重超过 50%)时,人均 GDP 平均值约为 10 000 美元。但是,2010 年,中国人均 GDP 为 4 283 美元,第三产业的比重为43.18%,尚未达到服务业占主导的经济发展阶段。因此,目前中国城市的服务业仍然不能承担就业的主力,其结果将是城市一方面不具备吸引制造业工人的成本优势,另一方面又不具备吸引大规模高素质生产性服务业的能力。

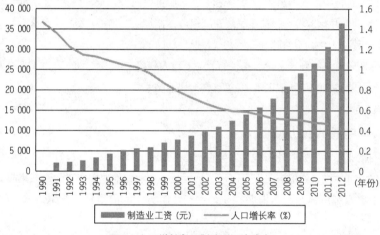

图 5 人口增长率及制造业工资演变

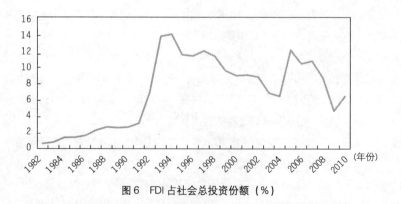

图 6 FDI 占社会总投资份额(%)

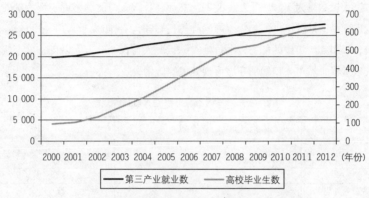

图 7　第三产业就业增长和高职毕业生增长情况（万人）

资料来源：《中国统计年鉴》(2011)。

2.3　城市人口规模增长的动力来源

在城市新增人口推力和拉力两大动力出现减弱和约束时，新阶段我国城市新增人口的来源成为城市规划中需要探讨的关键点。首先，当前我国城乡人口流动格局正出现新的趋势，越来越多的外出劳动力回流到农村（李郇、殷江滨，2012）。调查显示，外来工意愿乡外就业回家居住的比例从 2008 年的约 8% 上升到 2012 年的 14%，农村外出劳动力的回流意愿逐渐增强。而且，回流劳动力在就业上正表现出明显的向县城及非农产业转移的倾向（李郇、殷江滨，2012），对以县城为中心的县域城镇化发展具有重要影响。

其次，是外来务工人员的本地化问题。由于城乡二元化的制约，城市中的外来务工人员不能享受与城市户籍居民同样的基本工资、义务教育和社会保障，造成城乡社会福利脱节。根据国务院发展研究中心课题组（2011）的调查显示：近 30% 的外来务工人员愿意在务工地定居，而超过 90% 的人希望在城镇定居。因此，创造条件让外来务工人员转化为城市居民，实现外来务工人员的本地化，使他们与城市居民共同享受城市福利，是实现城市人口增加的重要途径。

最后，新生代外来务工人员引起社会的广泛关注。新生代外来务工人员大多是"80 后"、"90 后"青年，既不会务农也不愿意务农，甚至其名下也没有承包的土地，他们大多数是毕业以后外出或在城市中完成学业，普遍没有务农的经历，也没有将来回到土地上的打算（蔡昉，2009）。而且，新生代劳动力与他们的父辈有着截然不同的生活观和就业观，他们更多地将流动视作改变生活方式和寻求更好发展的契机（中工网，2013），渴望得到社会的认同，希望通过身份的改变成为城市中的一员。

面对新生代劳动力、外来务工人员本地化、回流等人口新变化，原有城市的人口增长趋势将逐渐消失。以用地规模为人口承载力依据的方法将失去产业依托。以贵阳"三区五城"规划为例，规划预测贵阳与周边城市人口数量为 1 320 万人（表 2）。然而，我国人口流动格局表现为农村人口向大中城市流动和内地人口向沿海地区流动的趋势（顾朝林等，1999），贵阳位于人口迁出地较多的西部地区，与东部城市比较，吸引人口集聚的能力较弱，其实际状况人口仅 600 万人以内，城市规划预测人口总量远大于规划人口规模，城市人口预测在城市规划中的作用失效。

表 2 贵阳"三区五城"规划人口预测规模

		规划面积（km²）	规划人口（万人）	现状人口（万人）	
三区	贵安新区	1 880	1 040	392	贵阳
	双龙新区			254	安顺
	北部新区			613	遵义
五城	北部工业新城	65	30	399	黔南
	天河潭新城	142	100	654	毕节
	龙洞堡新城	80	50		
	百花生态新城	80	60		
	花溪生态新城	40	40		
总计		2 287	1 320	3 474	贵州

因此，传统的人口预测方法导致西部地区的新城发展失去了人口增长的动力，其结果造成城市建设用地资源极大地浪费，城市投资的效率不能发挥出来，规划最终只能"墙上挂挂"。未来，我国的城市规划需要对现有的人口规模预测方法进行调整，增加探讨以就业机会为依据的预测人口总量的方法，从而更好地指导城市规划实践。

3 城市管治模式：从行政区调整转向同城化

改革开放后，中央政府采取了一系列措施扩大地方政府的经济管理权限，尤其是 1994 年分税制的提出，从根本上改变了地方政府发展经济的动力机制，使得地方政府成为城市经济发展的主体。与此同时，经济全球化下资本、劳动力等生产要素在全球范围内流动，促使城市政府间由对市场的竞争转向对资源的竞争。

1980 年代初到 1990 年代中期，地方政府在行政分权的体制改革下，纷纷采取"撤县设市"的管治手段以期获取更大的经济和行政管理权力。数据显示，仅 1994～1996 年，全国就有 95 个"县改市"，其中，江苏、山东、浙江等经济发达省份"县改市"较为突出。但是"县改市"的管治手段对市级政府统筹协调区域内的资源配置产生了阻碍。县级市在经济的发展过程中，为了追求自身利益最大化，往往对上级政府在基础设施建设、产业园区建设、房地产开发等方面采取漠视的态度，因此大大削弱了市级政府资源的掌控能力和经济发展潜力。

因此，市级政府为了增强对土地、劳动力等重要生产要素的掌控能力，市、县层面的行政区划兼并成为 2000 年以来最为频繁的地方管治手段。1980 年代初到 1990 年代中期，大量县级市撤并设立新的地级市，同时升格地级市的数量也高于撤县（市）设区，而2000年之后撤县（市）设区成为最主要的行政区划调整方式，尤其是2001年、2002年、2003年达到了顶峰阶段。统计发现，2000～2012年，全国撤县（市）设区的次数高达70次，占行政区划调整总数的58.8%。

由于行政区划调整是城市规划编制调整的条件，从2000年以来以行政区调整为前提的规划成为规划的主流，这充分体现了城市政府试图通过扩大上级政府的行政管辖范围，达到获取发展资源、提升城市竞争力的目的。

3.1　发展城市群是政府管治手段的创新

首先，撤县设区带来地级市行政管辖权的直接扩大，一方面克服了城市扩张上的行政管理障碍，另一方面为城市的扩张提供了广阔的土地，直接破坏了城市腹地的农村土地资源和环境资源，为粗放式的增长提供了条件。据统计，1996年全国耕地面积19.51亿亩，到2008年减少到18.26亿亩，12年间耕地面积减少了1.25亿亩，耕地保护形势越发严峻。生态环境方面，改革开放30多年里，GDP以每年接近10%的速度增长，但单位能源投入的GDP产值仅为世界水平的一半，全国耕种土地面积的10%以上遭受重金属污染，70%以上的江河湖泊受到不同程度污染。

其次，以行政区划兼并为主的政府管治手段由于与财政分权产生的作用相反，往往削弱了下级政府的发展积极性，使地方发展经济的激励作用消失，行政效率明显降低，经济活力受到一定程度的抑制，这实际上对区域一体化并未起到长期的促进作用。对1990年以来全国撤县（市）设区的城市样本进行分析，发现撤县（市）设区对上级政府的经济促进效果也只维持在5年左右的短期时间段内（李郇、徐现祥，2013）。

事实上，行政区划兼并大多是地级市对县级市的兼并，这是基于地级市对所辖县级市具有代管的权力。当面临地级市和地级市之间的资源竞争的时候，由于行政级别上的一致性，兼并式的行政区划调整就很难发生。2010年后撤县设区的兼并式行政区划调整就没有出现过了。

3.2　区域一体化与城镇群的兴起

随着全球化程度的日益加深，以单一国家或城市为单位的竞争模式已优势不再，转而需寻求共同的要素市场。因此，原先城市"各自为政"的经济发展模式以及行政区划兼并的城市管治手段已经不适应当前的发展形势，区域一体化成为区域经济发展的必然趋势。

区域一体化是指通过打破国家、地区之间的贸易障碍，形成生产要素的自由流动和市场竞争，通过比较优势和规模报酬递增促进地区生产率的提高和产业结构、产业空间的变化（Brülhart，1995；Schiff and Winters，2004；Trefler，2004），从而对各国和地区的经济发展前景产生深远影响。因此，按照区域一体化理论，城市与区域经济发展应由竞争逐渐转向相互合作的协调发展。从欧洲的实践可以看到，区域一体化已经成为经济发展的共识，越来越多的国家和地区开始实施区域一体化管治，尤其是欧盟、亚太经济合作区、北美自由贸易区、东盟自由贸易区等的出现，更是标志着区域一体化时代的全面来临。

城市群在本质上是区域一体化的空间表现形式，其通过城市基础设施建设、城市规划等方面的制度创新和协调统一，打破市场壁垒和行政区经济等对市场行为的限制和制约，扩大市场需求和腹地范围，促进区域经济规模效应的发挥。中国区域一体化程度最好的地区已经形成了京津冀、长三角、珠三角三大城市群。2005 年以后，城市群概念越来越受到关注，从 2007 年提出的"10 大城市群"到《2010 中国城市群发展报告》中"正在形成的 23 个城市群"，再到 2013 年 12 月中央城镇化工作会议确定的"11 个基本建成的城市群、14 个正在建设的城市群、7 个潜在的城市群"，因此，城市间协调为核心的管治正在逐渐替代行政区划调整的模式。

3.3　同城化是城市群规划的主要形式

城市群发展需要在土地利用、基础设施建设、大型项目建设等多方面进行对接协调，这为省级政府作为实施主体的城市群规划的实施带来了巨大阻力。因此，先建立两两城市之间的协调机制，即推进同城化策略是推进城市群发展的关键性起步阶段，有利于循序渐进地推进城市群建设。

同城化并不是简单的合并或者若干个城市方方面面的统一化，而是打破传统的城市之间行政分割和保护主义的限制，让要素和资源在这两个或多个城市（区域）自由流动及在更多的范围内优化配置，使两个或多个城市经济社会更紧密融合，形成优势互补、共同繁荣发展的整体效应。与行政区划调整相比，同城化最大的特点在于其对原有行政体制的保留。同城化不意味着政府间的合并，而是两个或多个相互独立的政府机构之间的协调和统筹，在对各自利益诉求不同的背景下，相互之间的矛盾或者需要上一级政府来解决，或者通过问题仲裁解决。本质上，同城化是区域一体化的一种表现形式（王德等，2009；邢铭，2007；赵英魁等，2010；彭震伟、屈牛，2011）。

可以说，充分尊重区域内各成员方的主体地位，兼顾各方利益诉求，建立区域内行政间的平等协商与合作机制，才是新时期城市政府管治的优选途径。在此管治过程中，以同城化带动城市群发展，通过少量城市间"点"的相互协调合作，逐渐向多个城市间"面"的发展转变，最终形成多中心、网络化城市群的策略已经成为当今区域一体化发展的必然选择。

3.4　同城化规划的三个关键问题

同城化规划是新的规划类型，在规划上主要解决以下三方面的问题。

首先，是边界地区的管治问题，即要处理好不同城市和区域之间的管理体制协调问题。以广佛同城化为例，佛山的城市化是自下而上以村镇为中心的城市化，导致了强镇弱市的经济和行政格局。佛山镇和街道作为经济发展的主要力量，相应政府在影响城市发展的城市规划管理中拥有较大的规划编制和审批权。而且不同地区的控制性详细规划是由不同层级的规划管理部门负责的，没有统一的深度标准，导致在与广州市具有统一编制、审批主体和标准的控制性详细规划的衔接出现等级和内容深度差异，导致同城化规划制定困难。因此，建立统一的规划编制流程和编制要求以及共同的决策对话层级成为跨界地区管治的重点。

其次，是基础设施共享问题，即要处理好基础设施建设的协调共享机制，确保基础设施合理布局，避免重复投资建设。研究表明，一个地区的经济发展水平与基础设施的估计水平关系密切，区域内交通运输网络的通达性和便捷性，可以打破行政边界对要素流动产生的制度壁垒，从而提高城市间的空间生产和交易效率。例如厦漳泉同城化地区规划的重点之一是基础设施的互补对接问题，通过厦门翔安国际枢纽机场、漳州港口建设以及泉州陆路交通的完善，综合交通运输一体化体系初步形成。作为城市规划和建设的主体，地方政府间在基础设施规划建设中的协作成为城市群发展的关键，对基础设施和城市规划进行统一合理规划，实现基础设施同城化，促进要素的高效流动和配置成为内在要求。

最后，是管治过程的协商机制问题，即要处理好同城化地区规划过程的协商机制，在充分听取各方利益诉求的基础上进行规划决策，最终达成共识。以广佛同城为例，由于现行广佛同城化实施机制搭建，拥有直接对话权的是两个城市的政府，对于佛山而言，真正拥有项目开发权的区级、镇街政府并不能参与到对话当中，其意愿需层层上报，才能被广州方获知，甚至有时候即使到达了广州方却没有反馈的信息，从而导致了项目共识难以达成以及实施渠道的构建失败。因此，建立能够承担跨区域城市群协调职能的管理机制和权威机构，并通过政府间定期常规性活动的举行，协商制定出有效促进城市群形成发展的制度框架和结构，从而促进不同城市在区域目标和规则制定、区域公共决策达成、区域交通活动组织分配等多方面达成一致，成为同城化过程中实现城市协调发展的关键。

4　结语

本文通过考察城镇化中宏观机制、人口规模和城市管治模式等方面的变化，对未来城镇化的发展趋势及其对城市规划的影响进行了分析。在宏观机制方面，扩张性财政政策带来政府债务、产业结构失衡等一系列问题，由土地资本化推动的城镇化进程缺乏可持续的动力，产业结构调整、现有城市空间结构的优化将成为未来城镇化发展的内生动力，这也要求原有的扩张性城市规划改变粗放式的土地利用思维，转而关注旧城改造和土地的集约利用。在人口规模方面，随着沿海地区地方化经济优势的下降与城市劳动力供需结构的不匹配，传统的城市人口增长的推力和拉力均逐步减弱。在此情况下，回流劳动力的县域城镇化、外来务工人员的本地化以及新生代外来务工人员的城市融入将成为未来城镇人口增长的动力。以往以用地规模预测城市人口增长的城市规划方式已逐渐不适用，以区域就业机会衡量未来人口总量的方式需要更多地应用在城市规划当中。在城市管治模式方面，随着过往以行政区划兼并为主的管治方式所带来的环境、行政效率问题的凸显，以同城化策略逐步推进区域城镇群建设已成为未来城镇化管治模式的发展方向。相应地，同城化的规划需要对边界地区的管治、基础设施的共享及管治过程的协商机制加以关注。

　　综上所述，在新型城镇化的趋势下，过往的扩张性城市规划思维需要逐步转变。城市规划的转型需要关注城镇化内生动力的变化、城镇就业机会的预测以及同城化协调管治机制的构建这三方面的内容，以适应新型城镇化下以人为核心、土地集约利用、产城协调发展的要求。

参考文献

[1] Brülhart, M. 1995. Scale Economies, Intra-Industry Trade and Industry Location in the New Trade Theory. Trinity Economic Papers Series.

[2] Hoover 1937. Location Theory and the Shoe and the Lether Industries. Harvard University Press, Cambridge.

[3] Schiff. M. W. M., Winters. L. A. 2004.《区域一体化与发展》，中国财政经济出版社.

[4] Trefler, D. 2004. The Long and Short of the Canada-US Free Trade Agreement. *The American Economic Review*, Vol. 94, No. 4.

[5] 巴曙松、杨现领：《城镇化大转型下的金融视角》，厦门大学出版社，2013 年。

[6] 财经网："李毅中：开工率不足 75%为严重产能过剩"，2013 年 3 月 7 日，http://politics.caijing.com.cn/2013-03-07/112568967.html。

[7] 蔡昉："中国就业增长与结构变化"，《社会科学管理与评论》，2007 年第 2 期。

[8] 蔡昉："未来的人口红利——中国经济增长源泉的开拓"，《中国人口科学》，2009 年第 1 期。

[9] 蔡昉、王德文、都阳：《中国农村改革与变迁》，格致出版社，2008 年。

[10] 陈良文、杨开忠、吴姣："地方化经济与城市化经济——对我国省份制造业数据的实证研究"，《经济问题与探索》，2006 年第 11 期。

[11] 陈宗胜、黎德福："内生农业技术进步的二元经济增长模型"，《经济研究》，2004 年第 11 期。

[12] 高秀艳、王海波："大都市经济圈与同城化问题浅析"，《企业经济》，2007 年第 8 期。

[13] 顾朝林等："中国大中城市流动人口迁移规律研究"，《地理学报》，1999 年第 3 期。

[14] 国土资源部网站："国家级开发区土地集约利用评价情况（2012 年度）"，2013 年 1 月 7 日，http://www.mlr.gov.cn/zwgk/zytz/201301/t20130107_1173335.htm。

[15] 国务院发展研究中心课题组：《农民工市民化：制度创新与顶层政策设计》，中国发展出版社，2011 年。

[16] 李少惠、韩庆峰："'推力—拉力'理论视野下城市人口流动的制度设计"，《城市管理》，2010 年第 4 期。

[17] 李郇、徐现祥："政策评估：行政区域一体化的经济绩效分析"，"城市时代，协同规划"——2013 中国城市规划年会，2013 年 11 月。

[18] 李郇、殷江滨："劳动力回流：小城镇发展的新动力"，《城市规划学刊》，2012 年第 2 期。

[19]《联合早报》："世界工厂神话破灭东莞转型牵动中国"，2013 年 12 月 22 日，http://www.zaobao.com/special/report/politic/cnpol/story20131222-291092。

[20] 林耿、柯亚文："基于行政区划调整的广东省城镇化新机制"，《规划师》，2008 年第 9 期。

[21] 彭震伟、屈牛："我国同城化发展与区域协调规划对策研究"，《现代城市研究》，2011 年第 6 期。

[22] 王德、宋煜、沈迟等："同城化发展战略的实施进展回顾"，《城市规划学刊》，2009 年第 4 期。

[23] 吴缚龙、马润潮、张京祥：《转型与重构——中国城市发展多维透视》，东南大学出版社，2007 年。

[24] 吴学花："西方城市化经济与地方化经济研究综述"，《科学与管理》，2005 年第 6 期。

[25] 希夫、温斯特著，郭磊译：《区域一体化与发展》，中国财政经济出版社，2004 年。

[26] 邢铭："沈抚同城化建设的若干思考"，《城市规划》，2007 年第 10 期。

[27] 赵英魁、张建军、王丽丹等："沈抚同城区域协作探索——以沈抚同城化规划为例"，《城市规划》，2010 年第 3 期。

[28] 赵勇、白永秀："区域一体化视角的城市群内涵及其形成机理"，《重庆社会科学》，2008 年第 9 期。

[29] 周祝平："中国农村人口空心化及其挑战"，《人口研究》，2008 年第 2 期。

[30] 中工网："新生代农民工择业现'三高一低'"，2013 年 12 月 26 日，http://news. 163. com/13/1226/07/9H0LGRES00014AEE. html。

[31] 中国国土资源部："国土资源部通报 2010 年度国家级开发区土地集约利用情况"，2011 年 11 月 16 日，http://www. mlr. gov. cn/xwdt/jrxw/201111/t20111116 _ 1027370. htm。

[32] 中国日报网："发改委详解 4 万亿流向"，2009 年 3 月 6 日，http://www. chinadaily. com. cn/zgzx/2009-03/06/content _ 7548133. htm。

[33] 中央政府门户网站："国务院关于加快培育和发展战略性新兴产业的决定"，2010 年 10 月 18 日，http://www. gov. cn/zwgk/2010-10/18/content _ 1724848. htm。

[34] 邹德慈："中国城镇化发展要求与挑战"，《城市规划学刊》，2010 年第 4 期。

中国巨型城市地区：发展变化与规划思考

于涛方

Development of China's Mega City-Regions and the Planning Reflection

YU Taofang
(School of Architecture, Tsinghua University, Beijing 100084, China)

Abstract In China, factors of globalization, urbanization, and industrialization are intertwined and driven by the market and the government intervention forces. Around certain global or globalizing cities such as Guangzhou, Beijing, Shanghai, and others, are the fast emerging mega (city) regions, i.e., the Pearl River Delta Region, the Greater Beijing (or the Beijing-Tianjin-Hebei) Area, and the Yangtze River Delta Region. In this paper, MCRs of China as a developing country are identified from employment densities and regional functional specialization with the county-level geographic units. And then the features of spatial polycentricity and global-locality are analyzed. Data for these two parts are from the 6th Census in 2010. After that, the development and transformation of MCRs between 2000 and 2010 are correspondingly analyzed. This paper tries to figure out the difference and particularity of China's MCRs when compared with foreign ones, especially those in developed countries or areas. Finally, the trends of MCRs and the planning reflection for these regions are proposed.

Keywords mega city-regions; globalization; regionalization and localization;

作者简介
于涛方，清华大学建筑学院。

摘 要 巨型城市地区概念注重全球化背景下大城市地区的多中心性、区域性、高端服务业转向、功能区互动等新动向。21 世纪以来，中国城市地区得到了前所未有的发展。本文运用 2010 年第六次全国人口普查数据中不同行业的就业密度、就业构成等指标，从多中心、功能性和全球性、地方性—区域性等角度对中国巨型城市地区进行了界定和较为系统的定量分析，并结合 2000 年第五次全国人口普查数据，分析了 2000～2010 年中国巨型城市地区的发展演变，最后对中国巨型城市地区的未来趋势和规划进行了展望和思考。

关键词 巨型城市地区；全球化；地方化—区域化；高端服务业；功能专门化；多中心结构；规划思考

1 巨型城市地区引领中国和世界发展

如果从《明天：一条通向真正改革的和平道路》（霍华德，1898 年）、《进化中的城市》（盖迪斯，1915 年）算起，对于城市的认识和研究开始转向区域视野至今已有 100 年左右。之后，美国 1949 年提出了"标准大都市区"（standard metropolitan area）的概念，1957 年戈特曼发表"大都市带：美国东北海岸区的城市化"，1973 年弗里德曼提出了城市区域空间演化模式——"核心—边缘"模式，发展了城市研究的区域视野。以 1966 年彼得·霍尔的《世界城市》为里程碑，城市的研究开始拓展到世界视野，之后，1986 年弗里德曼发表"世界城市假说"，进一步提出了世界城市体系的概念（顾朝林，2009）。

high-end services; functional specialization; spatial polycentric structure; planning reflection

1980 年代以来，随着全球生产要素的自由流动，新的国际劳动地域分工格局进一步形成，形成新的产业布局和城市化空间。全球化背景下的城市区域研究成为 1980～1990 年代的热点。这期间，众所周知，最具代表性的是 1991 年萨森的《全球城市》的出版。随后道格拉斯、霍尔、顾朝林和张勤（2003）都对全球城市、经济全球化做了拓展研究。2000 年以来，全球城市区域相关论著发表，包括西蒙德斯和哈克的《全球城市区域》（2000）、2001 年斯科特的《全球城市区域：趋势、理论和政策》，以及吴志强的"Global Region"（2002）、吴良镛等人（2003）的城市地区理论、2004 年泰勒的《世界城市网络》等。

一定意义上，"世界城市"、"全球城市"、"全球城市地区"、"世界城市网络"的研究很大程度是基于"竞争"思维和方法论认识的，这些都已经成为各个国家和地区经济增长的引擎，并在全球竞争中发挥越来越重要的作用。在经济全球化和新自由主义政策转变驱动下，以及美国长期形成的地方政府自治和近年来西欧国家中央政府的分权化趋势相结合，形成了碎片化的政治格局，出现了一系列的社会经济和生态环境等问题（吴唯佳，2009），于是与全球化相对应的"区域化"作用再次得以高度关注，区域主义、新区域主义等区域合作、协作成为西欧、美国乃至亚洲很多地区政策制定和学术研究的重要取向。在这个背景下，巨型城市地区（mega city-region）、巨型区域（mega region）、城市超级有机体（urban super-organisms）（弗里德曼，2014）、超级都市区（mega-urban region）的假说和政策日益盛行。

1.1　巨型城市地区对全球经济的引领作用

巨型城市地区的概念于 1999 年由彼得·霍尔提出，是 21 世纪初正在出现的新城市模式，由形态上分离但功能上相互联系的 20～50 个城镇，集聚在一个或多个较大的中心城市周围，通过新的劳动分工显示出巨大的经济力量。这些城镇既作为独立的实体存在，即大多数居民在本地工作且大多数就业者是本地居民，同时也是广阔的功能性城市区域（functional urban region，FUR）的一部分，它们被高速公路、高速铁路和电信电缆所传输的密集的人流和信息流——"流动空间"——连接起来，其概念强调区域在全球化中的作用，认为城市间高级生产性服务业产生的联系与区域的多中心结构相关联。1999 年后，欧盟"多中心网络"（POLYNET）项目组在 2005 年研究了英格兰东南部、大都柏林、莱茵—鲁尔地区、荷兰兰斯塔德地区、莱茵—美因地区、瑞士北部地区、比利时中心城市区等八大巨型城市区（Hall，2006）。

　　特大城市地区在集聚经济作用下，无论在成本节省、效率提高，还是在产品—服务生产、创意思想生产等方面，都有着其他类型城市不可替代的优势。也正是如此，特大城市地区的发展在各个领域得到高度关注（格莱泽，2012）。东京首都圈占日本总面积不足 4%，却集聚了 25% 的日本总人口，科技创新、文化教育也都在全球占有重要地位，2013 年世界 500 强企业有 47 家集中在东京。1961 年，戈特曼把从波士顿到华盛顿绵延 700 多公里的城市群定义为"超级都市群"（megalopolis），现在该地区人口约 500 万，是 1960 年代的两倍，但其人口集聚程度已经远远落后于长三角和亚洲其他地区的城市群。随着交通技术、信息技术的发展，曾有学者提出"距离的消失"（Distance dies）和特大城市地区的逐步解体假说，但客观上，纽约、伦敦、东京等典型的特大型世界城市仍在集聚人口和经济活动，其中枢地位强化，在创新和思想生产、控制和命令等方面尤为明显，"距离即死亡"（Distance is death）、"密度、距离、分割"（density，distance，division）等成为萨森（Sassen，1991、2013）、泰勒（Taylor，2002）以及格莱泽（2012）、世界银行（国际复兴开发银行/世界银行，2009）等更为坚持的理念。

　　近些年，巨型城市地区在国外更进一步引发关注，联合国人居署及"美国 2050"[①]都做了大量的研究工作。联合国人居署在《世界城市状况报告》中指出，城镇化趋势不可阻挡，"无边界城市"正在不断扩张，这将是未来 50 年影响社会的最关键因素之一，影响到人口和财富走向。世界各地的特大城市，正逐渐会聚合并成更大的超级地区。这种巨型（城市）地区由两个或两个以上的城市（含连接部分的城市）组成，地域延伸数百公里，生活在其中的人口可能超过 1 亿。《世界城市状况报告》指出巨型地区有三个基本形态。①巨型地区（mega region）：世界上最大的 40 个超级地区仅占地球面积的一小部分，拥有不到世界 18% 的人口，却参与了全球 66% 的经济活动和大约 85% 的科技革新；②提升链接性、促进商务和房地产发展的城市走廊（urban corridor）；③集成城市、半城市和农村腹地为一体的城市地区（city region）。

　　巨型城市地区不是欧美独有的现象。霍尔（Hall，1999）还研究了东亚地区的东京—大阪走廊、大雅加达以及中国的珠三角和长三角地区。对于中国的巨型城市地区的研究，实际上也由来已久，从城镇密集区、都市连绵区（Zhou，1991）、城市群，一直到巨型城市地区、全球区域、城市地区，顾朝林（顾朝林、庞海峰，2008、2009；顾朝林，2009）、方创琳（2009）以及张晓明等（张晓明，2006；张晓明、张成，2006）、李红卫（2005）、于涛方等（于涛方，2005；于涛方、吴志强，2006）都在整体和个案上进行了大量的相关研究。

1.2　中国城市发展的都市区化、都市区的连绵化、连绵区的巨型化趋势

　　改革开放以来，在市场化、全球化、城镇化、工业化等综合力量的推动下，中国的城市和区域发展陆续出现了都市区化、都市区连绵化（邹德慈等，2008；Zhou，1991）、连绵区巨型化的趋势。至2010年，已经形成了上海、北京、深圳等人口规模超过 1 000 万的超级巨型城市，以及广州、天津、武汉、东莞、重庆、南京、沈阳和成都等人口 500 万以上的城市（图 1、表 1）。已经形成若干个都市区连绵的巨型地区，而且这些城市和地区还在迅速地集聚人口，空间范围不断扩大（于涛方，2012a、2012b；图 2）。

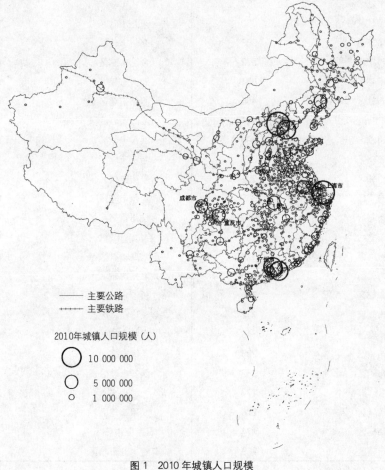

图 1　2010 年城镇人口规模

资料来源：2010 年第六次全国人口普查。

表 1　2010 年城镇人口规模前 30 位的城市（万人）

2010 年城镇人口规模前 30 位的城市		2000～2010 年人口增长前 30 位的城市	
城市地区	数量	城市地区	数量
上海市辖区	1 958	上海市辖区	610
北京市辖区	1 501	北京市辖区	516
深圳市辖区	1 036	深圳市辖区	335
广州市辖区	970	天津市辖区	279
天津市辖区	929	广州市辖区	268
武汉市辖区	754	成都市辖区	185
东莞市辖区	727	南京市辖区	182
重庆市辖区	650	东莞市辖区	177
南京市辖区	583	郑州市辖区	166
沈阳市辖区	572	合肥市辖区	165
成都市辖区	561	汕头市辖区	163
西安市辖区	465	苏州市辖区	160
哈尔滨市辖区	414	厦门市辖区	148
大连市辖区	390	武汉市辖区	147
郑州市辖区	368	南宁市辖区	141
青岛市辖区	352	重庆市辖区	130
杭州市辖区	345	温州市辖区	112
长春市辖区	341	杭州市辖区	111
苏州市辖区	330	哈尔滨市辖区	104
济南市辖区	326	青岛市辖区	100
太原市辖区	315	惠州市辖区	99
昆明市辖区	314	长沙市辖区	97
厦门市辖区	312	长春市辖区	97
合肥市辖区	310	沈阳市辖区	95
长沙市辖区	296	无锡市辖区	94
福州市辖区	282	西安市辖区	94
石家庄市辖区	277	昆山市	89
无锡市辖区	276	太原市辖区	87
中山市辖区	274	石家庄市辖区	86
温州市辖区	269	乌鲁木齐市辖区	85

注：本表的市辖区是 2010 年第六次全国人口普查的行政区划口径。

资料来源：2000 年、2010 年全国人口普查。

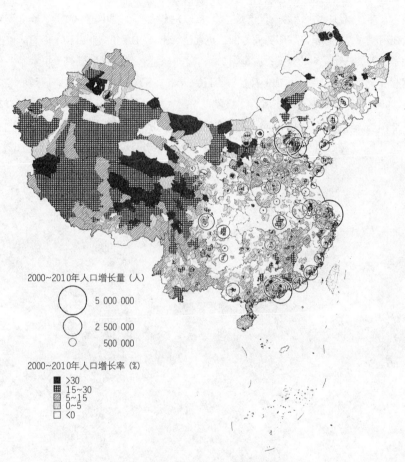

2000~2010年人口增长量（人）

○ 5 000 000

○ 2 500 000

○ 500 000

2000~2010年人口增长率（%）

- ■ >30
- ▦ 15~30
- ▨ 5~15
- ▫ 0~5
- □ <0

图 2　2000~2010 年人口增长空间特征

资料来源：2000 年、2010 年全国人口普查。

1.3　中国巨型城市和地区的"掌控"地位日益强化

在《国家新型城镇化规划（2014~2020 年）》、国家"十二五"规划中，巨型城市和地区的发展都被提到很高的位置。事实上，这些城市和地区无论从经济绩效还是从要素吸引、经济控制等方面，都是绝对主导，而且这种"掌控"（command and control，控制与命令）的地位还在不断强化。2010年，京津冀、长三角、珠三角的北京、天津、上海、广州和深圳 5 个中心城市占全国的土地面积不足0.5%，总人口却达 6.68%，高达 8 970 万，而外来净流入人口高达 3 578 万，且集聚力仍然居高不下，2000~2010 年，这 5 个城市的常住人口增长了 3 300 万左右，增长了约 50%，净流入人口也增长了 2 000 万左右，翻了一番（于涛方，2012a、2012b）。

　　"掌控"力方面，北京和上海等不仅仅是"全球500强"企业、"中国500强"企业所青睐的总部地点，而且在高端人力资本及高端服务业方面，也地位突出。2010年，北京和上海总人口占全国3%，但本科以上学历人员总计近662万人，占全国13%，"金融业"与"科学研究、技术服务和地质勘探业"两类就业占全国的12.3%，再加上其各自附近的天津、南京、杭州等，这些区域的"掌控"地位仍然突出。2000～2010年，北京和上海的本科以上学历人数增长了450万人，增长率（230%）远远高于全国水平，"金融业"和"科学研究、技术服务和地质勘探业"的就业增长率也翻了一番（图3～6）。

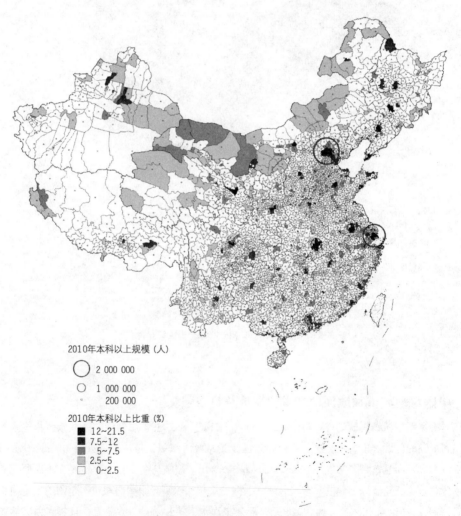

2010年本科以上规模（人）
　　○　2 000 000
　　○　1 000 000
　　·　200 000

2010年本科以上比重（%）
　　■　12～21.5
　　■　7.5～12
　　■　5～7.5
　　■　2.5～5
　　□　0～2.5

图3　2010年中国高端人力资本的空间集聚格局

资料来源：2010年第六次全国人口普查。

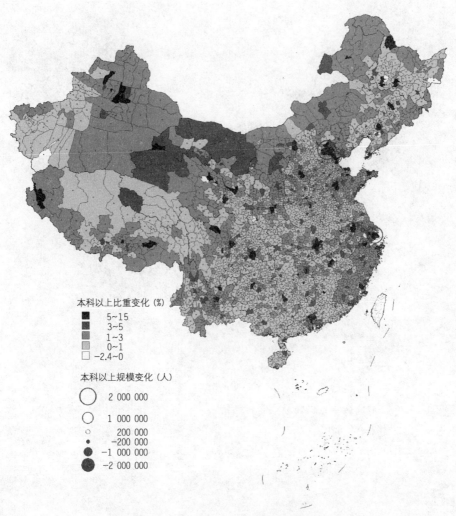

图4 2000～2010年中国高端人力资本的空间集聚过程

资料来源：2000年、2010年全国人口普查。

1.4 研究目标和研究内容

本文的研究内容主要包括四大部分：第一，从密度和专门化角度，根据2010年第六次全国人口普查分区/县/市数据，进行中国巨型城市地区的多中心结构识别和边界界定的初步研究；第二，从巨型城市地区的功能专门化、全球化—地方化等重要方面，探讨中国当前巨型城市地区的社会经济状况，包括共性特征以及中国当前的阶段性特征，然后进行中国巨型城市地区的边界和格局特征的总结归

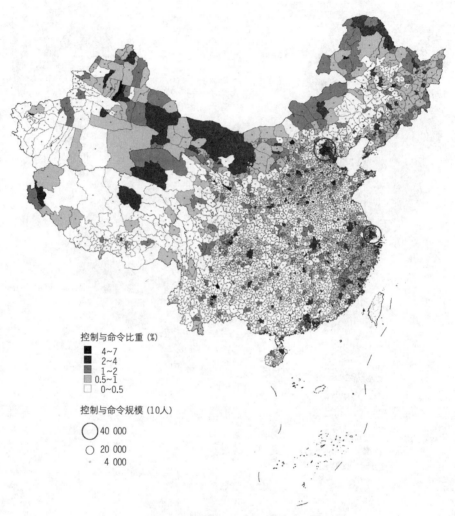

图5 中国高端服务业的空间集聚格局

资料来源：2010 年第六次全国人口普查。

纳；第三，根据 2000 年第五次全国人口普查和 2010 年第六次全国人口普查数据，进行 2000～2010 年中国巨型城市地区的变化特征的分析，包括边界增长、结构变化、全球化—地方化进程、工业化—后工业化特征以及生产要素的集聚与扩散等；第四，根据全球巨型城市地区的发展规律，对中国巨型城市地区的未来趋势和规划思考进行初步探讨。

其中，第一部分关于巨型城市地区界定的内容是本文最基础的内容。国内外，关于巨型城市地区或城市群划分的成果非常多。国外早些年包括戈特曼关于城市群的 5 个划分标准的提议（Gottmann,

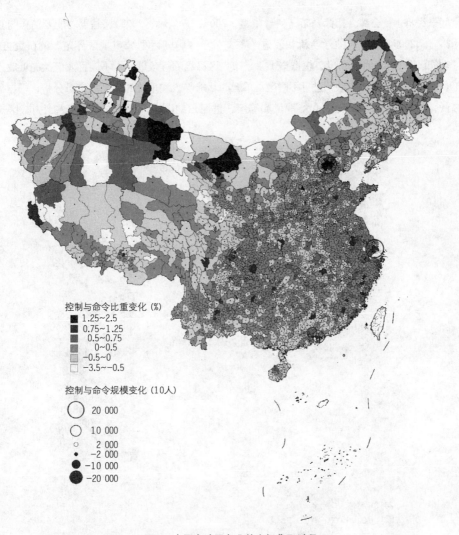

控制与命令比重变化（%）
- 1.25~2.5
- 0.75~1.25
- 0.5~0.75
- 0~0.5
- −0.5~0
- −3.5~−0.5

控制与命令规模变化（10人）
- ○ 20 000
- ○ 10 000
- ○ 2 000
- • −2 000
- ● −10 000
- ● −20 000

图6　中国高端服务业的空间集聚过程

资料来源：2000 年、2010 年全国人口普查。

1957）、日本大都市圈的划分标准（Fujita et al.，2005），最近还包括"美国 2050"全美 11 个巨型城市地区的划定等[2]；在国内，相关研究主要包括都市区界定、都市连绵区界定以及城市群识别等方面工作，最近在中国国家"十二五"规划中，提及 20 个左右、呈"两横三纵"空间格局的"城镇化战略地区"等标志性研究成果。在划分和界定指标体系和方法方面，传统上的城市群界定是基于非农化、非农产值、常住人口密度（图 7）、非农就业密度（图 8）等相对单一的都市区界定的方法（胡序威等，2000；姚士谋等，2001；宁越敏等，1998），现在逐渐向土地利用遥感判读、基于夜间灯光影像判断、基于空间—经济—社会综合指标判断（何春阳等，2006；方创琳，2009）、基于功能专门化与功能密度（于涛方，2005）等方向进行创新和改进。本文关于"中国巨型城市地区界定"的研究方法是：①从"功能区"（FUR）的角度，根据全国县、市、区层级的行政单元中不同行业门类的就业人口密度指标，通过主成分分析方法，进行不同区县单元的功能等级和地位的水平的定量分析，根据最终的结果高低，判断县/市/区单元的功能地位和等级，进而归纳出在全国层面上，哪些县/市/区是具有

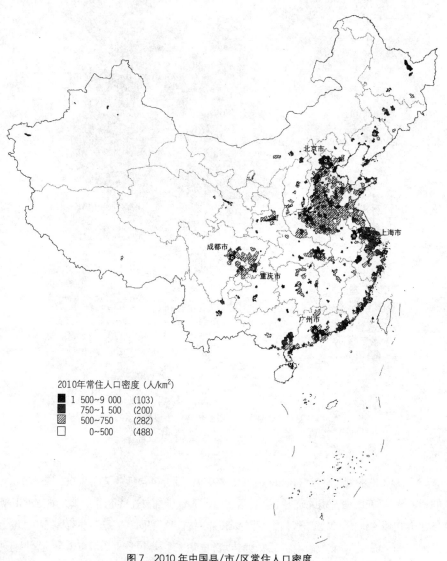

图7　2010 年中国县/市/区常住人口密度

资料来源：2010 年全国人口普查。

"核心"地位的功能单元，哪些地区是具有"外围"或者"边缘"地位的功能单元；以"核心区"以及与之空间相互连接的"外围区"等作为基本出发点，从巨型城市地区的"多中心"视角，初步判断中国巨型城市地区整体范围边界和内部结构边界。②通过聚类分析等方法，判断出不同地位单元的主导功能驱动类型或功能专门化类型。③通过"全球性"、"区域性—地方性"等视角，判断全球化和区

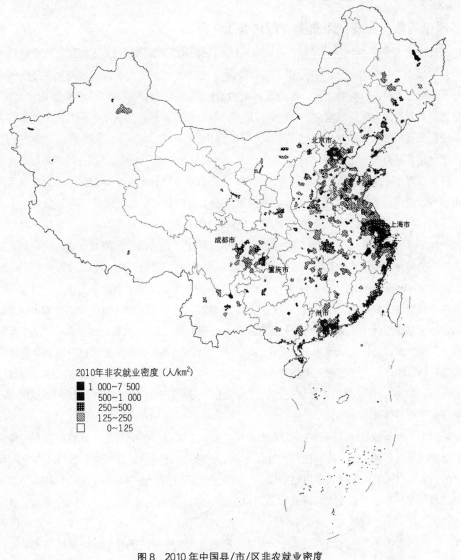

图8 2010年中国县/市/区非农就业密度

资料来源：2010年全国人口普查。

域化背景下哪些巨型城市地区为相对比较成熟的，哪些是正在发育过程中的，哪些是未来有可能成为巨型城市地区的。

2 中国巨型城市地区界定

2.1 理论基础：密度、距离和专门化分工

在《2009 年世界发展报告：重塑世界经济地理》一书中指出，不断增长的城市、人口迁移和专业化生产是发展不可或缺的部分，"密度"、"距离"和"分割"成为新经济时代重塑世界经济秩序和地理景观变迁的三大特征：提高密度，促进了城市的增长；缩短距离，使得工人和企业向密集区迁移；减少分割，则使得国家或区域削减各自的经济边界壁垒，形成要素自由流动的相对统一的市场，从而形成规模报酬递增效益和专业化收益的行为。

巨型城市地区概念是在全球化背景下产生的。萨森（Sassen, 1991）和斯科特等（Scott et al., 2001）曾分别提出了全球城市和全球城市地区的概念；泰勒（Taylor et al., 2002）认为全球经济使世界城市成为"全球服务中心"，并相互连接成世界范围的网络。巨型城市地区实际上继承了上述学者的学术思想，具体地说，巨型城市地区基于两个基本的理论假设：一是高等级服务业使区域层面的城市之间产生相互联系，从而导致全球"巨型城市地区"的出现；二是在巨型城市地区中，高等级服务业与多中心的城市发展模式相互关联。除了巨型城市地区的"全球性"、"高端服务业"（high order services, producer services）、"多中心城市地区模式"等关注外，彼得·霍尔等人认为巨型城市地区是中心大城市向新的或临近的较小城市梯度扩散后所形成的，是 21 世纪初正在出现的新城市模式，认为巨型城市地区是由形体上分离但功能上相互联系的一连串的 20～50 个城镇组成，在一个或多个较大的中心城市周围集聚，通过新劳动功能分工显示出巨大的经济力量，也被通过高速公路、高速铁路和承载"流动空间"的电信电缆传输的密集城市流所连接，作为更广阔的功能上的城市区域功能城市区存在（张晓明，2006），即巨型城市地区提出的区域化和地方化过程中的"多中心功能城市地区"、"劳动地域分工"等特性。

归纳起来，巨型城市地区强调在全球化背景中的高级生产性服务业功能、区域多中心结构和城市的紧密互动作用（各种"流"的存在）（Hall, 1999；张晓明，2006）；强调作为其组成部分的城镇是功能上的节点，POLYNET 项目组将巨型城市区的分析单元定为功能性城市地区（FUR）。FUR 由一个根据就业规模和密度定义的中心以及根据与中心的日常联系来定义的"环"组成。因此，全球化、地方化、信息化、工业化和去工业化等背景下，巨型城市地区的"中心城市"作用、城市地区的"多中心性"、"高端服务业"空间和经济特征、全球化和地方化过程中的区域功能区发展是本文进行巨型城市地区识别和边界界定、巨型城市地区特征和变迁的重要切入点和研究内容。

2.2　基于主成分分析方法的巨型城市地区界定

区域的就业人口密度和就业结构是功能区的基本特征。一般地，经济越不发达的地区，农林牧渔业的功能专门化越显著，就业人口的空间密度越低；经济次发达的城市地区，就业人口空间密度较大，制造业、建筑业等第二产业以及一般性的服务行业所占比重高；经济越发达的地区，就业人口的空间密度越大，高级服务业或者生产性服务行业专门化程度越高；据此可以划分区域的核心地域、外围地域以及边缘地域，并可根据就业人口的结构，判断出各区域的经济类型，如服务业主导、制造业主导、采掘业主导，甚至是 CBD 区、物流区、旅游区、教育区等（Champion and Monnesland, 1996；于涛方，2005）。

县级行政区划单位是中国地方三级行政区，是地方政权的基础。县级行政单位包括县、市辖区（地级市的区）、绝大多数县级市（不设区的市）、自治县、旗、自治旗、特区、工农垦区、林区等。截至 2011 年年底，中国大陆县级行政区划单元共 2 853 个，其中有 857 个市辖区、369 个县级市、1 456 个县、117 自治县、49 个旗、3 个自治旗、1 个特区、1 个林区。鉴于 2000~2010 年行政区划调整等诸多因素，本文将一些行政单元进行了合并等调整，在 2000 年的行政区划标准的基础上，进行分析的县级行政单元的数量共计 2 327 个。人口普查为城市化的研究提供了不同方面的权威数据，包括就业结构、受教育水平、人口年龄构成、迁移状况等。因此和其他大多数的关于巨型城市地区或者城市群空间界定和结构变迁的研究成果不同，本文相关指标绝大多数来源于 2010 年第六次《人口普查分县资料》、2000 年第五次《人口普查分县资料》，由于行政区划的调整，相应的对人口普查资料进行了调整修正。涉及的各个单元的所辖土地面积主要取自中国民政部行政区划网站（http://www. xzqh. org. cn/quhua/index. htm）。对于"全球性"方面的部分分析指标主要来自 2001 年和 2011 年《中国城市统计年鉴》。

本文关于中国巨型城市地区空间边界和结构的研究主要从"均质区域"[③]的角度，将涉及的各个县级行政区划单元视为均质区域进行功能区识别和巨型城市地区的边界界定研究：首先将全国层面（不包括港澳台地区）按照区、县、县级市进行地理单元详细划分，其研究假设是这些区/县/市单元的就业等是均质分布的；然后将根据每个地理单元 19 个行业的就业人数空间分布密度，采用主成分数理统计方法、聚类方法，进行各地理单元空间结构类型的归类。在此基础上，判断相应巨型城市地区关键的"枢纽区"单元——都市区的核心和外围区，归纳其空间结构类型和经济结构类型。

2.2.1　基于密度和专门化的主成分分析

本文第一步构建用于主成分分析方法的 2 327×19[④]数据矩阵，包括各个非农行业就业人数的空间分布密度，用来探索中国县级行政单元的功能区等级、功能区专门化类别，从而判断其区域空间类型（核心、次核心、外围、边缘等类型）和经济发展类型。通过主成分分析，前 4 个主因子的累计总方差高达 92.79，远远超过 85，4 个主因子及其与 19 个关于就业空间密度指标的关系如表 2 所示。

表2　巨型城市地区发展主成分分析

	主成分			
	服务业	制造业与 一般性服务业	高端服务业	采掘业
采矿业密度	0.21	0.02	0.07	0.96
制造业密度	0.31	0.90	0.14	0.03
电力、燃气及水的生产和供应业密度	0.86	0.22	0.14	0.36
建筑业密度	0.64	0.58	0.16	0.04
交通运输、仓储和邮政业密度	0.78	0.45	0.30	0.12
信息传输、计算机服务和软件业密度	0.69	0.42	0.56	-0.03
批发和零售业密度	0.72	0.59	0.32	0.05
住宿和餐饮密度	0.70	0.57	0.35	0.05
金融业密度	0.80	0.40	0.40	0.06
房地产业密度	0.59	0.51	0.57	0.01
租赁和商业服务业密度	0.53	0.51	0.62	0.02
科学研究、技术服务和地质勘探业密度	0.67	0.26	0.60	0.04
水利、环境和公共设施管理业密度	0.78	0.38	0.36	0.15
居民服务和其他服务业密度	0.64	0.63	0.33	0.11
教育密度	0.88	0.34	0.26	0.13
卫生、社会保障和社会福利业密度	0.88	0.32	0.27	0.16
文化、体育和娱乐业密度	0.73	0.42	0.47	-0.01
公共管理和社会组织密度	0.87	0.30	0.19	0.22
国际组织密度	0.15	0.09	0.91	0.11
提取主成分累计贡献率	47.34	68.50	86.35	92.79

第一个主因子反映了各个功能区的"服务业"属性，除了"国际组织"指标外，其他主要的服务业就业行业门类，如金融业、房地产业、科研、技术服务和地质勘探业等与第一主成分的相关性都很高，而采矿业、制造业相关性较低。第二个主因子反映了区域的"制造业与一般性服务业"属性。制造业密度的相关性高达0.90，一般性服务业（如居民服务和其他服务业、批发和零售业）等的显著系数也大于0.50。第三个主因子反映了区域的"高端服务业"属性，房地产业、租赁和商业服务业、科学研究、技术服务和地质勘探业、信息传输、计算机服务和软件业、国际组织等相关系数很高。第四个主因子则反映了区域的"采掘业"和资源型城市的属性。

从全国县/市/区主成分分析最终得分（图9）来看，得分最高的城市基本都是地级城市的市辖区，如浦东新区等，非市辖区的县/市单元中，东部沿海地区的石狮市、顺德市、南海市、昆山市、大兴县得分也很高。将各县/市/区的主成分分析最终得分和六普数据中各县/市/区的城镇化水平数据进行回归模拟。这两者之间还是具有较为明显的正向相关性，但其拟合系数并不是很高。究其原因，一方面是主成分分析的最终得分反映了各个行政单元的经济活动密度，在广大的西部地区和山区，如内蒙古、新疆等广大地区，一个县/市/区的城镇化水平可能很高，但总体而言，由于就业人口规模的绝对量较小，因此导致最终得分不高；另一方面，基于就业结构的主成分分析总得分很大程度上反映了各个县/市/区的劳动地域分工地位和城镇化质量属性（于涛方，2013）。

　　根据图9，整体上看，得分较高的县/市/区单元呈现如下的空间连绵特征。第一，除了辽宁半岛、

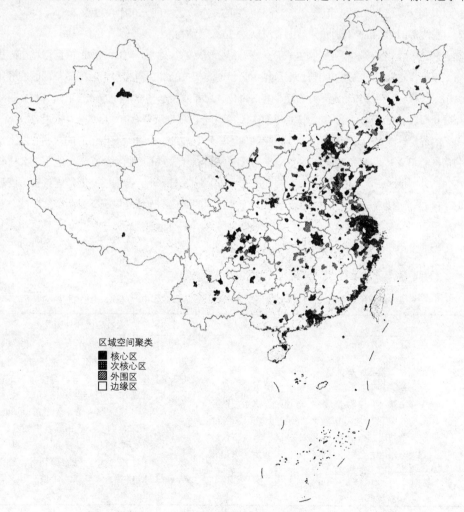

图9　中国县/市/区功能区划分主成分分析最终得分空间特征

广西、粤西等地区，沿海的县/市/区得分相对较高，诸如天津、烟台—威海、青岛—日照—连云港、南通—上海—嘉兴—杭州—绍兴—宁波—舟山、台州—温州、福州—莆田—泉州—厦门、汕尾—深圳—珠海等。第二，沿交通走廊和沿江（河）地区的县级单元得分较高，如京津走廊、沪宁走廊、广深走廊以及长江中下游地区沿江地区、珠江两岸地区、西部的黄河河套地区等。第三，各地区的省会城市市辖区得分较高，尤其在中西部和东北地区，省会城市市辖区的得分较其他地区尤其高。从东、中、西三大地带来看，东部得分较高的县/市/区呈现沿海化趋势，沿海城市走廊和城镇集群基本形成，多中心特征显著；中部地区，围绕一些区域性中心城市，如武汉、郑州、哈尔滨、长沙、太原，也开始显现相对单中心导向的核心—外围格局的城镇密集区；而广大的西部地区，除了成渝地区、关中地区以及滇中地区等个别城市区域外，得分较高的县/市/区空间分布比较零散。

2.2.2 巨型城市地区初步识别和"多中心/核心—边缘"结构

在上述基于就业密度和就业结构主成分分析总得分结果的基础上，对中国当前的巨型城市区进行初步界定。根据霍尔以及国内外城市群、巨型城市区界定的相关标准，本文对于巨型城市地区的界定标准如下。①区域核心。巨型城市地区必须至少有一个竞争力和发展水平非常高的核心单元（本文将主成分最终得分 0.5 以上的地理单元，划为核心单元）。②多中心。根据巨型城市地区的多中心特性，本文将次核心单元的界定标准定为最终得分为 0.1 以上的地理单元，并且一个巨型城市地区的次核心以上地理单元（包括核心单元）至少有 3 个。③"核心—外围"结构。巨型城市地区除了核心地区、次核心地区外，还包括外围地区，本文中外围地区界定是得分大于 0 的地理单元。④功能空间的连绵性。巨型城市地区的"核心—次核心—外围"地理单元在空间上是连续的，在不连续的情况下，两个区域核心单元空间距离小于 100km，如大长春地区以及兰州—西宁地区等。在初步识别出来的巨型城市地区中，又再细分为：①相对发达、规模较大的巨型城市地区（总人口 1 000 万以上，城镇化水平 60%以上），如表 3；②正在形成中的巨型城市地区（常住人口 400 万以上，城镇化水平 50%以上），如表 4。

表3 中国相对发达、规模较大的巨型城市地区界定和"多中心/核心—边缘"结构

	核心区	次核心区和外围区
长三角地区	上海：市辖区、奉贤区；江苏：南京市辖区、苏州市辖区、常熟市、张家港市、昆山市、太仓市、无锡市辖区、江阴市、扬州市辖区、镇江市辖区、泰州市辖区、常州市辖区、南通市辖区、浙江：杭州市辖区、萧山市、宁波市辖区、嘉兴市辖区、绍兴市辖区、金华市辖区、舟山市辖区、嵊泗县、安徽：马鞍山市辖区	上海：崇明；江苏：高淳县、宜兴市、武进市、溧阳市、金坛市、吴江市、通州市、海安县、如东县、启东市、如皋市、海门市、东台市、仪征市、江都市、丹徒县、丹阳市、扬中市、句容市、靖江市、泰兴市、姜堰市；浙江：余杭市、富阳市、鄞县、象山县、宁海县、余姚市、慈溪市、奉化市、嘉善县、海盐县、海宁市、平湖市、桐乡市、湖州市辖区、德清县、长兴县、绍兴县、诸暨市、上虞市、义乌市、永康市、岱山县

续表

	核心区	次核心区和外围区
珠三角地区	广州市辖区、深圳市辖区、珠海市辖区、佛山市辖区、南海市、顺德市、江门市辖区、肇庆市辖区、东莞市辖区	增城市、新会市、惠州市辖区、惠阳市、中山市辖区
京津冀北地区（大北京）	北京：市辖区、大兴；天津：市辖区；河北：廊坊市辖区、保定市辖区、三河市	北京：怀柔区、延庆县；天津：蓟县；河北：大厂回族自治县、香河县、涿州市、高碑店市、定兴县、容城县、徐水县、霸州市
泰山西麓地区（济南—徐州走廊）	山东：济南市辖区、淄博市辖区、济宁市辖区；江苏：徐州市辖区	山东：枣庄市辖区、章丘市、桓台县、滕州市、泗水县、曲阜市、兖州市、邹城市、泰安市辖区、宁阳县、新泰市、肥城市、莱芜市辖区、邹平县；江苏：丰县、铜山县
闽东南地区	福州市辖区、厦门市辖区、泉州市辖区、石狮市、晋江市、漳州市辖区	连江县、平潭县、福清市、长乐市、莆田市辖区、莆田县、惠安县、南安市、龙海市
中原地区	河南：郑州市辖区、开封市辖区、洛阳市辖区、焦作市辖区、许昌市辖区、新乡市辖区；山西：晋城市辖区	巩义市、荥阳市、新密市、新郑市、偃师市、博爱县、温县、沁阳市、孟州市、长葛市、新乡县、获嘉县、泽州县*、原阳县*、中牟县*、许昌县*、武陟县*、修武县*
辽中地区	沈阳市辖区、鞍山市辖区、抚顺市辖区、本溪市辖区、营口市辖区、辽阳市辖区	海城市、大石桥市*、辽阳县*、灯塔市*
浙东南地区	温州市辖区	洞头县、平阳县、苍南县、瑞安市、乐清市、台州市辖区、玉环县、温岭市
青岛—连云港走廊	山东：青岛市辖区	山东：胶州市、即墨市、胶南市、莱西市、日照市辖区；江苏：连云港市辖区、赣榆
成德绵地区	成都市辖区、郫县、温江县、双流县、德阳市辖区、绵阳市辖区	都江堰、新都县、崇州市、新津县、彭山县、眉山市辖区、广汉市、罗江县*
大武汉地区	武汉市辖区、黄冈市辖区、黄石市辖区	大冶市、鄂州市辖区、孝感市辖区、云梦县、咸宁市辖区
关中地区	西安市辖区、咸阳市辖区	长安县、高陵县、三原县、泾阳县、武功县、兴平市、渭南市辖区
大重庆地区	重庆"中心"市辖区**	长寿县、璧山县、永川市

*：该县/市/区得分小于0，但被得分较高的县/市/区所包围。

**：重庆"中心"市辖区，包括渝中区、大渡口区、江北区、沙坪坝区、九龙坡区、南岸区、北碚区、万盛区、双桥区、渝北区、巴南区。

表4　13个巨型城市地区社会经济特征

	土地面积 （km²）	常住人口 （万）	城镇化 水平（%）	外来净流入 人口比重（%）	65岁以上 人口比重（%）	大学生 比重（%）
长三角地区	81 870	9 551	70.9	23.97	10.21	15.12
珠三角地区	20 474	4 634	90.6	55.36	4.33	13.96
京津冀地区（大北京）	27 466	3 693	80.3	27.95	8.53	24.99
泰山西麓地区 （济南—徐州走廊）	31 553	2 718	60.8	2.72	9.52	12.2
闽东南地区	15 188	1 925	68.2	21.56	6.63	10.69
中原地区	16 650	1 939	60.6	7.51	7.7	14.44
辽中地区	15 851	1 521	82.0	10.42	10.7	17.13
浙东南地区	8 888	1 177	65.4	20.54	7.61	7.02
青岛—连云港走廊	12 352	1 068	70.43	10.68	9.69	15.13
成德绵地区	11 237	1 520	70.1	21.01	9.51	18.08
大武汉地区	15 163	1 475	72.6	7.76	8.17	20.04
关中地区	7 938	1 070	67.7	7.89	8.44	21.03
大重庆地区	9 979	1 014	76.2	10.59	10.36	16.25

资料来源：2010年第六次全国人口普查。

　　根据表3和表4，中国相对发达、规模较大的巨型城市地区共有13个，根据地区的2010年六普常住人口数据，依次是长三角地区、珠三角地区、京津冀地区、泰山西麓地区（济南—徐州走廊）、闽东南地区、中原地区、辽中地区、浙东南地区、青岛—连云港走廊、成德绵地区、大武汉地区、关中地区、大重庆地区。其中，8个位于东部地区、2个位于中部地区、3个位于西部地区。这13个巨型城市地区土地面积不到29万km²，常住人口为3.5亿人，城镇人口2.56亿人，分别占全国的2.95%、26.25%、38.24%。人口密度均大于850人/km²，最低地区为泰山西麓地区（861人/km²），最高地区为珠三角地区（2 263人/km²）。此外，这13个巨型城市地区人力资本情况也各不相同，即使是长三角、京津冀和珠三角也如此。长三角老龄化率高，大学生比例较高；珠三角大学生比率低，老龄化水平较低；京津冀大学生比率高，老龄化水平较高。

　　除了13个规模较大的巨型城市地区外，还有8个正在发育中、规模较小的巨型城市地区（表5），分别是江苏苏北的盐城—淮安地区、广东的粤东地区、湖南的长株潭地区、长春—吉林地区、大石家庄地区、大太原地区、山东胶东半岛地区的烟台—威海地区、云南的昆明—玉溪地区。这8个发育中的巨型城市地区，土地面积7.45万km²，常住人口6 030万，城镇人口4 119万，分别占全国的为0.77%、4.52%、6.15%（表6）。其余总人口规模在200万～400万的城市群包括：豫北—冀南巨型城市地区、大唐山地区、皖江城市带、大银川地区。它们基本初步具备多中心的结构，并且城市化水平也基本在 55% 以上，可能会成为未来中国的重要巨型城市地区。值得一提的是，在上述巨型城市地区界定的条件下，由于行政区划等原因，大哈尔滨地区、大大连地区以及乌鲁木齐等地区都市区的单中心极格局明显，没有次核心地区和外围地区，而未能列入巨型城市地区的行列。此外，辽中南地区的大连与以沈阳为核心的辽中地区之间存在明显的断裂带；山东半岛地区则形成以青岛为中心的滨海走廊格局和以济南为中心的泰山西麓城镇走廊，两者之间也存在经济发展的相对低谷地区或断裂带。

表 5　中国规模相对较小的巨型城市地区

	核心区（得分 0.5 以上）	次核心区和外围区（得分 0～0.5）
盐城—淮安地区	盐城市辖区	淮安市辖区、灌南县、涟水县、盐都县、阜宁县、建湖县、宝应县、沭阳县
粤东地区	汕头市辖区、揭阳市辖区、潮州市辖区	潮阳市、澄海市、南澳县、潮安县、揭东县
长株潭地区	长沙市辖区、株洲市辖区、湘潭市辖区	益阳市辖区；江西：萍乡市辖区、望城*、宁乡*、株洲*、醴陵*
长春—吉林地区	长春市辖区、吉林市辖区、辽源市辖区、四平市辖区	梨树县*、伊通县*、东辽县*、永吉县*
大石家庄地区	石家庄市辖区	正定、栾城、深泽、无极、藁城、鹿泉、望都、定州
大太原地区	太原市辖区、阳泉市辖区	清徐县、晋中市辖区、寿阳县*
烟台—威海地区	威海市辖区	烟台市辖区、荣成市、长岛县、龙口市、蓬莱市*、文登市*
昆明—玉溪地区	昆明市辖区	呈贡县、玉溪市辖区

*：该县/市/区得分小于 0，但被得分较高的县/市/区所包围。

表 6　8 个规模较小的巨型城市地区社会经济特征（2010 年）

	土地面积（km²）	常住人口（万）	城镇化水平（%）	外来净流入人口比重（%）	65 岁以上人口比重（%）	大学生比重（%）
盐城—淮安地区	14 283	961	52.4	−13.31	10.77	7.47
粤东地区	4 505	908	68	2.29	7.39	4.22
长株潭地区	12 093	1 027	73.5	6.79	9.22	18.04
长春—吉林地区	19 842	925	68.9	7.74	8.66	17.91
大石家庄地区	5 259	703	61.7	5.73	8.07	16.69
大太原地区	4 056	513	84.2	13.36	8.10	21.62
烟台—威海地区	8 566	564	66.5	13.43	10.49	13.09
昆明—玉溪地区	3 797	408	87.9	25.7	8.09	20.05

资料来源：2010 年第六次全国人口普查。

3 中国巨型城市地区的社会经济特征

3.1 功能专门化：高端服务业和制造业对中国巨型城市地区的主导意义

改革开放以来，中国城市和地区经历了日益深刻的全球化、工业化、市场化乃至信息化的过程，不同城市的功能专门化过程也使得中国巨型城市地区呈现不同类型特征。按照各个县/市/区地理单元在 4 个提取出来的主成分方面的得分矩阵，通过 SPSS 聚类分析，将核心区（主成分总得分 0.5 以

区域服务业—制造业—采掘业功能专门化类型
Ⅲ 采掘业驱动
■ 高端服务业驱动
▦ 制造业驱动
■ 服务业驱动

图 10 中国巨型城市地区的功能专门化聚类

上）、次核心区（主成分总得分 0.1～0.5）、外围区（总得分 0～0.1）、边缘区（总得分小于 0）不同类别的县/市/区进一步展开功能专门化视角的亚类分析。2 327 个县级城市共归纳为 4 大类（图 10），13 亚类（分别为采掘业主导的核心区、采掘业主导的次核心区、采掘业主导的外围区；高端服务业主导的核心区、高端服务业主导的次核心区、高端服务业主导的外围区；制造业主导的核心区、制造业主导的次核心区、制造业主导的外围区；服务业主导的核心区、服务业主导的次核心区、服务业主导的外围区以及边缘区）功能专门化区，将县/市/区的"核心—外围—边缘"空间结构类型和"服务业—制造业—采掘业"经济结构类型链接在一起。

可见，东部地区除了北京、上海、大连、日照、福州、广州、三亚等城市属于高端服务业主导的地理单元，青岛、天津、南京、杭州、沈阳等属于服务业主导的地理单元外，其他得分较高的县/市/区基本上都属于制造业主导的类型，反映了全球化分工中，东部沿海发达地区的制造业比较优势的基本格局；而在河北大石家庄地区、泰山西麓地区、辽中地区也有一些属于采掘业主导的单元。中部地区高端服务业和制造业主导的单元相对较少，一般服务业主导的类型占绝对主导数量。西部地区一些区域中心城市则有较多的高端服务业主导的单元，包括乌鲁木齐、成都、重庆、贵州以及昆明等市辖区，也有较多的单元是服务业和采掘业主导类型，制造业主导的单元主要集中在成渝地区以及关中地区，反映了西部地区工业化水平相对落后的发展阶段特征。

进一步，按照上述初步识别出来的巨型城市地区，分析这些巨型城市地区的功能专门化特征，如表7。总体而言，这些巨型城市地区的农林牧渔业在全国层面的区位熵都小于1.0，说明这些巨型城市地区的非农功能化现状格局特征。但这些巨型城市地区差异悬殊，珠三角的区位熵仅为0.08，而泰山西麓地区、大中原地区、长春—吉林地区、大石家庄地区等的区位熵则接近1.0。从采掘业角度，绝大多数地区的区位熵都显著小于1，但泰山西麓地区、大中原地区、辽中地区、大重庆地区、大太原地区则明显属于采掘业功能相对占重要地位的巨型城市地区，资源导向的发展动力仍然显著。整体上，中西部的巨型城市地区资源驱动的功能化特征要显著于东部地区，但相比长三角和珠三角等，京津冀地区的区位熵仍然较高。制造业方面，绝大多数巨型城市地区的制造业功能专门化程度较高，尤其是珠三角、长三角、闽东南、浙东南地区、青岛—连云港走廊、粤东地区、烟台—威海地区等沿海巨型城市地区，京津冀地区、辽中地区、大重庆地区、盐城—淮安地区有一定的优势条件，但相比较而言，东部的泰山西麓地区、大石家庄地区及中西部的大中原地区、大武汉地区、成德绵地区、关中地区、长株潭地区、长春—吉林地区、大太原地区、昆明—玉溪地区则专门化程度不高。此外，巨型城市地区的服务业转向比较明显，绝大多数的巨型城市地区服务业、高端服务业的区位熵都显著高于1。但相对而言，粤东地区、浙东南地区的服务业和高端服务业功能专门化程度偏低。在东部地区，三大核心巨型城市地区中，长三角和珠三角地区功能专门化比较相似，"制造业—一般性服务业主导"的特征显著，高端服务业比重较高，但其区位熵与京津冀地区差距显著，整体上京津冀地区是显著的服务业和高端服务业主导的巨型城市地区，其制造业专门化程度并不显著；在京津冀地区和长三角地区之间，青岛—连云港走廊、烟台—威海地区、盐城—淮安地区功能专门化比较相似，都属于"制造业——一般性服务业专门化"较明显的地区，但青岛—连云港走廊在高端服务业方面的发展水平要领先于其余两个地方；长三角和珠三角之间的浙东南地区和粤东地区、闽东南地区也有较为相似的功能专门化特征，也属于制造业——一般性服务业主导的类型，但闽东南部地区的高端服务业专门化程度也高于浙东南和粤东地区；总体而言，闽东南—浙东南—粤东地区的制造业专门化要显著高于青岛—连云港走廊、盐城—淮安走廊、烟台—威海地区。

高端服务业在巨型城市地区的比重和区位熵相对较高，符合彼得·霍尔在巨型城市地区研究中所高度关注的"高端服务业"专门化特征，但制造业的比重较高则说明了当前中国城市发展在全球城市体系分工中的阶段性特点，制造业的发展可以说仍是推进中国巨型城市地区发育和发展的主导力量，这是中国巨型城市地区和国际发达国家巨型城市地区的显著差异所在。

表 7　中国巨型城市地区的功能专门化区位熵和结构分析

	区位熵					占总就业人口比重（%）				
	农林牧渔业	采矿业	制造业	高端服务业	服务业	农林牧渔业	采矿业	制造业	高端服务业	服务业
长三角地区	0.21	0.16	2.46	2.10	1.35	9.94	0.19	41.51	32.93	6.53
珠三角地区	0.08	0.05	3.23	1.97	1.31	3.82	0.06	54.40	32.05	6.12
京津冀地区	0.27	0.64	1.20	4.21	1.82	12.84	0.73	20.20	44.30	13.07
泰山西麓地区	0.82	2.61	1.06	1.13	1.14	39.77	2.95	17.83	27.80	3.51
中原地区	0.78	1.60	1.02	1.35	1.35	37.46	1.81	17.15	32.83	4.18
闽东南地区	0.27	0.32	2.29	1.54	1.43	13.11	0.36	38.59	34.87	4.78
辽中地区	0.39	1.86	1.22	2.31	1.83	19.07	2.11	20.51	44.67	7.16
大武汉地区	0.54	0.66	1.06	1.96	1.63	25.93	0.75	17.84	39.67	6.10
成德绵地区	0.47	0.34	1.04	2.69	1.66	22.71	0.39	17.53	40.57	8.37
浙东南地区	0.16	0.14	3.20	0.91	1.23	7.68	0.16	53.98	30.01	2.83
关中地区	0.64	0.54	0.78	1.98	1.65	30.94	0.62	13.22	40.26	6.16
青岛—连云港走廊	0.45	0.31	1.78	1.55	1.44	21.95	0.35	29.93	35.03	4.83
大重庆地区	0.52	1.32	1.21	2.25	1.56	24.91	1.50	20.42	37.95	7.01
长株潭地区	0.61	0.96	1.06	1.86	1.58	29.62	1.08	17.82	38.46	5.77
盐城—淮安地区	0.68	0.05	1.29	0.84	1.31	32.97	0.06	21.67	32.08	2.62
长春—吉林地区	0.87	0.53	0.73	1.55	1.45	41.85	0.61	12.35	35.38	4.81
粤东地区	0.41	0.09	2.67	0.71	1.08	19.70	0.10	45.26	26.38	2.22
大石家庄地区	0.84	0.26	0.99	1.55	1.21	40.57	0.30	16.64	29.48	4.82
烟台—威海地区	0.75	0.56	1.59	1.31	1.10	36.24	0.64	26.87	26.80	4.08
大太原地区	0.27	5.65	0.99	2.33	1.95	13.19	6.40	16.74	47.67	7.26
昆明—玉溪地区	0.47	0.91	0.78	2.81	1.86	22.70	1.03	13.14	45.28	8.74

资料来源：2010 年第六次全国人口普查。

3.2　巨型城市地区在全球链接方面的分化

在全球化之空间发展模式下，当今城市的张力是镶嵌在全球化脉络下进行的，一方面，全球化程度高的地区经济成长迅速，新领域得到发展，新网络获得延伸，城市得到重振（如柏林、维也纳等）；另一方面，远离全球化的地区、国家、城市和个人的边缘化倾向明显，经济两极分化，其最终结果是全球化导致区域变迁（Castells，1996）。这种源于流动空间的城市竞争优势可以称之为全球城市网络优势（global networks based advantages）或者城市体系优势（system-based advantages），即城市的竞争优势与城市在全球城镇体系架构网络的节点、路径、流等关系密切相关。因此，一个有竞争力、发育健康的巨型城市地区不仅仅取决于其在所在区域中的"地方据点优势"（location-based advantages），而且越来越取决于其全球城市体系网络优势地位（于涛方，2004），和传统的城市地区相比较，全球性属性成为判断一个巨型城市地区发育程度的重要标准。在上述"功能区"、"多中心"分析和界定的基础上，本文选取外商直接投资（FDI）贡献、制造业发展的外向型水平、国际组织就业人数占总人口的比重等指标进行 21 个巨型城市地区的全球化程度的分析，如表 8。总体而言，经过 30 多年的改革开放和全球化、市场化进程，这些巨型城市地区在全球城市网络优势方面已经有了很明确的分化，其全球化程度大致可分为如下 5 个级别：京津冀地区、长三角、珠三角、闽东南四个东部巨型城市地区的全球化程度最高；其次是辽中地区、成德绵地区、大重庆地区、大武汉地区、青岛—连云港走廊地区；再次是盐城—淮安地区、烟台—威海地区、长春—吉林地区；关中地区、粤东地区、长株潭地区较低；泰山西麓地区、粤东地区、浙东南地区、大石家庄地区、大太原地区、昆明—玉溪地区最低。

表 8　中国巨型城市地区的全球性属性分析

	单位 GDP 的 FDI 利用	港澳台和外商投资 企业工业产值系数	国际组织 就业系数	因子分析 总得分
长三角地区	66.28	44.25	0.17	0.62
珠三角地区	48.86	57.19	0.14	0.62
京津冀地区	69.67	38.78	1.41	1.58
泰山西麓地区	23.72	9.51	0.07	-0.49
中原地区	34.23	7.02	0.02	-0.46
闽东南地区	48.10	57.18	0.20	0.66
辽中地区	80.54	18.72	0.00	0.22
大武汉地区	47.65	24.29	0.22	0.13
成德绵地区	69.39	17.32	0.29	0.31
浙东南地区	5.75	10.39	0.01	-0.72
关中地区	31.74	16.77	0.08	-0.28
青岛—连云港走廊	54.45	28.87	0.09	0.18

	单位GDP的 FDI利用	港澳台和外商投资 企业工业产值系数	国际组织 就业系数	因子分析 总得分
大重庆地区	80.04	19.23	0.20	0.39
长株潭地区	45.30	8.99	0.00	−0.32
盐城—淮安地区	63.29	20.04	0.00	0.05
长春—吉林地区	22.15	35.58	0.00	−0.14
粤东地区	18.59	24.80	0.00	−0.35
大石家庄地区	7.18	7.37	0.00	−0.77
烟台—威海地区	27.10	36.34	0.00	−0.07
大太原地区	14.55	6.98	0.00	−0.69
昆明—玉溪地区	36.45	5.98	0.00	−0.47

资料来源：2010年第六次全国人口普查、《中国城市统计年鉴》(2011)。

3.3 巨型城市地区的区域影响力

全球化和地方化是一个硬币的两个面，全球化程度可以认为是城市区域发展优势的直接源泉，一个城市地区的地位高低可以直接从它的全球化程度上得到反映；而地方化则深刻、长远地影响着城市地区发展的可持续力，影响城市地区在全球网络、体系中的作用的发挥。因此，要认识城市地区发展的外部环境力量，还必须透过地方向度来决定，界定城市和地区发展优势面向，才是建立与其他城市地区进行全球竞争的基础条件，也就是所谓的"地方基础"(local basis)。多中心的"功能区"及"核心区"与"外围区"、"边缘区"的"流"作用下的紧密互动得到彼得·霍尔等人对巨型城市地区属性分析的重要关注，实际上城市群、都市连绵区、城镇密集区乃至都市区等的概念也如此。

在全国范围内分析这21个巨型城市地区的区域性和地方性特征，即哪些巨型城市地区具有国家级影响力，哪些仅具有省域地方级影响力。根据第五次全国人口普查和第六次全国人口普查数据中的"本县（市）/本市市区迁入人口"、"本省其他县（市）、市区迁入人口"、"外省迁入人口"三个重要指标，来分析巨型城市地区本身的省域地方影响力（近域地方性影响力）类别属性［"本县（市）/本市市区迁入人口"、"本省其他县（市）、市区迁入人口"之和占常住人口比重］（图11）、国家级影响力（广域区域性影响力）类别（"外省迁入人口"，图12）。从这几个指标来讲，这21个巨型城市地区中，珠三角的总体区域影响力（国家级和省域地方级合计）程度最高，其次是浙东南地区、京津冀地区、闽东南地区、昆明—玉溪地区、长三角地区，再次是大武汉地区、成德绵地区、大重庆地区、大太原地区、泰山西麓地区、盐城—淮安地区、粤东地区、大石家庄地区最低。进一步，长三角地区、珠三角地区、京津冀地区、闽东南地区、浙东南地区不仅在国家范围内有很强的集聚影响力，而且在省域地方层面的影响也表现强劲；辽中地区、大武汉地区、成德绵地区、青岛—连云港地区、大重庆地区、大太原地区、中原地区、长株潭地区、烟台—威海地区在省域地方层面（近域地方化）有较明显优势，在国家层面的影响力方面则显不足；泰山西麓地区、盐城—淮安地区、粤东地区、大石家庄地区的国家层面和省域地方层面的影响力都很落后，浙东南地区则在国家层面影响力更明显，如表9。

图 11　2010 年中国城市地方化（省内迁入人口数量）程度

资料来源：2010 年第六次全国人口普查。

图 12 2010 年中国城市区域化（外省迁入人口数量）程度

资料来源：2010 年第六次全国人口普查。

　　最后将这些巨型城市地区的区域性影响力（国家级、省域地方级水平）和全球化程度整合考虑，如图 13 所示，可以看出，经过 30 多年的市场化、全球化等发展进程，中国的巨型城市地区已经呈现显著的多元化和不断分化的特征，长三角、京津冀和珠三角等三大核心巨型城市地区无论在全球化链接还是在区域化影响力方面都相对领先。值得强调的是，和珠三角、京津冀巨型城市地区相比，无论在空间范围、规模还是在内部构成方面，长三角都要宏大得多，复杂得多，因此很大程度上影响了全球化水平、区域化水平的指数，即便如此，长三角的全球化链接和区域化作用也相对遥遥领先。一般来

表9　中国典型巨型城市地区的区域影响力特征指数

	地方级 影响力	国家级 影响力	合计		地方级 影响力	国家级 影响力	合计
长三角地区	16.23	23	39.23	青岛—连云港走廊	22.2	6.3	28.5
珠三角地区	21.72	41.36	63.08	大重庆地区	26.54	7.3	33.84
京津冀地区	16.57	27.98	44.55	长株潭地区	22.54	2.92	25.46
泰山西麓地区	15.78	1.9	17.68	盐城—淮安地区	11.67	1.07	12.74
中原地区	20.66	1.9	22.56	长春—吉林地区	21.72	2.81	24.53
闽东南地区	20.81	19.27	40.08	粤东地区	7.67	6.17	13.84
辽中地区	22.48	4.55	27.03	大太原地区	29.03	6.4	35.43
大武汉地区	27.83	4.06	31.89	大石家庄地区	16.15	2.66	18.81
成德绵地区	31.97	4.49	36.46	烟台—威海地区	18.32	8.03	26.35
浙东南地区	14.07	30.6	44.67	昆明—玉溪地区	31.76	8.85	40.61
关中地区	18.94	5.96	24.9				

资料来源：2010年第六次全国人口普查。

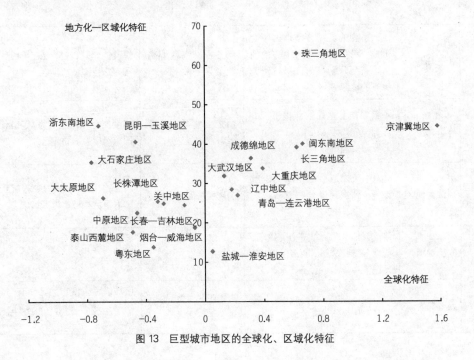

图13　巨型城市地区的全球化、区域化特征

说，整体的全球化链接方面东部的巨型城市地区要强于中西部地区，但西部的成渝地区和中部的大武汉地区的全球化水平也较为突出，东部的浙东南地区、大石家庄地区则很落后。在整体的区域化作用方面，除了浙东南地区、青岛—连云港地区外，其他区域化作用比较大的巨型城市地区都包含有省会城市或者直辖市，而且东西部差异不显著，西部的昆明—玉溪地区、成渝地区，中部的大武汉地区、长株潭地区、大太原地区具有很强的区域集聚辐射能力，东部的粤东地区、烟台—威海地区、盐城—淮安地区则落后很多。

3.4　中国巨型城市地区识别总结："3＋10＋7"格局

根据上述城市地区的多中心空间结构、地方化—区域化和全球化特征、功能专门化，对这些巨型城市地区进一步归纳，如表10所示。这些巨型城市地区中，长三角、珠三角、京津冀3大巨型城市地区属于第一层级，是发育相对成熟的巨型城市地区（图14～16）；东部沿海地区的闽东南地区、青岛—连云港走廊地区，中西部地区的成渝地区（包括成德绵地区、大重庆地区，图17）、辽中地区、大武汉地区、中原地区、关中地区、浙东南地区、泰山西麓地区等地区是发育较成规模的巨型城市地区；而长株潭地区等7个地区相对仍处于发育过程中。

表10　中国典型巨型城市地区归纳分析

巨型城市地区		多中心性	功能专门化	全球化、区域化—地方化
Ⅰ类	长三角地区	由一系列的巨型城市地区嵌套形成；包括以上海为中心的地区，乃至分别以南京和杭州为中心的地区等	制造业、高端服务业主导	高度的全球网络体系/等级优势；国家级巨型城市地区
	珠三角地区	不考虑香港地区的前提下，由深圳—广州双核心、若干次核心驱动的地区	制造业主导；高端服务业较发达	高度的全球网络体系/等级优势；国家级巨型城市地区
	京津冀地区	北京—天津双核心驱动的走廊地区，外围离散分布着若干次中心	高端服务业主导	高度的全球网络体系/等级优势；国家级巨型城市地区
Ⅱ类	成德绵地区	以成都都市区为单核心，绵阳、德阳等多次核心驱动的走廊地区	高端服务业主导	区域级巨型城市地区，有一定的国家层面影响力；较好全球化水平
	大重庆地区	中心城区单核心驱动，若干外围县市作为外围区的地区	高端服务业主导；资源主导显著	区域级巨型城市地区，有一定的国家层面影响力；较好全球化水平

续表

巨型城市地区	多中心性	功能专门化	全球化、区域化—地方化
II类 闽东南地区	福州、泉州、厦门等多核心组成的走廊地区	制造业主导；高端服务业较发达	区域级巨型城市地区，有较好的国家层面影响力；高度的全球网络体系/等级优势
青岛—连云港走廊	青岛、连云港、日照等多核心组成的走廊地区	制造业主导；高端服务业较发达	区域级巨型城市地区，有一定的国家层面影响力；较好全球化水平
辽中地区	沈阳等多核心组成的走廊地区	高端服务业主导；资源主导显著	区域级巨型城市地区，有一定的国家层面影响力；较好全球化水平
大武汉地区	武汉等多核心组成的地区	高端服务业较发达	区域级巨型城市地区，有一定的国家层面影响力；较好全球化水平
中原地区	郑州、洛阳等多核心组成的地区	资源主导显著	区域级巨型城市地区；较低全球化水平
浙东南地区	温州、台州为双核心的走廊地区	制造业发达	区域级巨型城市地区，有较好的国家层面影响力；低全球化水平
泰山西麓地区	济南、徐州等多核心组成的走廊地区	资源主导显著	区域级巨型城市地区；较低全球化水平
关中地区	西安、咸阳等多核心地区	高端服务业较发达	区域级巨型城市地区；较低全球化水平
III类 长株潭地区	长沙等多核心地区	高端服务业较发达	区域级巨型城市地区；低全球化水平
长春—吉林地区	长春、吉林双核心地区	高端服务业较发达	区域级巨型城市地区；低全球化水平
大太原地区	太原单中心，多外围地区组成的城市群	高端服务业主导；资源主导显著	区域级巨型城市地区；低全球化水平
大石家庄地区	石家庄单中心，多外围地区组成的城市群	高端服务业较发达	区域级巨型城市地区；低全球化水平
粤东地区	汕头、潮州等多核心地区	制造业发达	地方级影响力，低全球化水平
烟台—威海地区	烟台、威海双核心地区	制造业主导	地方级巨型城市地区；较低的全球化水平
昆明—玉溪地区	昆明单中心，多外围地区组成的城市群	高端服务业主导	地方级巨型城市地区；较高的全球化水平

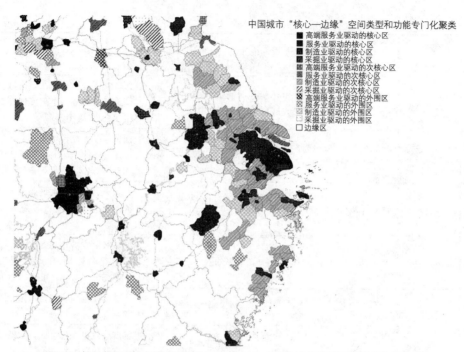

图 14　长三角巨型城市地区及邻近地区"核心—边缘"空间类型与功能专门化聚类

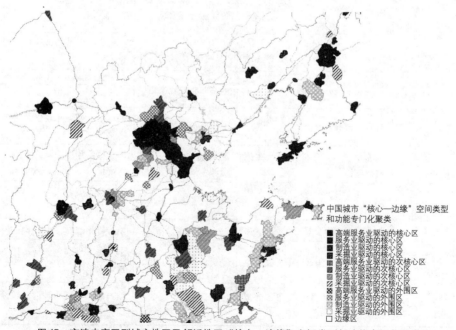

图 15　京津走廊巨型城市地区及邻近地区"核心—边缘"空间类型与功能专门化聚类

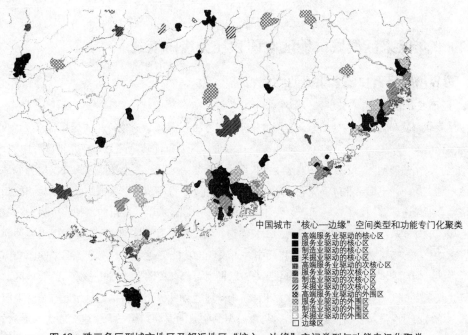

中国城市"核心—边缘"空间类型和功能专门化聚类
■ 高端服务业驱动的核心区
■ 服务业驱动的核心区
■ 制造业驱动的核心区
■ 采掘业驱动的核心区
▦ 高端服务业驱动的次核心区
▨ 服务业驱动的次核心区
▨ 制造业驱动的次核心区
▧ 采掘业驱动的次核心区
▨ 高端服务业驱动的外围区
▨ 服务业驱动的外围区
▤ 制造业驱动的外围区
▫ 采掘业驱动的外围区
□ 边缘区

图 16　珠三角巨型城市地区及邻近地区"核心—边缘"空间类型与功能专门化聚类

中国城市"核心—边缘"空间类型和功能专门化聚类
■ 高端服务业驱动的核心区
■ 服务业驱动的核心区
■ 制造业驱动的核心区
■ 采掘业驱动的核心区
▦ 高端服务业驱动的次核心区
▨ 服务业驱动的次核心区
▨ 制造业驱动的次核心区
▧ 采掘业驱动的次核心区
▨ 高端服务业驱动的外围区
▨ 服务业驱动的外围区
▤ 制造业驱动的外围区
▫ 采掘业驱动的外围区
□ 边缘区

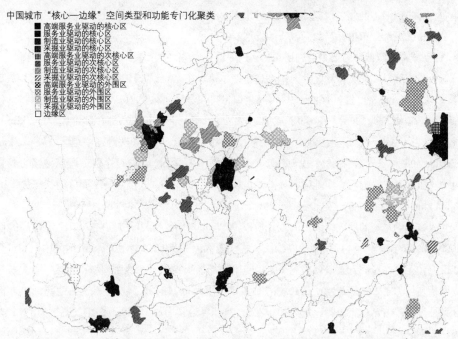

图 17　成渝地区及邻近地区"核心—边缘"空间类型与功能专门化聚类

4　2000 年以来巨型城市地区空间和社会经济变迁

4.1　边界增长集聚和要素集聚的空间特征

4.1.1　巨型城市地区边界增长

采用就业密度和就业结构等指标，运用主成分分析方法计算 2000~2010 年中国县/市/区行政单元的功能变化情况（图 18）。可见，2000 年以来，江浙沪地区、京津冀地区、珠三角地区、中原地区、成渝地区、泰山西麓地区、山东半岛地区、粤东地区、闽东南地区、关中地区、大武汉地区等是发展最快的地区。第一，上海、北京、深圳、广州、成都、西安、青岛、厦门、福州以及南京、杭州、宁波、济南、石家庄、温州、武汉、重庆、天津、沈阳、郑州等区域中心城市的增长幅度最大，围绕这些中心城市的外围县/市/区都表现了显著的增长态势。第二，滨海的县/市/区更是表现出强劲的增长态势，比如胶济城市带在 2010 年的功能格局中并未表现出功能"连绵"的特征，但 2000~2010 年，潍坊、淄博、烟台等滨海的县/市/区较内陆县/市/区而言，都有更明显的增长态势；苏北地区、浙东南地区、闽东南地区、粤东地区乃至河北、天津滨海地区也如此。比较特殊的是，辽宁虽然采取"五点一线"的城市地区发展战略，但沿海地区仍没有得到明显的发展。第三，快速交通走廊沿线的区/县/市表现出更明显的发展态势，尤其是京沪交通走廊、北京—郑州交通走廊、上海—昆明交通走廊等。第四，除了成渝地区外，西部地区以及东北地区的吉林、黑龙江地区的增长仍然呈现零散状态，仅在省会城市的区/县/市单元得到了较快的发展。

4.1.2　巨型城市地区劳动力要素急剧增长

（1）人口密度越高的城市地区，人口增长速度越快。在 13 个规模较大的巨型城市地区中，2000~2010 年，珠三角人口密度提升最快，10 年间人口密度增长了 581 人/km²，其次是京津冀地区（357 人/km²）、浙东南地区（266 人/km²）、成德绵地区（263 人/km²）、长三角地区（237 人/km²）和闽东南地区（232 人/km²）；泰山西麓地区增长最慢（60.2 人/km²），其次是辽中地区（98 人/km²）和大武汉地区（98 人/km²）。在 8 个规模较小的巨型城市中，增长最快的分别是粤东地区、大太原地区、昆明—玉溪地区、大石家庄地区，最慢的是盐城—淮安地区（人口密度呈现负增长态势，10 年间降了 38 人/km²），其次是东北的长春—吉林地区和烟台—威海地区（表 11）。

（2）人口流动越高的地区，人口流入规模越大。2000 年流入人口占常住人口比重越高的城市地区，2000~2010 年净流入人口增长速度越快、规模越大。在所有 21 个巨型城市地区中，长三角、京津冀、珠三角无论在净流入人口规模还是比例变化上都远远领先于其他巨型城市地区，首先长三角净流入人口增长量为 1 292 万人，占 2010 年常住人口比重为 16.03%，其次是珠三角地区，10 年间增长了 603 万，增长量占常住人口的比重为 17.84%，京津冀地区增长了 239 万，增长比重为 19.15%；然后是浙东南地区、成德绵地区和闽东南地区；最慢的是盐城—淮安地区、大石家庄地区、泰山西麓地区，前两者出现负增长的态势。由于年轻劳动力人口的流动，也使得巨型城市地区的老龄化速度与人口流入速度成反比。

（3）人力资本的空间集聚呈现指数增长极化特征，同时，东部地区的巨型城市地区人力资本增长更为明显。从 2000～2010 年大学生占常住人口的比重变化增长来看，2000 年大学生比重越高的城市，10 年间的大学生增长量越大，占常住人口的比重也越高。2000 年京津冀地区大学生比重高达 12.7%，10 年间增长量占常住人口的比重高达 12.29%，其次是大武汉、关中等地区。然而从 2000～2010 年大学生年增长率来看，巨型城市地区之间人力资本虽呈现一定的收敛特征，但总增长率超过 200% 的城市地区均位于东部沿海地区，包括长三角地区、珠三角地区、闽东南地区、浙东南地区、青岛—连云港走廊；东北的辽中地区和长春—吉林地区增长最为缓慢，仅仅增长 100% 和 108%，其次为西部的关

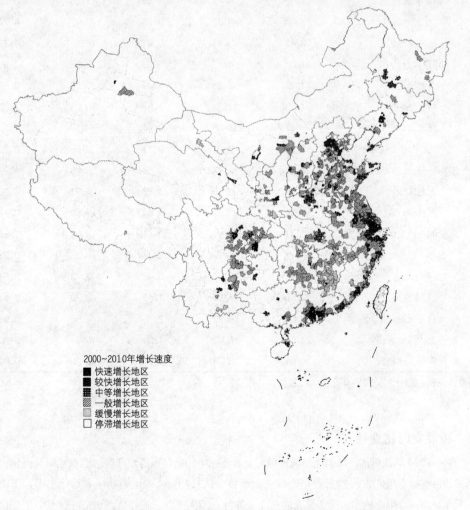

图 18　2000～2010 年巨型城市地区县/市/区单元增长变化空间格局

中地区（135%）和昆明—玉溪地区（138.94%）。

表 11 2000～2010 年中国巨型城市地区人口与经济特征变化（%）

	总人口增长率	净流入人口增长量占常住人口比重	65 岁以上	大学生	非农就业比重增长
长三角地区	25.57	16.03	0.32	8.93	1.24
珠三角地区	34.55	17.84	0.25	7.88	0.63
京津冀地区	36.2	19.15	0.35	12.29	0.4
泰山西麓地区	7.52	0.73	1.86	7.06	0.79
中原地区	18.03	4.36	0.73	7.77	0.77
闽东南地区	22.42	9.93	0.4	6.45	1.32
辽中地区	11.31	4.87	2.33	7.6	4.3
大武汉地区	11.23	2.68	1.79	10.83	0.82
成德绵地区	24.15	12.34	1.67	9.83	1.32
浙东南地区	25.17	14.68	0.14	4.76	1.14
关中地区	16	2.39	2.11	10.65	0.98
青岛—连云港走廊	17.98	5.92	0.98	9.45	1.27
大重庆地区	13.55	3.18	1.83	9.71	1.08
长株潭地区	13.82	2.96	1.84	9.59	0.77
盐城—淮安地区	−5.31	−12.51	3.44	5.01	1.89
长春—吉林地区	11.42	1.92	2.14	8.35	0.23
粤东地区	15.1	2.7	0.43	2.33	0.84
大石家庄地区	13.65	−3.51	1.42	9.76	0.49
烟台—威海地区	13.65	6.89	2	7.58	0.56
大太原地区	24.54	6.92	1.24	10.8	0.06
昆明—玉溪地区	19.04	3.38	1.9	10.06	−0.09

资料来源：2000 年、2010 年全国人口普查。

4.2 功能专门化变迁

2000～2010 年，东部沿海的巨型城市地区发展变化中，高端服务业和制造业双轮驱动强化，而推动西部的巨型城市地区发展的工业化进程仍然缓慢。从县/市/区变化的功能专门化来看，上海、北京、天津、广州等中心城市表现为显著的高端服务业专门化倾向，但其外围城市和区县，工业化的主导地位依然明显。2000 年以来，中部的巨型城市地区的驱动力量也开始向制造业主导转变，特别是中原地区、大武汉地区及长株潭地区，在一些地区，如泰山西麓地区、大太原地区等，采掘业等初级要素驱动的部门仍然发挥着重要的作用。在西部地区，除了重庆、成都等经济中心城市外围有较快的制造业发展外，其他增长较快的地区仍以服务业发展为主要驱动力（图19）。通过表12，可更进一步反映这些巨型城市地区整体层面的功能专门化变化情况和趋势。总体而言，2000年以来，绝大多数巨型城市地区在房地产业和金融业（"FIRE"）等高端服务业、制造业就业比重都显著提高。与此同时，农林牧渔业、采矿业无论在比重指标还是在区位熵指标方面，都呈现明显的下降趋势。但较东部地区而言，中西部地区的制造业比重不升反降，工业化速度相对缓慢，反映了在过去10年中，东部发达地区的产业转移过程中，中西部的工业化和制造业发展仍没有得到太大的改变和提高。

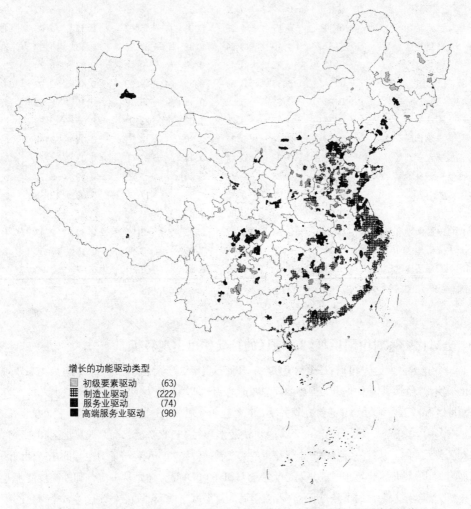

增长的功能驱动类型

▦	初级要素驱动	(63)
▤	制造业驱动	(222)
▦	服务业驱动	(74)
■	高端服务业驱动	(98)

图19　2000～2010年巨型城市地区县/市/区单元增长的功能驱动类型和速度空间格局

表 12　2000～2010 年中国巨型城市地区主要功能部门增长变化

	区位熵增长				比重增长（%）			
	农林牧渔业	采矿业	制造业	FIRE	农林牧渔业	采矿业	制造业	FIRE
长三角地区	-0.24	-0.26	-0.34	0.19	-18.87	-0.25	6.63	1.46
珠三角地区	-0.09	-0.09	-1.15	-0.35	-7.02	-0.09	-0.01	1.09
京津冀地区	-0.11	-0.05	-0.66	0.08	-11.48	0.00	-2.91	2.24
泰山西麓地区	-0.05	-0.64	-0.17	0.01	-16.34	-0.43	2.50	0.77
中原地区	-0.11	-0.05	-0.17	-0.03	-19.45	0.12	2.38	0.91
闽东南地区	-0.20	-0.47	-0.22	-0.05	-17.37	-0.47	7.35	0.99
辽中地区	0.00	-0.05	-0.90	-0.32	-6.56	-0.06	-5.87	1.36
大武汉地区	-0.10	-0.17	-0.29	-0.09	-15.02	-0.12	1.05	1.19
成德绵地区	-0.32	0.10	-0.21	0.88	-27.93	0.13	1.97	2.51
浙东南地区	-0.12	-0.23	-0.43	0.00	-10.46	-0.23	8.74	0.68
关中地区	-0.14	0.38	-0.51	0.30	-19.09	0.45	-2.92	1.56
青岛—连云港走廊	-0.28	-0.21	-0.08	0.15	-25.18	-0.19	6.81	1.26
大重庆地区	-0.24	-0.17	-0.25	1.00	-23.61	-0.05	2.28	2.54
长株潭地区	-0.12	-0.11	-0.34	0.20	-17.51	-0.02	0.48	1.44
盐城—淮安地区	-0.39	0.03	0.44	0.14	-36.18	0.03	11.11	0.60
长春—吉林地区	0.19	-0.23	-0.72	-0.59	-1.93	-0.19	-5.72	0.65
粤东地区	-0.18	-0.08	0.13	-0.38	-17.98	-0.08	13.35	0.20
大石家庄地区	0.06	-0.05	-0.40	0.00	-9.56	-0.05	-0.64	1.02
烟台—威海地区	0.03	-0.34	-0.37	-0.03	-9.85	-0.30	2.47	1.03
大太原地区	-0.04	-0.36	-0.95	-0.09	-6.89	0.13	-7.38	1.53
昆明—玉溪地区	-0.01	-0.01	-0.59	0.34	-8.51	0.07	-3.90	2.05

资料来源：2000 年、2010 年全国人口普查。

4.3　全球化资本对中国巨型城市地区的拉动作用出现转折

　　2000 年以来，无论从 FDI，还是从港澳台、外商投资产业产值绝对值来看，这些巨型城市地区的全球化程度都得到了明显的提升，但中西部的城市地区 FDI 增长更为迅速。从绝对量上来看，2000 年长三角地区和珠三角地区 FDI 总量并驾齐驱，总量在 105 亿美元；其次是京津冀地区，总量在 52 亿美元左右，到 2010 年，长三角地区的 FDI 总量快速上升到 466 亿美元，而京津冀地区和珠三角地区在 180 亿美元左右。从经济发展中的全球化贡献率来看，曾经外向型经济绝对主导的东南部地区的珠三角地区、闽东南地区、粤东地区，无论从单位 GDP 的 FDI 量，还是从港澳台和外商投资工业产值比重角度，都有了较明显的下降，而经济相对落后的巨型城市地区，如成渝地区等，全球化的经济拉动作用开始得到显著的提升（图 20）。

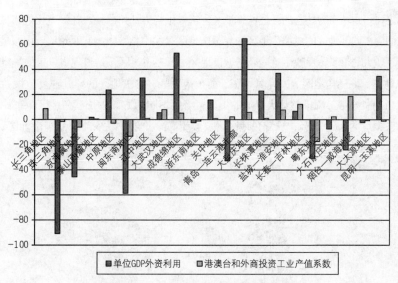

图 20 2000～2010 年中国巨型城市地区全球化变化

资料来源：2001 年、2011 年《中国城市统计年鉴》。

4.4 区域影响力显著提升

从巨型城市地区的国家层面和省域区域层面影响力变化来看，2000 年以来，绝大多数巨型城市地区影响力得以显著提升（图 21～23）。长三角、京津冀、珠三角的国家级影响力进一步强化，以部分

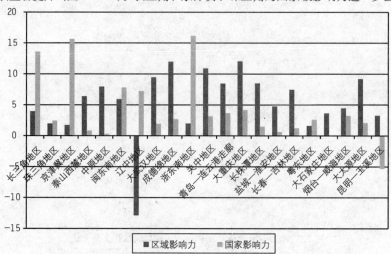

图 21 2000～2010 年中国巨型城市地区地方化—区域化变化

资料来源：2000 年、2010 年全国人口普查。

省会城市和港口门户城市为核心的巨型城市地区区域级影响力开始凸显。在地方化的省域层面集聚和扩散能力方面，中西部地区的成德绵地区和大重庆地区、关中地区、大武汉地区、中原地区、大太原地区等都有了较大的增长，反映了这些巨型城市地区对所在省、区开始显现出一定的集聚和辐射带动能力；辽中地区、珠三角地区、京津冀地区、浙东南地区、粤东地区的提升速度放缓，尤其是辽中地区，出现负增长态势。国家整体大区域的集聚辐射等影响力方面，长三角地区、京津冀地区的增长显著，增长幅度均超过10%，珠三角地区增长放缓。除此以外，东部的浙东南地区、辽中地区、

省内迁入人口增长（人）
◯　2 000 000
◯　1 000 000
。　200 000

图22　2000～2010年中国县/市/区省内人口迁入量变化

资料来源：2000年、2010年全国人口普查。

闽东南地区对国家大区域的集聚和影响作用显著增大，中西部地区的巨型城市地区仍然增长缓慢，尤其是昆明—玉溪地区在下降，东部的大石家庄地区、泰山西麓地区、盐城—淮安地区也没有很好的起色。

省外迁入人口增长（人）

○　2 000 000
○　1 000 000
○　　 200 000

图 23　2000～2010 年中国县/市/区省外人口迁入量变化

资料来源：2000 年、2010 年全国人口普查。

5 结论和讨论

5.1 当前中国巨型城市地区发展符合一般规律，但有显著特殊性

经济全球化和新自由主义政策对全球的城市地区产生了深刻影响。一方面，针对涌现出的城市地区新现象，"世界城市"、"全球城市"、"全球城市地区"、"世界城市网络"注重全球化、竞争力面向的研究和政策制定；另一方面，美国长期形成的地方政府自治，近年来西欧国家中央政府的分权化趋势，其结果是形成了当前日益明显的碎片化政治格局，一系列社会经济和生态环境问题伴随而来，于是与"全球化"相对应的"区域化"作用再次得到关注，区域主义、新区域主义等区域合作、协作成为西欧、美国乃至亚洲很多地区政策制定和学术研究的重要取向。在这个背景下，巨型城市地区、巨型区域、城市超级有机体、超级都市区的假说和政策盛行。在诸多关于巨型城市地区的研究中，彼得·霍尔关于西欧 8 个巨型城市地区的比较研究以及东亚的几个典型地区的研究比较系统，关于巨型城市地区的多中心性、高端服务业主导、功能城市区、网络流动性、区域整合等方面做了诸多的理论和实证研究。

经过 30 多年的改革开放，以及市场化、分权化等推动下，中国城市地区得到了前所未有的发展。本文运用 2010 年第六次全国人口普查数据中不同行业的就业密度、就业构成等指标，从多中心、功能性和全球性、地方性—区域性等角度对中国巨型城市地区进行了界定和特征的较为系统的定量分析，并结合 2000 年第五次全国人口普查数据，分析了 2000～2010 年中国巨型城市地区的发展演变，其主要结论包括以下两方面。

第一，当前中国规模较大的巨型城市地区共有 13 个，规模较小的有 8 个，其中长三角地区、珠三角地区、京津冀地区发育较为成熟。制造业在中国发达巨型城市地区发展中居主导地位，反映了中国巨型城市地区在全球城市体系分工中的"核心—边缘"特征，这也是中国巨型城市地区区别于欧美等发达巨型城市地区的重要之处。这佐证了弗里德曼、富克斯及佩尼亚的基本认识："发展中国家的城市体系和城市化的步伐与空间结构，越来越依赖于它们在工业国家资本主义积累过程中的角色，新的全球秩序下发展中国家很难从依附城市化中逃脱"（Fuchs and Pernia，1987）。与东部巨型城市地区的制造业主导不同，中国中西部正在发展过程中的巨型城市地区实际上从发展动力上来讲，仍然缺乏制造业的支承和驱动，工业化水平较低。

第二，2000 年以来，中国巨型城市地区具有极强的集聚性和规模报酬递增特征；整体上开始呈现一定的"高端服务业"功能专门化转向趋势，制造业主导地位虽有所式微，但在变迁中仍发挥核心作用，相比较而言，中西部巨型城市地区的工业化仍然比较缓慢。另外，2000 年以来，巨型城市地区全球化进程都得到了明显提升，FDI 分布呈现区域收敛趋势，但长三角地区、珠三角、京津冀等地区"区域化"的力量更加强劲。在广域（全国尺度）集聚辐射影响力方面，长三角地区、京津冀地区依然增长显著，珠三角地区放缓，其他巨型城市地区提升相对不明显；但绝大多数，尤其是中西部的巨

型城市地区开始在近域（如省域尺度）影响方面提升显著。

总的来讲，中国的巨型城市地区既与世界上其他的大都市有相似的属性，又有其自身的地域性和阶段性特征。霍尔认为，在全球经济格局中，中国很明显地处在一个非常独特的位置：它已经成为"新的世界工厂"，生产了很多先进的消费品，并利用着一种低生产成本和先进技术结合的优势，这与当今很多发达国家经济体（19世纪的德国、20世纪中期的日本和美国硅谷）的早期发展在历史上相似。中国的发展速度和多中心大都市地区的规模又是显然不同的：生产的过程被组织在各个分离的地区的"集群"，而且又是高度网络化的城市群，尤其是长江三角洲和珠江三角洲（顾朝林，2009）。

本文的研究虽然考虑了人口流动等情况，但相对而言，关于中国巨型城市地区的研究还是被纳入在"中心地理论"、"核心—外围"等场所空间范式框架下，最近在全球化、信息技术快速发展背景下，"流动空间"学说引发国际城市和区域研究的重大转向，梅杰斯（Meijers，2007）等人认为促进了城市与区域研究范式的转换（paradigm shift），原有城市和区域发展的地方空间/场所空间（space of places）的逻辑受到冲击。"流动空间"范式下，城市与区域的多中心结构化的研究得到高度关注。各种尺度，尤其是全球尺度下的城市与区域间的网络结构、功能和关系研究成为城市研究的热点。其视野由原来更多关注区域和城市与腹地的关系开始转向分析经由信息流、人员流、金融流、货物流等所建构的全球城市网络的结构、功能和关系，即全球城市的外部关系方面。泰勒主张在研究当今世界的城市与区域空间时要用"中心流"理论（central flow theory）来补充原有"中心地"理论。最近有学者进一步提出修正方案，哈尔伯特（Halbert）和卢瑟福（Rutherford）主张超越"关系取向"（relational approach），代之以"流—场所取向"（flow-place approach，FPA），即将城市作为动态的、不稳定的"流—场所"。因此，关于中国巨型城市地区的研究在未来需要充分考虑高速铁路、航空、信息等流动空间和自然生态等场所空间互动的视角（FPA）。城市地区的未来将是流与场所交流的场所和产生的结果，这些研究视角的改变对于城市和区域规划必然会产生重要的指导作用。

5.2 未来中国巨型城市地区发展和转型具有极高的复杂性与不确定性

总体上来讲，在投资等的带动下，中国的巨型城市和城市地区在相当长的时间里，仍然处于主导的集聚发展过程。东部地区的城镇群一方面面临着服务业转型或者去工业化的过程，另一方面也面临着进一步在外围地区，尤其是城镇群的相对落后地级城市和大城市周边的外围区县的进一步制造业发展和集聚的过程。服务业能够带来更多的就业岗位，制造业能够拉动更多的消费性服务业和生产性服务业的配套发展，从这一角度，未来东部地区，尤其是珠三角地区、长三角地区、京津冀地区的人口增长和外来流动人口的迁入还将持续一段很长的时间，人口增长、资源环境等各方面的压力将有增无减。中西部地区的巨型城市地区发展不确定性很大，尤其是来自中央政府层面的区域政策影响。目前来讲，国家出台了一系列围绕巨型城市、巨型城市地区的区域政策，虽然总体上有一定的区域均衡性特点，但在市场化—政府作用、中央政府—地方政府关系重塑等方面的下一步举措，对中西部地区的工业化、城镇化具有举足轻重的影响。但可以肯定的是，中西部巨型城市地区的真正快速发展，其工业化的加快是必然的路径，否则，很有可能出现"过度城市化"等结果及随之而来的各种社会、政治问题。

第二，长三角、珠三角、京津冀三大地区的高端服务业将成为区域发展的主导功能专门化因素，从密度、面对面交流视角，决定高端服务业发展的人力资本、知识、信息、研发、机场等快速交通成为城市竞争的重要对象和基础，这些地区的后福特制化和参与全球竞争的程度会更明显。成渝地区、大武汉地区以及沿海地区的巨型城市地区等则可能成为工业化的主阵地，在这些地区，围绕制造业发展的生产者服务业，包括专业化分工的物流、总部经济等也会快速发展。

第三，在特大城市地区的多中心趋向过程中，不仅仅传统上的"生态—交通—文化—城镇'地方/场所空间'"特质发挥重要的作用，如密度、距离、分割等理论建构以及文化嵌入根植、生态品质等，而且随着信息化、市场化、全球化—区域化的不断深入发展，全球范围的城市和区域发展日益受到"生产要素'流动空间'"的深刻重塑。因此，北京、上海、香港等一方面将更进一步融入国际城市的行列；另一方面这些城市与其他经济中心城市的资金流、技术流、信息流乃至快速交通流的交流将更加频繁，呈现鲜明的等级联系和辐射扩散特点，而不仅仅是近域联系和辐射扩散。在机场、高速铁路、电商等技术变革下，新的巨型城市地区功能组织形态、空间结构形态也会随之萌发。如沈阳—长春—哈尔滨走廊的可能形成、郑州—西安走廊的可能形成等，如电商云集的地区（当前在天津和杭州相关区县，呈现出新的商务流通枢纽和城市空间）。

第四，在巨型城市地区或巨型城市内部，空间分异现象将更加显著。在工业化—去工业化、福特制化—后福特制化、不同资本积累模式作用下，区域的不平等格局在一段时间内可能出现加剧趋势，这不仅仅在"碎片化"高度明显的京津冀如此，在长三角、珠三角未来的转型过程中也会出现类似的现象和过程。

5.3　未来中国巨型城市地区发展和转型的战略思考

5.3.1　中国巨型城市地区在全球体系中的"核心—外围"地位将/应不断发生变化

中国巨型城市地区在全球体系中的"核心—外围"地位和关系将/应不断发生变化，国家层面须顺势进行"自上而下"的顶层设计和政策导引，否则"新的全球秩序下发展中国家很难从依附城市化中逃脱"（Fuchs and Pernia, 1987）。①全球化背景下，整体上的中国巨型城市地区发展长期仍将遵循着全球体系的"核心—外围"的基本规律，对于全球市场和全球资本的健康竞争和吸引是提升城市区域发展的不可缺少的途径，但近来一些沿海地区的巨型城市地区在功能专门化方面开始有明显的"高端服务业转型"倾向，从国家参与全球经济的竞争力提升角度，需要顺势对长三角、京津冀、珠三角等条件较好的地区，尤其是这些地区的核心区进行进一步的政策引导，促进这些地区在全球分工体系中的地位提升；另外，对于中西部的巨型城市地区下一步的工业化、全球化等方面的发展也需要因地制宜、因时制宜地加以政策引导和可能后果预警。②区域化/地方化是中国巨型城市地区乃至美国、日本等发达国家和地区巨型城市地区发展的另一重要因素，"美国2050"和高铁等的建设计划、日本的区域计划等都反映了区域和地方的重要性。区域和地方是内生发展、区域创新体系完善的根本所在，其区域资源的市场化配置和比较优势发挥的好坏决定了城市地区的整体竞争力，包括在全球化过程中的控制与命令的位序。

5.3.2　通过协同的创造性思维应对巨型城市地区的复杂性问题

自由市场经济下的巨型城市地区是一个高效率的自组织复杂系统。但与此同时，巨型城市地区必然会出现与主流经济学家所定义的"负外部性"导致的"大城市病"或者"区域病"，这些负外部性影响整个巨型系统的稳定性。弗里德曼（2007、2014）对巨型城市地区的四个典型类型归纳为："空气、土壤、水及地下储水层的退化"；"日益增加的经济和社会不平等"；"大规模失业，尤其是青年人失业"；"政治腐败和犯罪率上升"由于巨型城市地区的非线性、规模巨大、迅速变化等特性，它们的表现在很大程度上是不可预测的。在这个意义上，弗里德曼等认为，城市和区域规划主要是让基础设施公共投资顺应需求，认为在一个城市体内，区域变化不是政府规划文件能执导的，而是百万个行为个体相互作用的结果，"对任何问题的解决必须与问题本身一样复杂"，因此提倡解决市场失灵和负外部性等的权力应该被下放到能够有效决定的最底层公共机构。中央等高层级政府则要监控系统表现的各种指标，完备市场之外的公共服务领域，并且需要动员社会能量，共同进行创造性思维。同时，巨型城市地区的发展也是一个循序渐进的过程，有着根本的内在的市场运行规律。在一些经济发展水平较低、功能专门化程度较低、区域化—地方化—工业化水平较低的地区进行"揠苗助长"式的规划和投资建设，无疑会造成巨大的浪费，并造成环境、经济、社会等多方面的效益损失，在西部生态敏感性较高、交通可达性较差的地区需要尤为谨慎地对待。

5.3.3　市场机制的决定性作用和政府调节有效性机制发挥是应对巨型城市地区不确定性与复杂性的根本

第一，据新经济地理理论，在"密度"、"距离"驱动的规模报酬递增的机制下，巨型城市地区的人口和经济集聚也将是一个长远的过程，如何在更大范围内有效地发挥区域的整体力量，则需要通过市场机制（促进效率、创新、效益、竞争力等的提升）、政府的制度平衡机制等方面达到"去分割"的效果，促进专门化、一体化的发展，包括区域性交通系统的提升来促进"去分割"进程；社会保障体系方面的"去分割"；完善稀缺资源配置的市场价格机制，如水资源、人力资本的区域统一市场建立等（于涛方，2014）。

第二，城市规划更要注重解决市场"负外部性"问题。城市规划作为政府干预市场的机制，要回归本质——解决市场"负外部性"。这包括：①区域生态环境保护的体制机制建立；②保障和促进区域文化、创新的公共或半公共品发展；③完善和贯彻产业发展的区域负面清单等长期机制，消除产业发展中存在的各种显性或隐性的行政壁垒，让产业遵循市场规律，实现优胜劣汰和优化配置。

5.4　"3＋1"框架下中国巨型城市地区战略性空间组织

以上海、北京、香港等为中心的长三角地区、环渤海湾地区、大珠三角地区，不仅仅发挥着全球化过程中的中枢角色——"21世纪海上丝绸之路"的命脉区域，而且也是促进中国东中西、南中北区域协调发展的核心地区。除此以外，中西部地区的成渝地区等在促进全国的统筹发展，乃至沟通和处理东南亚、中亚等国际化事务中具有战略性意义。处于"瑷珲—腾冲"线（武廷海等，2014）上的成渝地区不仅仅是中西部发展的龙头区域之一，具有极其重要的经济和生产要素交易、政治与文化控制和命令及交流的战略作用，也是以北京—天津为核心的"北中国区"、以上海为核心的"中中国区"、以香港—广州为核心的"南中国区"（顾朝林，2009；于涛方等，2008）内陆梯度辐射会集的区域。因此，可构建"3+1"的中国巨型城市地区框架体系，"3"即长三角、珠三角和京津冀3个沿海核心巨型城市地区，"1"即成渝地区。在此基础上，进行中国城镇化的战略性空间安排（图24、图25）。

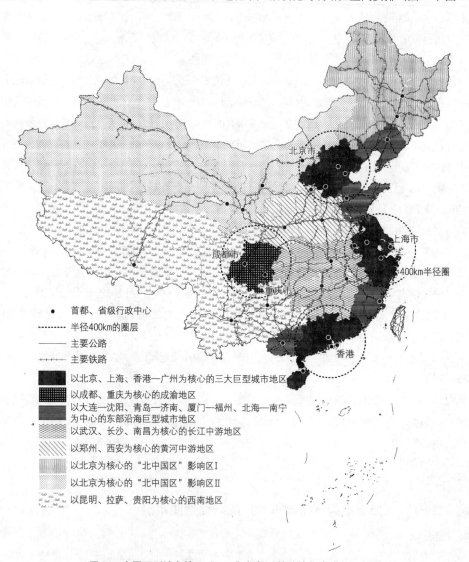

图24　中国巨型城市地区"3+1"框架下的城镇化战略空间安排

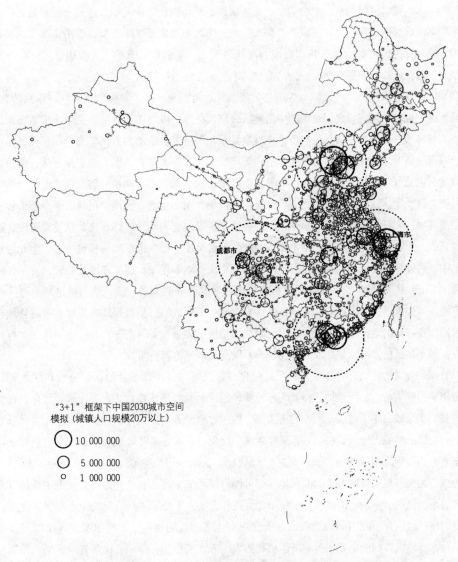

"3+1" 框架下中国2030城市空间
模拟（城镇人口规模20万以上）

○ 10 000 000

○ 5 000 000

○ 1 000 000

图25　"3＋1" 框架下中国 2030 城市空间趋势模拟

（1）以港口门户城市和省会城市为双核心的沿海四大次级巨型城市地区。在东部地区着重推进以大连和沈阳为双核的辽中南地区（京津冀地区以北）、以青岛和济南为双核的山东半岛地区（京津冀地区与长三角地区之间）、以厦门和福州为双核的闽中南地区（长三角地区与珠三角地区之间）乃至以北海和南宁为双核的北部湾地区（珠三角以西南）发展，在这条包含有三大核心地区、四个二级巨型城市地区的东部沿海地区，除了传统的港口、高速公路、铁路的作用潜力挖掘外，面向未来高端服务业转向需求、城镇区域网络化趋势需求的高速铁路、机场群建设是关键。进一步需要强调的是，在整个南中国地区，除了珠三角地区以外，广大的地区腹地相对发展水平较低，以南宁以及北海、钦州等为中心的北部湾地区毗邻珠三角和海南，地处珠三角—东南亚—南亚三大板块之间，在一定的人才、技术、政策条件下，很有潜力成为沿海地区的另一关键增长极。

（2）以武汉和以郑州等省会城市为中心的沿长江、沿黄河"双子共轭"次区域。在京津冀地区、长三角地区、成渝地区三者之间是黄河中游地区经济次区域，内含中原地区、关中巨型城市地区，该地区在流域环境、资源禀赋、文化特质乃至城乡关系和经济发展驱动力方面都有其相似性，是十八大以来"两带一路"之"丝绸之路经济带"的重要组成部分；在长三角地区、珠三角地区、成渝地区三者之间则是以武汉、南昌、长沙为核心的长江中游地区次区域，是"两带一路"之"沿江经济带"的中间关键地区。上述这两个经济次区域曾经是中国传统文明的重要发源地。目前这两个处于长三角地区、京津冀地区、珠三角地区、成渝地区所构成的菱形区域之间的次区域，在现状发育阶段、规模专门化，在长远国家战略角色等方面虽不及成渝地区地位突出，但在由东向西梯度转移，南北经济和要素交易中，可发挥重要的辅助功能，而且两者相辅相成、同等重要。近期在国家层面，一系列的国家级实验区/示范区、高速铁路等巨型项目将加快这两大次区域的发展速度，从当前这两个地区有关巨型城市地区的发展阶段、发展动力来看，围绕省会城市所形成的巨型城市地区集聚力量将持续相当长一段时间，在一定的地区可以推进走廊型巨型城市地区的发展，如开封—郑州—洛阳地区，可推进组群型巨型城市地区的发展，如武汉—鄂州—黄石以及长沙—株洲—湘潭。

（3）以省会城市为核心的西南、西北、东北沿边次区域。在珠三角地区、成渝地区之间，以昆明、贵阳、拉萨为核心的西南地区极具国际地缘政治、地缘经济重要性，也是民族、文化、自然等多元性较强的次区域，鉴于地质地貌、交通区位、生态敏感性等禀赋条件，在此区域着重发展以省会城市为中心的紧凑型城市地区；在北方，以哈尔滨、沈阳、长春以及呼和浩特、银川等省会经济中心城市为核心的周边地区则基本上处于以北京、天津为核心的影响腹地范围内，另外以乌鲁木齐、兰州、西宁为核心的具有极强战略意义的西北地区则可能与环渤海地区、长三角地区有更强的经济联系、政治文化联系。虽然大多数的中西部巨型城市地区在综合实力上处于"3＋1"的辐射和影响之下，但在很多专门化领域以及不同国际地缘政治经济面向有不可替代的作用，如哈尔滨地区面向东北亚的作用，乌鲁木齐地区等面向中亚和俄罗斯西伯利亚地区方向的作用，南宁、昆明等地区面向南亚和东南亚的作用。

通过上述分析，可见中国战略性城镇化空间要重视中西部地区和东北地区以省会城市为中心的巨型城市地区的规划建设，但要因地制宜、因时制宜。在未来的20年里，还需要有2亿左右的农村人口转向城市地区，东部的长三角地区、珠三角地区、京津冀地区以及山东沿海地区、辽中南地区、闽东南地区、粤东地区毫无疑问人口集聚的压力和责任不会减轻，以成都、重庆、昆明、武汉、郑州、西安、长沙、太原、哈尔滨、长春，乃至乌鲁木齐、兰州、呼和浩特等为中心的地区虽在全球化竞争方面与北京、上海、广州等无法媲美，但这些地区将对这些人口的转移发挥重要的承接地作用。事实上，过去的十几年里，这些地区已经开始对农村人口转移具有了较好的集聚态势。但这是一个长期的过程，在中西部地区和东北地区，由于其经济和巨型城市地区的发展阶段、发展动力以及生态环境等诸多特性，城镇化的发展和城市建设要因地制宜、因时制宜，不能拔苗助长、大跃进盲目发展。

从国外来看，国外巨型城市地区本身的空间组织在空间尺度、距离关系、等级关系等方面有一定的规律可循。日本的太平洋城市群走廊，在以东京为中心的半径 400km 范围内，包括仙台为中心的地区以及以大阪—名古屋为中心的地区，以及以东京为中心的半径 100km 左右的首都圈地区。美国的东北海岸城市地区，在以纽约为中心的半径 400km 左右的空间范围内，包括以波士顿为中心的地区、以华盛顿和费城为中心的地区以及以纽约为中心的半径 100km 左右的大纽约地区。多中心的西欧香蕉形巨型城市地区，则包括以伦敦、巴黎等为中心的诸多城市群。巨型城市地区的不同空间尺度上，所要思考和规划的重点问题也不一样，生态环境资源、城镇化等问题可能需要在较大的尺度上统筹，用地布局、通勤等则可能在相对有限的空间中加以重点组织（图 26）。

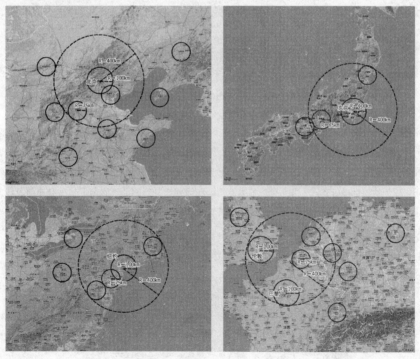

图 26 从世界典型巨型城市地区看京津冀地区的空间层次

致谢

本文得到北京教委学科群项目"北京城市规划建设与管理"以及上海市城市规划设计研究院、上海城市规划学会"北京与京津冀城镇群发展"课题资助。感谢清华大学建筑学院顾朝林教授、吴唯佳教授、武廷海教授等在本论文写作过程中给予的宝贵意见！

注释

① 2000 年之前，美国没有一个全国性国土空间战略规划。为了应对 21 世纪美国国内人口的急剧增长、基础设施需求、经济发展和能源环境等问题的挑战，美国政府制定了未来美国国土发展框架而采取的国家行动。"美国 2050"是新世纪美国空间战略规划的典型代表，2006 年联邦政府提议由洛克菲勒基金、福特基金、林肯土地政策研究所等资助，共同研究构建美国未来空间发展的基本构架。其核心内容是围绕巨型城市地区进行的一系列基础设施规划、能源规划、高速铁路规划重大项目安排。"美国 2050"空间战略规划于 2009 年 11 月确定了 11 个巨型城市区域，它们分别是：东北地区、五大湖地区、南加利福尼亚、南佛罗里达、北加利福尼亚、皮德蒙特地区、亚利桑那阳光走廊、卡斯卡底、落基山脉山前地带、沿海海湾地区和得克萨斯三角地带。这些区域只覆盖美国 31% 的县和 26% 的国土面积，却拥有 74% 的人口。2011 年 4 月发布了东北巨型城市区域《2040 年城市增长规划》。其他巨型城市区域也相继开展了一些规划工作。巨型城市区域已成为美国空间战略规划的一个基本区域单元（刘慧等，2013）。

② "美国 2050"空间战略规划设定了一套科学的量化指标来进行巨型城市区域的界定。首先，该区域必须属于美国的核心统计区域；其次，人口密度＞200 人/平方英里，且 2000~2050 年，人口密度需增加 50 人/平方英里；再次，人口增长率＞15%，2020 年总人口增加 1 000 人；最后，就业率增加 15%，2025 年总就业岗位大于 2 万个。

③ 地理学家惠特利西（D. Whittlesey）提出了各类区域均可归并质区和枢纽（节点）区两类。均质区具有相对单一的面貌，其特征在区内各部分都同样表现出来；枢纽区的形成取决于内部结构或组织的协调，这种结构包括一个或者多个聚焦点，即中心，以及环绕聚焦点的区域，二者被流通线路所连接区的边界处于联结的末梢。因此关于区的功能结构研究，一方面可以根据枢纽区和线判断其影响面（腹地、一日交流圈、城市势力圈），继而确定其区域的边界和空间结构。另一方面也可从均质区域的角度，进行各区域单元功能类型的判断、聚类和组合分析，进而确定更高层面区域系统的空间结构。对环渤海、长江三角洲、珠江三角洲等地区的空间研究，于涛方、吴志强（2006）基于均质区域的角度，从功能区角度进行了巨型城市地区的整体空间范围边界和内部结构边界的研究。

④ 19 个非农行业分别是：采矿业，制造业，电力、燃气及水的生产和供应业，建筑业，交通运输、仓储和邮政业，信息传输、计算机服务和软件业，批发和零售业，住宿和餐饮，金融业，房地产业，租赁和商业服务业，科学研究、技术服务和地质勘探业，水利、环境和公共设施管理业，居民服务和其他服务业，教育，卫生、社会保障和社会福利业，文化、体育和娱乐业，公共管理和社会组织，国际组织。

参考文献

[1] Burdett, R., Sudjic, D. 2007. *The Endless City*. London: Phaidon Press.

[2] Castells, M. 1996. *The Rise of the Network Society*: *Economy*, *Society and Culture*. Oxford: Blackwell.

[3] Champion, T., Monnesland, J. 1996. Regional Map of Europe. *Progress in Planning*, Vol. 46, No. 1.

[4] Fuchs, R. J., Pernia, E. M. 1987. External Economic Forces and National Spatial Development: Japanese Direct Investment in Pacific Asia. In Fuchs, R. J. et al., *Urbanization and Urban Policies in Pacific Asia*. Boulder and London: Westview Press.

[5] Fujita, N., Hiromatsu, S., Sano, M. 2005. Recent Trends in the Spatial Reorganization of the Metropolitan. In *Cities in Global Perspective: Diversity and Transition*. Tokyo: College of Tourism, Rikkyo University with IGU Urban Commission.

[6] Gottmann, J. 1957. Megalopolis or the Urbanization of the North-eastern Seaboard. *Economic Geography*, Vol. 33, No. 7.

[7] Hall, P. 1999. Planning For the Mega-City: A New Eastern Asian Urban Form? In Brotchie, J., Newton, P., Hall, P. (eds.), *East West Perspectives on 21st Century Urban Development: Sustainable Eastern and Western Cities in the New Millennium*. Aldershot: Ashgate.

[8] Hall, P. 2006. *The Polycentric Metropolis: Learning From the Mega-City Region in Europe*. VA: Earthscan.

[9] Meijers, E. 2007. From Central Place to Network Model: Theory and Evidence of a Paradigm Change. *Tijdschriftvoor Economische en Sociale Geografie*, Vol. 98, No. 2.

[10] Regional Plan Association 2011. Urban Growth Projection for the Northeast Mega Region through 2040, http://www.america2050. org/.

[11] Robert, C. K., Sako, M. 2001. The Polycentric Urban Region: Toward a Research Agenda. *Urban Studies*, Vol. 38, No. 4.

[12] Roger, S., Gary, H. 2000. *The Global City Regions: Their Emerging Forms*. London, New York, Spon.

[13] Sassen, S. 1991. *The Global City*. Princeton: Princeton University Press.

[14] Sassen, S. 2013. The Growing Importance of the Specialized Differences of Cities in the Global Political, Cultural and Economic Space. 国际城市规划学术委员会及《国际城市规划》杂志编委会年会，武汉。

[15] Scott, A. J., Agnew, J., Soja, E. W. et al. 2001. Global City-Regions. In Scott, A. J. et al., *Global City-Regions: Trends, Theory, Policy*. Oxford: Oxford University Press.

[16] Taylor, P. J., Catalano, G., Walker, D. R. F. 2002. Measurement of the World City Network. *Urban Studies*, Vol. 39, No. 13.

[17] Taylor, P. J., Hoyler, M., Verbruggen, R. 2010. External Urban Relational Process: Introducing Central Flow Theory to Complement Central Place Theory. *Urban Studies*, Vol. 47, No. 13.

[18] Zhou, Yixing 1991. The Metropolitan Interlocking Regions in China: A Preliminary Hypothesis. In Ginsburg, N., Koppel, B., McGee, T. G. (eds.), *The Extended Metropolis: Settlement Transition in Asia*. Honolulu: University of Hawaii Press.

[19] (美) 爱德华·格莱泽著，刘润泉译：《城市的胜利》，上海社会科学院出版社，2012年。

[20] 彼得·豪尔、王士兰、王之光："长江范例"，《城市规划》，2002年第12期。

[21] 方创琳："城市群空间范围识别标准的研究进展与基本判断"，《城市规划学刊》，2009年第4期。

[22] 弗雷德曼著，周珂译："中国的新型城市区域：城市间网络"，《城市规划学刊》，2007年第1期。

[23] 弗里德曼：“城市超级有机体对规划的挑战”，《中国经济报告》，2014 年第 3 期。

[24] 高鑫、修春亮、魏冶：“城市地理学的‘流空间’视角及其中国化研究”，《人文地理》，2012 年第 4 期。

[25] 顾朝林：“中国城市经济区划分的初步研究”，《地理学报》，1991 年第 2 期。

[26] 顾朝林：“巨型城市区域研究的沿革和新进展”，《城市问题》，2009 年第 8 期。

[27] 顾朝林、庞海峰：“基于重力模型的中国城市体系空间联系与层域划分”，《地理研究》，2008 年第 1 期。

[28] 顾朝林、庞海峰：“建国以来国家城市化空间过程研究”，《地理科学》，2009 年第 1 期。

[29] 国际复兴开发银行/世界银行著，胡光宇等译：《2009 年世界发展报告：重塑世界经济地理》，清华大学出版社，2009 年。

[30] 何春阳、史培军、李景刚：“基于 DMSP/OLS 夜间灯光数据和统计数据的中国大陆 20 世纪 90 年代城市化空间过程重建研究”，《科学通报》，2006 年第 7 期。

[31] 胡序威、周一星、顾朝林等：《中国沿海城镇密集地区空间集聚与扩散研究》，科学出版社，2000 年。

[32] 李红卫：“Global Region in China：以中国珠江三角洲为例的区域空间发展研究”，同济大学博士后研究工作报告，2005 年。

[33] 琳达·麦卡锡：“美国和西欧巨型城市区区域合作对比研究”，《城市与区域规划研究》，2009 年第 3 期。

[34] 刘慧、樊杰、李扬：“‘美国 2050’空间战略规划及启示”，《地理研究》，2013 年第 1 期。

[35] 宁越敏、施倩、查志强：“长江三角洲都市连绵区形成机制与跨区域规划研究”，《城市规划》，1998 年第 1 期。

[36] 孙一飞：“城镇密集区的界定：以江苏省为例”，《经济地理》，1995 年第 3 期。

[37] 王凯：“50 年来我国城镇空间结构的四次转变”，《城市规划》，2006 年第 12 期。

[38] 吴良镛：“城市地区理论与中国沿海城市密集地区发展”，《城市规划》，2003 年第 2 期。

[39] 吴良镛等：《京津冀地区城乡空间发展规划研究三期报告》，清华大学出版社，2014 年。

[40] 吴唯佳：“中国特大城市地区发展现状、问题与展望”，《城市与区域规划研究》，2009 年第 3 期。

[41] 吴唯佳、于涛方、赵亮等：“北京城市空间趋势和布局战略思考——《北京城市总体规划（2004～2020 年）》实施评估研究”，《北京规划建设》，2012 年第 1 期。

[42] 吴志强：Global Regions：An Alternative Strategy for Cantou，广州都市区发展国际研讨会论文集，2002 年。

[43] 武廷海、张能、徐斌：《空间共享：新马克思主义与中国城镇化》，商务印书馆，2014 年。

[44] 姚士谋、陈振光、朱英明等：《中国城市群》，中国科学技术大学出版社，2001 年。

[45] 于涛方：《城市竞争与竞争力》，东南大学出版社，2004 年。

[46] 于涛方：“中国 Global Regions 边界研究：界定、演变与机制”，同济大学博士后出站报告，2005 年。

[47] 于涛方：“中国城市增长：2000～2010”，《城市与区域规划研究》，2012a 年第 2 期。

[48] 于涛方：“中国城市人口流动增长的空间类型及影响因素”，《中国人口科学》，2012b 年第 4 期。

[49] 于涛方：“中国城市老龄化空间特征及相关因素分析——基于‘五普’和‘六普’人口数据的分析”，《城市规划学刊》，2013 年第 6 期。

[50] 于涛方：“从速度到质量：京津冀地区城镇化发展战略思考”，《上海城市规划》，2014 年第 3 期。

[51] 于涛方、丁睿、潘振等：“成渝地区城市化格局与过程”，《城市与区域规划研究》，2008 年第 2 期。

[52] 于涛方、顾朝林、李志刚："1995 年以来中国城市体系格局与演变——基于航空流视角"，《地理研究》，2008 年第 6 期。

[53] 于涛方、顾朝林、吴泓："中国城市功能格局与转型：基于五普和第一次经济普查数据的分析"，《城市规划学刊》，2006 年第 5 期。

[54] 于涛方、李娜、吴志强："2000 年以来珠三角巨型城市地区区域格局及变化"，《城市规划学刊》，2009 年第 1 期。

[55] 于涛方、文超祥："2000 年以来首都经济圈区域结构与变迁研究"，《经济地理》，2014 年第 3 期。

[56] 于涛方、吴志强："'Global Region'结构与重构研究——以长三角地区为例"，《城市规划学刊》，2006 年第 2 期。

[57] 张晓明："长江三角洲巨型城市区特征分析"，《地理学报》，2006 年第 10 期。

[58] 张晓明、张成："长江三角洲巨型城市区初步研究"，《长江流域资源与环境》，2006 年第 6 期。

[59] 邹德慈等："我国大城市连绵区的规划与建设问题研究"，中国工程院"大城市连绵区"项目综合报告，2008 年。

世界五大城市地区土地使用模式比较研究[①]

于长明　吴唯佳

A Comparative Study on Five Mega-City Regions Based on Land Use Patterns

YU Changming[1], WU Weijia[2]
(1. School of Landscape Architecture, Beijing Forestry University, Beijing 100083, China; 2. School of Architecture, Tsinghua University, Beijing 100084, China)

Abstract How to accurately identify the land use patterns of mega-city regions becomes a fundamental issue in seeking advantages and achieving sustainable development in global competition. This paper presents a framework for the comparison of land use patterns in mega-city regions. Firstly, this paper classifies land use patterns into three categories, including morphological target, functional target, and cooperative target between form and function specific to land use efficiency. Secondly, a multi-indicator method is identified based on space matrix and buffer analysis to represent land use patterns. With the methods of stratified random sampling, data processing, comparison verification, and scenario analysis, this research measures and compares the land use patterns of five mega-city regions ranging from two-dimensional to three-dimensional. Finally, it summarizes advantages and disadvantages of the land use pattern of Beijing.

Keywords mega-city regions; land use patterns; form; function; cooperation

作者简介
于长明，北京林业大学园林学院；
吴唯佳，清华大学建筑学院。

摘　要　土地使用模式被认为是影响城市可持续发展、造成不可持续问题产生的关键因素之一。以伦敦、巴黎、纽约、东京、北京为代表的世界特大城市地区面临着类似的问题，同时又有差异。准确认识其土地使用模式成为谋求可持续发展和在全球竞争中取得优势的基础性问题。本文旨在提出一种特大城市地区土地使用模式比较研究的框架。首先认为"土地使用模式"目标可以被分解为针对土地使用紧凑程度的形态目标、针对提高可达性的功能目标以及针对土地使用效率的形态与功能相协同目标；然后，文章制定了多指标的测度方案，运用人工解译和分层随机抽样相结合的测度方法，获取数据；最后结合空间矩阵、缓冲区分析、情景模拟等环节，比较北京和其他世界城市地区的土地使用模式构成情况，并解释其成因，为后续研究提供支持。

关键词　特大城市地区；土地使用模式；形态；功能；协同

研究北京建设世界城市，离不开对已有世界城市的对比分析，目前学术界公认的世界城市包括纽约、东京、伦敦和巴黎（Beaverstock et al.，1999），本文选取这四大城市与北京共同作为研究案例，对五个城市地区进行比较研究。已有的比较研究，空间范围往往依据各个案例城市已有的行政区划划分圈层进行比较分析（章光日，2009；陆军等，2010），关注不同城市地区间的差异性，本文以世界城市作为特大城市地区的共性作为出发点，在同一圈层尺度下进行比较研究。在研究和比较的方法上进行了创新性尝试，以求获取更加合理、科学、具有规律性的结论。

1 研究内容和方法

1.1 土地使用模式定义

加拿大学者梁鹤年（2003）曾经直接、简明地指出土地使用决策就是确定"土地使用的方式、数量和位置"，尽管不同学科描述的侧重点不同，但基本都具备三条核心的要素，表现为三维的空间形态，具有人为规定性的使用功能，以及在特定空间位置上形态与功能的相互关系。本文依据这一核心理念对世界五大城市地区的土地使用模式在上述三方面，即形态指标、功能指标、形态与功能协同性指标，进行具体的比较研究。通过比较五个特大城市地区在这三类指标间的共性和差异，来解释说明当前世界城市地区的空间发展模式和演变趋势。

1.2 研究范围

本研究的空间尺度是案例地区以 100km 长度为直径的圆形范围。选取 100km 为直径的圆形作为研究范围的原因在于，研究涉及的五个特大城市地区城乡一体化的建成区覆盖范围与此圆形大小相当，面积约为 8 000km²。为了使不同城市能够在统一的空间层次进行数据比较，增强比较研究的科学性，研究过程中对研究范围按照距离城市中心空间距离进行分层，并细化比较的尺度，制定基本模数。由此形成了直径 25km（D25）、50km（D50）、75km（D75）和 100km（D100）四个圆形区域。同时用 D0-25、D25-50、D50-75、D75-100 表示四个圆环（图 1）[②]。具体理由如下：一是该模数与各个城市的建成区分布规律较为吻合；二是该模数与五个特大城市地区的行政边界能够较好地吻合。

1.3 研究方法

本研究的主要方法可以被称为人工解译与分层抽样调查法。目前基于卫星影像图的空间分层抽样调查法已经应用于地理学（曹志冬等，2008；连健等，2008）、林学（刘敏、李明阳，2011）等学科的调查研究中。在土地利用研究领域已有学者通过人工解译卫星影像图的方法进行量化研究（谭瑛等，2009）。具体来说，就是对研究范围的城市建成区卫星影像图进行目视解译，格栅化之后作为抽样的总体，依据抽样原理，通过对一定数量抽样地块的数据提取来实现对总体状况的识别，也就是通过在上述圈层范围内实现抽样过程。这种抽样方式被称为"分层抽样"（冯士雍等，2012）。按照抽样原理和计算公式，我们确定了每个案例地区 100 个抽样点能够实现对总体的代表性，并通过了代表性检验。这样我们就获得了 500 个点的三维空间数据和功能分布状况。

为了便于读者理解，本文以建筑密度指标为例进行说明，通过调查获得了 500 个样本地块的建筑密度数据以及这些点距离城市中心点的距离，这样就形成了建筑密度和距离中心位置的关系图（图 2）。从四个圈层的建筑密度分布情况来看，五个案例都呈现了中心圈层建筑密度高于其他圈层的特征。纽约的梯度递减特征最为明显。北京不同圈层之间的差异性最不显著，同时中心圈层的建筑密度指标也要低于其他四个特大城市地区。类似的分析方法可以应用到其他指标。

　　本研究中使用空间分层，即分层的依据为空间条件，包括按距离划分的圈层、不同功能设施的缓冲区等。在具体统计分析抽样数据时，还使用到"事后分层"（冯士雍等，2012）方法，即按圈层抽样后，在实际分析数据时可以将抽样数据再按照其他空间要素进行分层，包括按照不同公共服务设施的缓冲区分层。

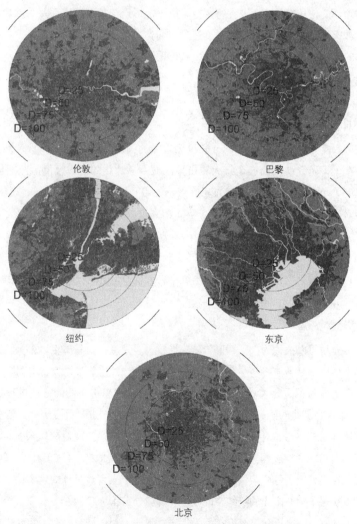

图1　2010年五大城市地区研究范围与建成区空间分布

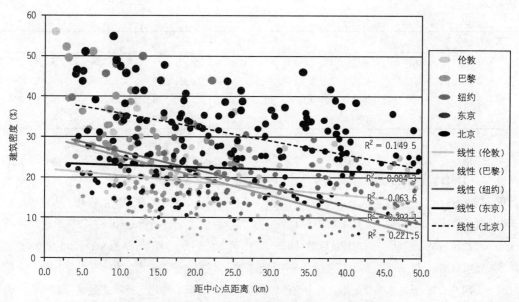

图 2　2010 年 500 个抽样地块建筑密度和距中心位置的关系

注：圆点面积表示建筑密度值。

1.4　指标解释与数据结果

具体测度的指标数据如表 1 所示，表中列举了 3 类共 14 项指标，是 D100 范围的数据，除此之外我们还获得了不同圈层的数据。限于篇幅，其他数据和选取每类具体指标的依据仅作简要介绍。

表 1　五大城市地区土地使用模式测度指标综合比较

测度项目	指标名称	数值	伦敦	巴黎	纽约	东京	北京
形态紧凑的 多指标	建成区覆盖率（1）	1>BAC>0	36.4%	27.2%	46.0%	49.2%	27.1%
	透水地表面积比例（2）	1>PSR>0	43.6%	43.3%	47.1%	33.4%	38.5%
	建筑密度（3）	1>GSI>0	18.3%	21.6%	17.4%	30.3%	22.6%
	平均建筑层数（4）	f≥1	3.52	4.43	3.50	4.66	5.97
	容积率（5）	FSI>0	0.64	0.96	0.61	1.41	1.35
	开敞空间分配率（6）	OSR>0	1.27	0.82	1.35	0.49	0.58
功能可达的 多指标	轨道站点服务覆盖率（1）	1≥C1≥0	15.5%	29.2%	11.2%	46.2%	27.2%
	小学服务覆盖率（2）	1≥C2≥0	52.3%	49.4%	36.7%	51.6%	40.1%
	公共绿地服务覆盖率（3）	1≥C3≥0	62.4%	60.7%	60.0%	48.3%	51.7%
	功能混合度（4）	1≥M≥0	0.39	0.39	0.33	0.49	0.43

续表

测度项目	指标名称	数值	伦敦	巴黎	纽约	东京	北京
形态与功能的 协同指数	形态与轨道交通协同指数（1）	$1 \geqslant CI1 \geqslant 0$	28.3%	47.2%	31.9%	51.0%	41.2%
	形态与公共服务设施协同指数（2）	$1 \geqslant CI2 \geqslant 0$	63.2%	67.1%	32.9%	64.1%	52.9%
	形态与公共绿地协同指数（3）	$1 \geqslant CI3 \geqslant 0$	70.9%	75.7%	71.8%	55.6%	63.6%
	综合协同指数（4）	$1 \geqslant CI4 \geqslant 0$	26.4%	37.5%	20.7%	34.7%	20.7%

形态指标：形态比较中借鉴空间矩阵方法（Berghauser and Haupt，2010），并在其指标的基础上增加2项原始数据指标。增加的2项指标为建成区覆盖率（built-up area coverage，BAC）和透水地表面积比例（permeable surface ratio，PSR），目的是为表达测度范围的宏观建成区规模和透水地表面积比例信息。空间矩阵方法中原有4项指标项目，包括容积率（floor space index，FSI）、建筑密度（ground space index，GSI）、平均建筑层数（floor，f）、开敞空间分配率（open space ratio，OSR），但其中原始数据指标只有2项，即建筑密度和平均建筑层数，容积率为建筑密度和平均建筑层数的乘积（$FSI_x = GSI_x \times f_x$）；开敞空间分配率也是由这两项原始数据指标计算得出，是除去建筑密度外的地表面积与容积率的除数，公式表达为 $OSR_x = (1 - GSI_x) / FSI_x$，两个公式中：x 表示测度的地块编号，单位都是比值。开敞空间分配率相当于在纽约市区划中提到的开敞空间比例[②]。区划条例中规定很多地区的发展项目必须提供一定的开敞空间。它被看作是最大限度的建筑规模需求与公众拥有足够的休憩空间愿望之间谋求平衡的一种表现。

功能指标：包括轨道站点服务覆盖率、小学服务覆盖率、公共绿地服务覆盖率、功能混合度。其中覆盖率指标较易理解，是所属设施项目，依据缓冲区分析法设定的步行半径所覆盖建成区范围占总建成区面积的比值。混合度计算比较复杂，这里采用美国城市用地学会对土地混合使用的定义，单位抽样地块以内达到3种以上功能的，视为多种混合（Urban Land Institute，1987）。抽样地块中除去交通和公共绿地功能之后，我们对用地功能按照5类划分和描述，分别是居住、商业、办公、公共服务设施（教育、医疗等）、工业和物流，划分的依据是人工解译可以目视识别这些不同使用功能的建筑形态。以规定范围内拥有的功能种类数量作为标定混合程度的参数。这样就存在1～5，由低到高，共5个混合层级，以地块包含的用地功能种类数量与总数5的比值表示混合程度，这样设置的原因在于保证混合度数据处于0～1之间，并且混合度数值越大，混合程度越高。

形态与功能协同指数：形态与功能相协同的定义为一定时间内，以某种功能设施为出发点，基于步行、自行车和公共交通等选定的低能耗出行方式能够服务到的理想城市人规模。可以通过考察设施的服务范围内的建筑规模来测度其协同程度。形态与功能相协同是"理想城市人"（梁鹤年，2012）花费最少成本，获取最大空间接触机会的途径。除了土地使用形态和土地使用功能在数量、规模与可持续性相关以外，两者的相互构成关系、匹配程度可能显著地影响着城市的可持续发展表现。

形态与功能相协同一共包括4项协同指数，分别为：协同指数1——形态与轨道交通相协同；协同指数2——形态与公共服务设施相协同；协同指数3——形态与公共绿地相协同；协同指数4——综合协同指数。前3项协同指数实质为功能可达性覆盖率指标的三维化，是功能指标与形态指标结合的产物。限于篇幅，这里只对第4项综合协同指数进行比较。该指数是综合上述3类设施进行整体分析。

2　土地使用形态的比较

本部分将从五个特大城市地区总体层面、圈层层面两个视角进行比较，并且以北京为论述的主要落脚点。下面将通过土地使用强度（容积率）等合成指标、综合所有形态测度指标的空间矩阵、情景分析演绎三个步骤，对五个特大城市地区的土地使用形态进行综合比较。

2.1　土地使用强度（容积率）

从研究范围内土地使用强度来看（图3），东京土地使用强度值1.41，略高于北京的1.35，列第一；巴黎0.96，居于中游；伦敦和纽约排名靠后，分别为0.64和0.61。如果从圈层角度来看，北京在第一圈层的土地使用强度要落后于东京和纽约，这说明在D25以内北京的土地使用强度仅处于五个特大城市的中间位置，特别是与东京中心区的高密度开发建设模式相比较而言，北京还有很大的成长空间。而前面建成区覆盖率的分析中表明，在这一区域中土地使用资源已经十分有限，未来更多的增长将通过更新改造、提高建筑密度等方式来实现。

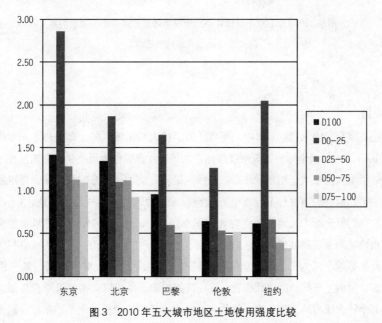

图3　2010年五大城市地区土地使用强度比较

从500个抽样地块的土地使用强度和距离城市中心位置远近的相关性来看（图4），通过对数回归算得相关性系数为0.55，表明这两项数据之间具有显著的相关性，土地使用强度随着距离中心位置越远呈现递减规律。其中，东京的相关系数最高，为0.69；巴黎的相关系数为0.65；伦敦的相关系数为0.57；纽约的相关系数为0.54；北京的相关系数为0.50。五个特大城市地区抽样地块土地使用强度都超过0.5，表现为显著相关。抽样调查实证了土地使用强度随距离中心越远而越低的规律。北京相关性最低，表现出了和建筑密度、平均建筑层数相一致的规律特征。

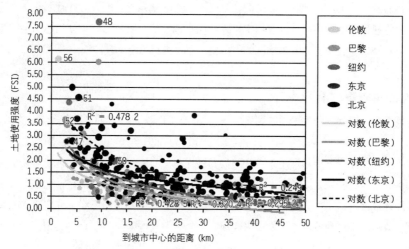

图4   2010年500个抽样地块土地使用强度和距中心位置的关系

注：圆点面积表示建筑密度。

2.2   空间矩阵

将六项形态测度指标放入空间矩阵中，得到了五个特大城市地区的土地使用形态紧凑程度的综合分析图式（图5）。下方的横坐标为建筑密度指标，如果以此指标作为形态紧凑的衡量标准，那么五个特大城市地区的紧凑程度依次是东京、北京、巴黎、伦敦、纽约；上方的横坐标为建筑层数指标，如果以此指标作为形态紧凑的衡量标准，那么五个特大城市地区的紧凑程度依次是北京、东京、巴黎、伦敦、纽约；左侧的纵坐标为土地使用强度（容积率），如果以此指标作为形态紧凑的衡量标准，那么五个特大城市地区的紧凑程度依次是东京、北京、巴黎、伦敦、纽约；右侧的纵坐标为开敞空间分配率，如果以此指标越小视为形态越紧凑的衡量标准，那么五个特大城市地区的紧凑程度依次是东京、北京、巴黎、伦敦、纽约；圆饼面积表示建成区覆盖率，如果以此指标越小视为形态越紧凑的衡量标准，那么五个特大城市地区的紧凑程度依次是北京、巴黎、伦敦、纽约、东京；圆饼中的浅色部分表示透水地面比率，尚不能作为形态紧凑的衡量标准。

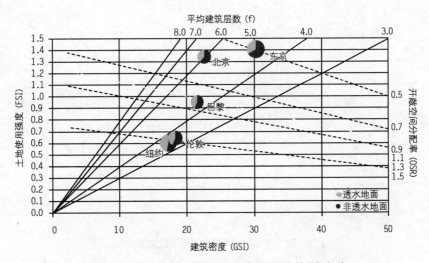

图5　2010年五个特大城市地区土地使用形态的空间矩阵

注：圆饼面积表示建成区规模，其中浅色部分表示建成区可透水地表。

综合上述分析，建筑密度、土地使用强度、开敞空间分配率所表示的紧凑程度是一致的，但是同样一个指标数值之下也存在着多种的组合可能性。例如同样建筑规模、土地使用强度下，可以有多种建筑密度和建筑层数的组合方式，很难用单一指标完整地表达形态紧凑的全部含义，即单一指标很难准确衡量形态的紧凑程度，使用多指标能够较为全面地表达土地使用形态的紧凑程度。

通过以上分析可见，多指标的空间矩阵能够将各大城市地区的土地使用形态构成方式的差异在一张图中展现出来，重点在于强调不同城市在哪些方面有自己的优势和特点，而不是得出一个归一化的排行榜。

2.3　情景分析演绎

通过抽样调查和人工解译测得各个城市地区土地使用强度和建成区规模，就可以计算五个特大城市地区的总体建筑规模及其构成方式。如图6所示，图中三角形围合的面积代表着D100内各个城市的总建筑规模，从大到小依次是东京、北京、纽约、巴黎、伦敦。基于可持续的视角来看，总建筑规模和总能耗呈现正相关性，但不同城市的平均建筑能耗水平又不相同，所以比较不同城市总能耗的意义并不大。一个真正值得关心的问题是如何衡量这五种不同的构成关系中哪种更具效率。比较需要有共同的前提条件，我们假设五个城市都要实现与东京一样的建筑规模，即以东京所测得的总建筑规模为前提条件，具体分析如下。

情景分析1：目前各个城市土地使用强度不变的情况下（FSI不变），看所需要的建成区规模变化。

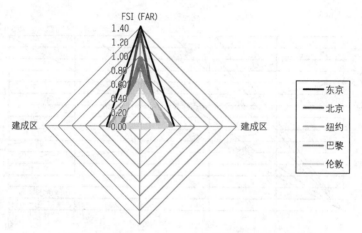

图6 2010年五大城市地区建成区建筑规模比较

从情景1的分析结论来看（图7、表2），纽约所需要的建成区覆盖率最大，为114.2％，伦敦的需求量也超过了100％，这意味着按照此种情景，这两个城市地区都要向外围地区"借地"才能实现原有模式的持续发展。北京所需要的建成区覆盖率约为50％，和东京目前的状况相当，意味着为了维持现有土地使用强度水平来实现东京的总建筑规模，北京在2010年的基础上还需要增加24.5％的区域土地供应城市建设，这个规模接近在2010年基础之上翻倍。

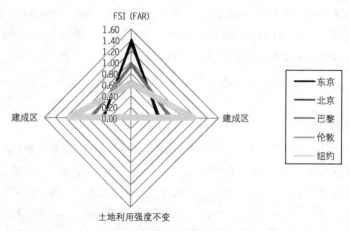

图7 2010年土地使用强度不变情景下建成区范围变化比较

表2　五大城市地区同等建筑规模下建成区覆盖率测算（情景1）

城市地区	总建筑规模系数	土地使用强度	实际建成区覆盖率（%）	需要建成区覆盖率（%）	差值（%）
纽约	0.69	0.61	46.0	114.2	68.2
伦敦	0.69	0.64	36.4	108.1	71.7
巴黎	0.69	0.96	27.2	72.6	45.4
北京	0.69	1.35	27.1	51.6	24.5
东京	0.69	1.41	49.2	49.2	0.0

情景分析2：目前各个城市建成区范围不变（建设用地边界不变）的情况下，看所需要的土地使用强度的变化。该情景假定了严格的城市用地边界。

从情景2的分析结果来看（图8、表3），北京所需要的土地使用强度最大，为2.56，巴黎为2.55，伦敦和纽约分别为1.91和1.51，都超过东京当前的土地使用强度。从变化的幅度来看，除了北京增加的不足原有的一倍外，巴黎、纽约都需要增加原有土地使用强度的一倍以上，伦敦甚至接近两倍。这意味着除东京外的四个城市地区为了不增加土地供应而实现总建筑规模与东京相一致的增长，需要深度挖掘现有建成区土地使用强度提升的可能性。然而，这种开发模式难度很大，实现过程中将面临层层阻力。

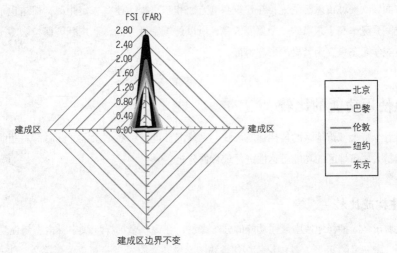

图8　2010年建成区覆盖率不变情景下土地使用强度变化比较

表3　五大城市地区同等建筑规模下土地使用强度测算（情景2）

城市地区	总建筑规模系数	建成区覆盖率（%）	原土地使用强度	需要土地使用强度	差值
北京	0.69	27.1	1.35	2.56	1.22
巴黎	0.69	27.2	0.96	2.55	1.60
伦敦	0.69	36.4	0.64	1.91	1.27
纽约	0.69	46.0	0.61	1.51	0.90
东京	0.69	49.2	1.41	1.41	0.00

上面两种情景分析演绎了两种比较极端的情况。现实中，各大城市地区采取的策略两者兼而有之，并且以提高现有建成区土地使用强度为主要策略，这种策略的选择和地区所处的发展阶段关系比较紧密。

综合以上分析，可以发现：①从测度指标的应用来看，空间矩阵方法能够较为全面地展现不同案例之间在形态紧凑各个方面的差异。②从特大城市地区土地使用形态来看，拥有较高的土地使用强度，同时又能保障透水地面比率和城市人方便接触的开敞空间是重要的可持续特征。这是一组相互矛盾的关系，为取得最大化的可持续性，应在两者间求得平衡，适度地集中紧凑，保证较高的土地使用强度，尽可能用可透水材料替代硬化方式，保留自然地貌和开敞空间。③从北京与其他世界城市土地使用形态的比较来看，北京在建成区覆盖率和平均建筑层数两项指标中具有明显的比较优势；在透水地面比率方面较欧美城市差距明显；在建筑密度方面和东京相比还有一定距离，但这也是透水地面比率和开敞空间分配率高于东京的一个重要因素，所以建筑密度方面，北京既要保持宏观上的优势，在微观层面也应学习东京更为紧凑的形态特征。

3　土地使用功能的比较

首先对五个特大城市地区的居住建筑形式、功能混合度进行数据采集，然后汇总功能测度的各项指标对五个特大城市地区的功能可达性进行综合性分析。

3.1　居住构成比较

从五大城市地区抽样地块中居住功能的分布来看，在500个抽样地块中，含有居住功能的地块数量为440个，占总量的88%。其中伦敦居住地块占比最高，为95%；东京位列第2，为92%；纽约居住地块占比85%；巴黎和北京数量一致，皆为84%。每个城市地区具体的居住建筑类型构成分析如下（图9）。

（1）北京居住建筑以高层住宅和多层集合住宅为主要居住形式，占约67%的居住建筑地块。抽样调查结果显示，北京 100 个地块中包含居住功能的地块有 84 个，其构成是高层 31 个、中高层 13 个、多层 24 个、低层 16 个，其中高层居住形式中有 25 个位于地铁站点 1 000m 以内；低层居住地块中有 13 个位于 1 000m 之外，表明高层居住形式与公共交通的关系更紧密，而低层居住形式与公共交通相分离。

（2）巴黎和东京的居住建筑以低层住宅和多层住宅为主要居住形式，占 85％以上的居住建筑地块。巴黎 100 个地块中包含居住功能的地块有 84 个，其构成是高层 1 个、中高层 12 个、多层 27 个、低层 44 个，其中高层和中高层居住形式 13 个都在地铁站点 1 000m 以内，10 个在地铁站点 500m 以内，低层中 26 个位于 1 000m 之外；东京居住形式以低层住宅和多层住宅为主要居住形式，占约 88％的居住建筑形式，东京 100 个地块中包含居住功能的地块有 92 个，其构成是高层 2 个、中高层 9 个、多层 31 个、低层 50 个，其中高层和中高层居住形式 7 个在地铁站点 1 000m 以内，5 个在地铁站点 500m 以内。

（3）伦敦和纽约的居住建筑以低层住宅为主要居住形式，占 80％以上的居住建筑地块。伦敦 100 个地块中包含居住功能的地块有 95 个，其构成是中高层 3 个、多层 13 个、低层 79 个，中高层居住形式 2 个在地铁站点 1 000m 以内，低层中 61 个位于 1 000m 之外；纽约 100 个地块中包含居住功能的地块有 85 个，其构成是高层 3 个、多层 12 个、低层 70 个，其中高层居住形式 3 个都在地铁站点 500m 以内，低层中 66 个位于 1 000m 之外。

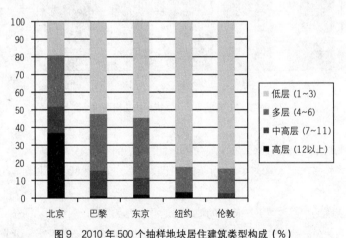

图 9　2010 年 500 个抽样地块居住建筑类型构成（％）

从上述案例分析可以看出，居住与公共交通模式相结合或者分离，与居住建筑形式关系密切，纽约和伦敦人均交通能耗较高，低居住建筑形式能够解释部分原因。北京在居住建筑形式上有独特的优势，但在中心区功能混合上劣势明显，综合轨道交通、公共设施、公共绿地各个领域来看，质量提升和结构调整都面临着挑战。

3.2　功能混合度比较

从总体的功能混合度来看（图10），东京的功能混合度最高，然后依次是北京、巴黎、伦敦、纽约。从实际抽样的结果来看，在单位抽样地块内实现5种功能都具备的地块样本数为0，这说明尚没有抽样地块在 $500 \times 500m^2$ 空间规模下容纳上述5种不同的用地功能。抽样地块中最多的混合程度包含4类功能。就每个城市100个地块的混合度平均水平来看，只有东京和北京的平均混合度超过了0.4，意味着单位地块包含两种以上功能。

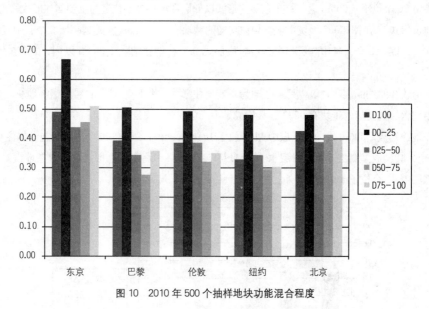

图10　2010年500个抽样地块功能混合程度

从不同圈层的用地功能混合情况来看，功能混合度从中心向外围先降低后升高。原因在于中心地区集中的功能种类较多，而边缘地区功能混杂情况比较普遍，在边缘区工业和物流用地的分布要多于其他圈层。

五大城市都表现为中心地区D25圈层的地块用地混合程度最高，东京列第一位，巴黎、伦敦、纽约居中游，北京居末位，这与总体混合程度中北京列第二位形成了巨大的反差。北京在各个圈层的混合情况比较平均，而其他城市不同圈层间的差异明显，巴黎、伦敦、纽约第二、三、四圈层中单一居住功能的地块数量较多，导致混合度相对较低。北京中心城区与其他几个城市相比混合度较低的原因可能和单位开发地块的规模有关，中心城区这种道路间距大、大街坊式、大院式的模式使得土地混合只能够在极为有限情境下使用，用地功能顺应市场需求调整的可能性偏低。

从500个抽样地块功能混合程度与土地使用强度的相关性来看（图11），两者呈正相关分布，地块的功能混合程度随着土地使用强度的上升而增加，线性相关系数为0.54。

从不同城市的相关系数来看，巴黎最高，为0.61，纽约、东京的相关系数都高于0.50，分别为0.60和0.55，这3个城市都呈现显著相关性；伦敦的相关系数为0.42，属于低度相关；北京相关系数最低，只有0.26。北京土地使用强度最高的抽样地块位于中关村地区，功能以办公和商业为主，相较之下纽约土地使用强度最高的上东区抽样地块，囊括了除工业以外的其他4种功能。

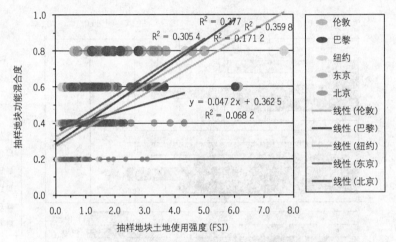

图11　2010年五大城市抽样地块功能混合程度与土地使用强度的相关性

从图中看，单一功能（即功能混合度为0.2）的抽样地块中，除北京外，其他城市的抽样地块土地使用强度都在1左右，土地使用强度超过1.5的地块都属于北京地区。反映了北京单一居住功能与其他城市在土地使用强度上的差异。因而北京土地使用混合与土地使用强度之间的相关性就此打破。大地块开发模式导致北京中心城区功能混合程度相对较低，部分地块功能相对单一。

综合以上分析，如果将功能可达的4项测度指标综合比较（图12），可以看出各城市具有相应的特点：①在轨道交通可达性方面，东京表现突出，北京居于中游；②在以小学为代表的公共服务设施步行可达性方面，伦敦表现最突出，北京劣势较明显；③在公共绿地步行1 000m以内的缓冲区覆盖方面，伦敦优势最明显，北京仅优于东京；④在功能混合度指标上，东京相对优势最明显，北京也具有整体上的比较优势，但在中心区混合度方面还存在相对劣势。

据此，不难看出：①居住建筑形式对功能可达和形态紧凑都有影响；②功能混合度指标是重要的功能测度指标，影响出行方式选择和人均交通能耗、碳排放等可持续指标；③从测度指标的应用来看，多指标的功能测度能够较为全面地展现不同案例地区之间在功能可达方面的多种差异和相对优劣势；④从特大城市地区土地使用功能来看，拥有较为丰富的土地使用功能种类，混合程度高，同时又能保障轨道交通、小学、绿地等公共服务设施的步行可达性是重要的可持续特征，这是相互促进的多边关系，为取得最大化的可持续性，应鼓励功能混合，特别是在重要的交通节点、小学与绿地周边应建立适宜步行的通行条件和出行环境，并保障安全；⑤从北京与其他世界城市土地使用功能的比较看来，北京在功能混合度指标中具有一定的比较优势，但也存在中心区功能混合度低等方面的问题；在轨道交通可达性指标中处于中游，差距较为明显领域包括中心区站点密度低、换乘不变、区域的通勤轨道交通系统尚未形成等；在小学等公共服务设施和绿地可达性方面较世界城市有一定差距，既有公共设施数量上的问题，也有质量上的差距。

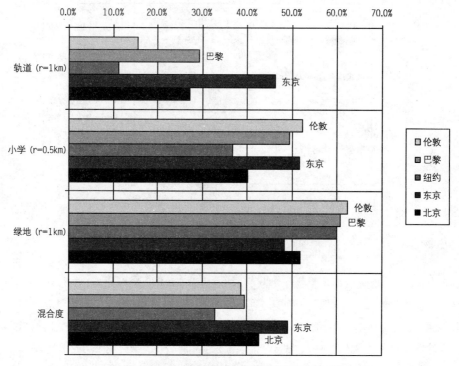

图 12　2010 年五大城市地区功能测度指标综合比较

4　形态与功能协同的比较

形态与功能的协同指数是将原有基于二维的可达性分析拓展到三维，综合了形态测度指标，立体地考量土地使用模式的可达程度，以此检验形态与功能之间的协同程度。

4.1　综合协同指数比较

从综合协同指数来看（图 13）：巴黎的综合协同程度最好，步行 500m 可以到达至少一所小学，同时在 1 000m 之内拥有轨道交通站点和公共绿地，这样的建筑面积占总规模的 37.5％；东京列第 2，

34.7%的建筑面积位于距离小学500m、轨道交通站点和公共绿地1 000m三者交集的空间范围内；伦敦列第3，26.4%的建筑面积上生活的城市人步行500m可以到达至少一所小学，同时在1 000m之内拥有轨道交通站点和公共绿地；北京和纽约上述比例相同，都达到20.7%。

北京虽然在三类设施的缓冲区交集用地中比纽约更具优势，但从形态上来看，显然纽约在形态与功能的匹配程度上要优于北京，即纽约在同样设施配置的土地上使用强度更高，这样才使得两者在建筑规模的占比上相同。综合协同指数的比较结论显示，北京土地使用形态与功能的综合协同性偏低。

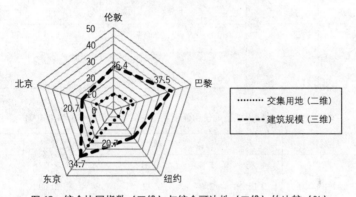

图13　综合协同指数（三维）与综合可达性（二维）的比较（%）

4.2　基于测度数据的综合协同概念图示

通过对现状土地使用强度的测度，我们已经掌握了不同功能设施缓冲区空间分层下的土地使用强度数据，如果使用层次分析法（黄亚平，1999），以测度的数据为依据，确定每种设施影响土地使用强度的权重，这样一来我们就可以做出基于城市人的步行机会最大化和轨道交通导向的区域协同模式概念图示，图示是一种可视化的办法，相较于数学图表而言，将更加直观地传递更多的信息。必须指出这是对于现状数据的分析和简化，并不是理想的城市土地使用模型。

设定以100分作为三项设施的总权重，通过层层归并，重新计算算术平均值，推算出轨道站点的权重分为44，小学的权重分为26，公共绿地的权重分为30（表4）。从权重计算的结果来看，影响土地使用强度的因素排序如下，轨道交通站点、公共绿地、小学。为了进一步比较不同公共设施缓冲区之间的权重差异，再按不同缓冲区的土地使用强度对权重再分配，同时把公共绿地按照建成区内和建成区外两部分，重新分配给每个缓冲区权重分，推算出具体的权重分数（表5）。

表4　由土地使用强度测得三种功能影响权重（总计为100%）

要素	范围（m）	伦敦		巴黎		纽约		东京		北京		权重
轨道站点	500	1.26		1.80		2.16		2.45		2.02		
	500～1 000	0.85	40%	0.87	38%	0.72	65%	1.94	42%	1.59	37%	44%
	1 000以外	0.48		0.58		0.42		1.09		0.93		
小学	500	0.76		1.20		0.28		1.64		1.60		
	500～1 000	0.46	28%	0.53	28%	0.28	19%	1.11	26%	1.15	28%	26%
	1 000以外	0.54		0.65		0.40		0.71		0.70		
公共绿地	500	0.58		0.80		0.19		1.42		1.10		
	500～1 000	0.69	32%	1.17	34%	0.28	16%	1.28	32%	1.51	34%	30%
	1 000以外	0.78		0.96		0.36		1.51		1.59		

表5　由三种功能用地土地使用强度测得各项细分权重（总和为100）

要素		范围（m）	伦敦	巴黎	纽约	东京	北京	100	权重
轨道站点		500	1.26	1.80	2.16	2.45	2.02		22.2
		500～1 000	0.85	0.87	0.72	1.94	1.59	44.0	13.7
		1 000以外	0.48	0.58	0.42	1.09	0.93		8.0
小学		500	0.76	1.20	0.28	1.64	1.60		11.9
		500～1 000	0.46	0.53	0.28	1.11	1.15	26.0	7.6
		1 000以外	0.54	0.65	0.40	0.71	0.70		6.5
公共绿地	内部	500	1.77	1.61	1.38	0.85	0.80		6.8
		500～1 000	1.68	1.79	1.35	0.67	0.69		6.5
		1 000以外	1.06	1.26	0.67	0.52	0.43	30.0	4.2
	外部	500	0.74	0.91	0.41	0.48	0.25		2.9
		500～1 000	1.11	0.76	0.64	0.41	0.31		3.4
		1 000以外	1.54	1.59	1.20	0.79	0.71		6.2

　　按照表5所示，三种用地功能，四部分的组合可能性理论上共有81种，按照计算的细分权重，则本研究中位于三类设施服务半径500m以内的地块得分最高，各项累加为47.1；抽样地块位于三类设施服务半径1 000m之外的得分最低，为21.6；通过对500个抽样地块的得分计算，其平均分为31.6。按照不同缓冲区得分的高低绘制现状土地使用强度的分布图，如图14所示。

　　图中颜色越深表示测得的现状土地使用强度越高，颜色越浅，表示土地使用强度越低。从目前的分析方式来看，这些强度比较低的地方通常是机场、港口码头区域、较大面积的工业区，对于纽约而

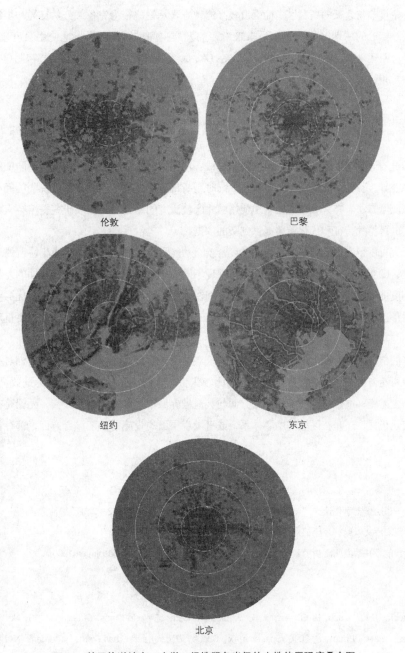

伦敦　　　　　巴黎

纽约　　　　　东京

北京

图 14　基于轨道站点、小学、绿地服务半径的土地使用强度叠合图

言还有部分密度非常之低的别墅区。而强度较高的地方表示设施较为完备，公共交通和步行可达性较好，超过平均得分的用地区位被认为是未来潜在的发展空间。从北京的土地使用强度叠合图来看，D25 范围内（四环以里）的集中度依然很高，在 D25-50 范围依托轨道交通发展的趋势明显，但这一区域尚缺少一定规模的反磁力中心。

5　结语

本文通过对五个特大城市地区的土地使用模式各项指标测度数据的比较，分析不同使用模式带来的可持续性差异，验证前面提出的基本假说。同时判断每种测度指标的特点和能说明的问题，完善土地使用模式测度方法。特大城市地区土地使用模式比较研究的结论也为后续研究提出特大城市地区土地使用模式的可持续特征和优化策略提供判断的依据。

本文研究可以得出如下结论：①形态适度紧凑，功能可达性好，形态与功能相协调的理论假说基本得到验证；②空间矩阵方法能够较为全面地展现不同案例之间在形态紧凑各个方面的差异；③多指标的功能测度能够较为全面展现不同案例地区之间在功能可达方面的多种差异和相对优劣势；④从三维的视角对形态与功能的协同程度比较，要优于从二维出发的比较，可视化表达能够更直观地呈现土地使用形态与功能相协同的程度。

就北京的情况来看，在形态适度紧凑方面，宏观层面相对优势明显，但微观层面相对劣势也很突出；在功能可达方面，功能混合度具有一定的比较优势，而在其他设施方面，无论是数量还是质量，都尚存在一定差距；在形态与功能相协同方面与其他世界城市地区相比差距最大，无论是在轨道交通引导土地使用模式，还是在区域多中心体系，或者微观层面的设施与功能混合方面，都存在一定的潜力有待发掘。

注释

① 本文根据于长明博士学位论文"特大城市地区土地使用模式测度研究"第 2～3 章改编而成。

② 为书写方便，后文以此符号标记对应的空间范围。

③ 该规定确定的是开敞空间比例的最小值，具体内容参见 New York Zoning Resolution 1990。

参考文献

[1] Beaverstock, J. V., Smith, R. G., Taylor, P. J. 1999. A Roster of World Cities. *Cities*, Vol. 16, No. 6.

[2] Berghauser, P. M., Haupt, P. 2010. *Spacematrix：Space，Density and Urban Form*. Rotterdam：NAi Publishers.

[3] Urban Land Institute 1987. *Mixed-use Development Handbook*. Washington DC：Urban Land Institute.

[4] 曹志冬等："地理空间中不同分层抽样方式的分层效率与优化策略"，《地理科学进展》，2008 年第 3 期。

[5] 冯士雍等编著：《抽样调查理论与方法》，中国统计出版社，2012 年。

[6] 黄亚平："城市可持续性规划决策准则与方法"，《城市规划》，1999 年第 7 期。

[7] 连健等："GIS 支持下的空间分层抽样方法研究——以北京市人均农业总产值抽样调查为例"，《地理与地理信息科学》，2008 年第 6 期。

[8] 梁鹤年：《简明土地使用规划》，地质出版社，2003 年。

[9] 梁鹤年："城市人"，《城市规划》，2012 年第 7 期。

[10] 刘敏、李明阳："基于 GIS 和高分辨率遥感数据的城市绿地抽样调查方法研究"，《林业调查规划》，2011 年第 2 期。

[11] 陆军、宋吉涛、汪文姝："世界城市的人口分布格局研究——以纽约、东京、伦敦为例"，《世界地理研究》，2010 年第 1 期。

[12] 谭瑛、杨俊宴、董雅文："土地利用生态评估在沿江开发中的应用"，《东南大学学报》（自然科学版），2009 年第 6 期。

[13] 章光日："大城市地区规划建设的国际比较研究——北京与伦敦、东京"，《北京规划建设》，2009 年第 2 期。

京津冀城镇空间布局研究①

顾朝林 郭 婧 运迎霞 鲍 龙 张兆欣 侯春蕾

郑 毅 李明玉 牛品一 张朝霞 李洪澄

Research on Urban Spatial Layout in Beijing-Tianjin-Hebei Region

GU Chaolin[1], GUO Jing[2], YUN Yingxia[3], BAO Long[4], ZHANG Zhaoxin[5], HOU Chunlei[5], ZHENG Yi[5], LI Mingyu[5], NIU Pinyi[5], ZHANG Zhaoxia[5], LI Hongcheng[5]
(1. School of Architecture, Tsinghua University, Beijing 100084, China; 2. Beijing Municipal Institute of City Planning & Design, Beijing 100045, China; 3. School of Architecture, Tianjin University, Tianjin 300072, China; 4. Department of Housing and Urban-Rural Development of Hebei Province, Hebei 050051, China; 5. Gu Chaolin Studio, Beijing Tsinghua Tongheng Urban Planning & Design Institute, Beijing 100084, China)

Abstract From the perspective of the coordinated development, this paper points out that Beijing-Tianjin-Hebei regional development is faced with three major challenges: regional ecological degradation and serious environmental pollution; lagging industrial transformation and upgrading, heavy chemical industry inclination; and the widening gap between the rich and the poor and the increasingly intensified social contradictions. From the level of the national strategy, Beijing-Tianjin-Hebei Region should adjust its urban spatial

作者简介
顾朝林,清华大学建筑学院;
郭婧,北京市城市规划设计研究院;
运迎霞,天津大学建筑学院;
鲍龙,河北省住房和城乡建设厅;
张兆欣、侯春蕾、郑毅、李明玉、牛品一、张朝霞、李洪澄,北京清华同衡规划设计研究院有限公司顾朝林工作室。

摘 要 本研究是从区域协同发展的角度,针对京津冀地区发展面临的"区域生态退化,环境污染严重;产业转型升级滞后,重化工倾向严重;贫富差距扩大,社会矛盾日趋激化"三大挑战,展开京津冀地区协同发展和城镇空间布局研究。文章从多中心网络城市群和集中圈层发展两种模式出发,提出了京津冀城镇空间布局调整的建议方案。文章依据城镇化水平预测,就城镇体系、京津核心区、边缘城和特色自立新城进行了系统的规划研究,最后从水源涵养区建设、静脉产业园区建设、生态补偿机制和区域一体化规划四个方面阐述规划实施的对策。

关键词 京津冀协同发展;城市群;区域规划;城镇空间布局

京津冀地区包括北京市、天津市和河北省,陆地面积 21.76 万 km^2,海域面积 1 万 km^2。2012 年,全区常住人口 1.07 亿元,约占全国总人口的 8%;GDP5.7 万亿元,占全国经济总量的 11% 左右。京津冀地区是我国继长三角、珠三角之后的第三大城市群,是北方占地最大和区域开发程度最高的经济核心区,也是面向全球的国家门户,我国最重要的政治、文化中心、亚太地区综合实力强、发展最具潜力的区域之一。但是,从区域协同发展的角度来看,京津冀地区发展面临三大挑战。首先,区域生态退化,环境污染严重。区内大气和水环境严重污染,城市固体废弃物处理能力严重不足,水土流失、土地沙化、沙尘暴与生态退化并存。其次,产业转型升级滞后,重化工倾向严重。京津冀作为政治和文化中心的首善之区,在高新技术产业和装备制造业方面有了快速发展,但钢铁、建材、石化等

layout to provide a large platform for the sustainable economic development, to create an inclusive melting pot for social development, and to build a globalized world city area for national development. The basic principle of the coordinated development of Beijing-Tianjin-Hebei Region and urban spatial layout intends to maintain natural balance and urban ecosystem. As a consequence, relying on urban ecological corridors and rapid transit corridors-light rail, high-speed rail, and highway, Beijing-Tianjin-Hebei Region should reconstruct the city cluster structure, so as to support the development of regional economy and industrialized and post-industrialized societies, and form radial edge cities. The new cities of the third and fourth generation which are characterized by self-reliance should be planned to upgrade and reform the urban system of traditional regions for agricultural modernization, and gradually forming a polycentric urban network.

Keywords coordinated development of Beijing-Tianjin-Hebei Region; city cluster; regional planning; urban spatial layout

原材料产业部门低水平重复建设且发展更快，已经突破大气、水和土地的自净能力上限。最后，贫富差距扩大，社会矛盾日趋激化。北京、天津等中心城市产业转型发展快，创造就业岗位多，对人才和流动人口吸引力巨大，人口机械增长迅速，大城市无序蔓延，涉及交通、住房、教育、医疗的基本民生工程设施严重短缺，加上日益严重的人口老化问题和周边 24 个贫困县、200 万贫困人口带，人口和社会问题日益突出。要解决这些急迫的大区域社会—经济—环境问题，需要从国家战略发展的高度出发，调整和重构京津冀地区城镇空间布局，为经济发展提供可持续发展的大平台，为社会发展营造包容性社会大熔炉，为国家发展创造全球化世界城市区。

1　多中心网络城市群发展模式

过去 30 年，发达国家伴随着去工业化过程，以制造业为主的工业化对城市化的影响与作用逐渐弱化，弹性要素（通信、计算机、自动化等）成为形成信息经济的基本条件。弹性生产使中心与端点间按等级体系重新组织空间形式成为可能，原有的"核心—边缘"结构被打破，并逐渐融合到一个不平衡的发达区域、城市和地方的全球网络之中。由于城市的生产性功能不断弱化，服务和消费性功能逐步强化，于是在传统城市区域外围的郊区或半农业化区域、大城市高速公路交叉口、新形成的集商业、购物、娱乐功能为一体的城市新区，被称为边缘城市（edge city）（图 1）。此外，菲什曼（Fishman）提出呈现多中心性的"增长走廊"（growth corridor），巴顿（Batten）提出具备水平联系和互补性，注重科研、教育、创新活动，增长潜力不受制于城市规模而与弹性相关的网络城市等都应运而生。

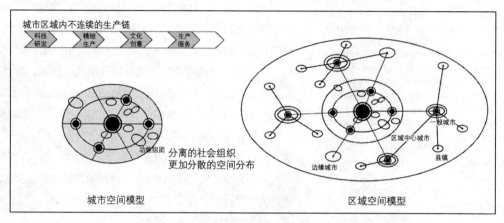

图1　后工业化时期城市空间模型

也正是这一时期，信息技术推进全球生产要素的自由流动，新国际劳动地域分工格局进一步形成，全球市场建立，世界产业结构发生重构与转移，形成新的产业布局和城市化空间。在信息技术发展带来的生产服务也飞速发展的背景下，全球化正在重塑全球城市体系，一批全球城市或世界城市形成，其核心呈现出"多中心—网络化—功能区—通道脊"的空间结构特征（图2）。京津冀地区特大城市的空间发展模式已经到了不得不向这两种空间结构转变的时候了。

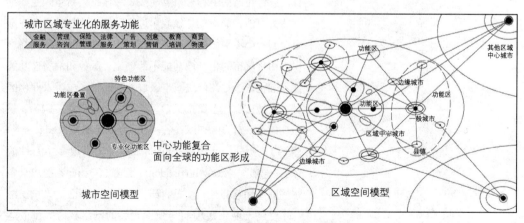

图2　全球化时期城市与区域空间模型

2 集中集聚圈层发展模式

国际经验表明，世界级城市群地区是国家综合国力的体现，是发挥全球影响力的核心地区，在金融、资本和资源掌控、科技和文化发展等方面都具有全球影响力。大国首都地区往往是国家管理职能、国际性重大职能叠加作用的多元化功能地域，伦敦、巴黎、东京依托首都职能与全球其他国家紧密联系，并在经济管理职能、国际门户、科技创新、文化交流、国际宜居社区等职能方面具有全球影响力（表1、表2）。

表1　国外环首都地区全球职能

全球职能	职能组成	环伦敦城镇群	环巴黎城镇群	环东京城镇群	环柏林城镇群
全球决策控制	全球总部基地	•			
	高级生产性服务业基地	•			•
	政府公共管理				•
全球科技创新	大学				
	私人研究部门	•	•	•	
	知识密集型服务	•	•	•	
	高技术产业	•	•	•	
全球门户职能	交通枢纽（水路、陆路、空路）	•	•	•	•
全球文化职能	传媒	•	•	•	
	印刷产业				
	剧院、博物馆				
	历史文物遗迹				
	时尚产业		•		

表2　国外环首都地区区域职能

区域职能	职能组成	环伦敦城镇群	环巴黎城镇群	环东京城镇群	环柏林城镇群
区域性服务业	高级生产性服务业基地	•	•	•	•
	政府公共管理				

续表

区域职能	职能组成	环伦敦城镇群	环巴黎城镇群	环东京城镇群	环柏林城镇群
区域性科技创新职能	大学	•	•	•	
	私人研究部门	•	•	•	
	知识密集型服务	•	•	•	
	高技术产业				
区域性门户职能	交通枢纽（水路、陆路、空路）	•	•	•	
	区域物流	•	•	•	
区域性文化职能	传媒				
	剧院、博物馆				
	历史文物遗迹				
	时尚产业				
区域性生活职能	居住、工贸型城镇	•	•	•	•

首都圈多采取"制造业分散"战略，中心城区强化高端服务功能，远郊地区推动工业及制造业集聚发展。一般规律是商贸物流、制造业外迁，中心城区聚集了大量的总部经济、科技创新产业、商务办公等高端服务业。空间组织呈现多中心结构，"圈层＋廊道"效应显著。世界级城市群多采用多中心聚集模式，呈现由圈层分布向轴带扩展的发展规律，分区差异化引导产业发展，构筑网络化结构以促进区域均衡。50km 内为首都圈核心区，空间圈层拓展；50～200km 范围内依托主要交通通道串联产业基地、专业化城市、休闲旅游区等形成发展轴带。东京首都圈第五次规划提出构筑"分散型网络构造"，打造东京环状据点都市群和外围三大自律都市圈。首尔在仁川、京畿地区形成 10 个内外自立性城市圈，打造京畿道五大自治经济圈，形成"多核联系型空间结构"。交通上形成多层次、多方式集合的复合枢纽体系。由洲际空港、国际海港、铁路枢纽、国际通信节点组成跨行政区的国际门户地带。通过首都圈核心区的区域性枢纽和区域性二级中心城市综合交通枢纽实现城市间的高效联系。通过都市型枢纽实现节点地区与重大功能区的结合，尤其在 50km 范围内是轨道网络密集区域。例如东京高密度的轨道交通网络使人们很方便从居住地到达市中心，城市轨道交通形成了覆盖半径 50km 的城镇化密集地区，并辐射到 100km 范围，在东京及其副中心城市工作的人员 90% 利用轨道交通上下班，对于人口密集的京津冀地区未来发展有很强的借鉴意义。生态上形成多样化、景观丰富的生态网络结构。以多样的生态功能区建设推动区域的可持续发展。首都圈核心区内由于开发建设和人口稠密，以"楔形＋圈层"绿化隔离带、大型主题公园、休闲绿道等为主。50～200km 范围，广泛分布生态生物多样保护区和水源、风沙防治的生态保育功能区；同时借助于生态河道、郊区绿化带、农田、历史文化遗迹建设带状郊野游憩空间。同国外首都地区的城镇空间组织比较，京津冀地区缺乏合理有

序的城镇规划体系等级结构。国外东京、伦敦、巴黎等首都地区空间组织演化表现为"核心城市"→"近郊新城"→"外围中心城市"→"专业新城（区）、节点"→"都市农业服务中心"的合理分布组织规律。

3　城镇空间布局调整建议方案

北京要化解自身出现的大城市病，单靠一己之力难以完成，需要着眼于京津冀一体化，在更大的空间范围内谋求跨区域合作。比如大气污染防治，必须由京津冀协同周边省市，共同合力，才能拿出有效措施。但问题的关键在于，京津冀如何实现协同发展？最近，北京市规划委员会提出了四项构想：①以交通设施为先导，促进功能、产业、人口和用地向位于交通走廊上的城镇集中；②构建区域生态安全格局，加强京津冀区域北部地区水资源涵养、风沙治理、防护林建设以及南部城镇组团间重要生态廊道的保护建设；③促进区域产业布局与城镇体系的对接，共建产业功能区和区域新城，推进区域产业转型升级；④推动北京教育、医疗等优质公共服务资源向周边地区辐射，提升京津冀区域整体公共服务水平。河北省就京津冀协调发展提出五个方面构想：①在京津冀大城市群范围内重构区域功能；②优化城市布局，改善区域内发展不平衡的现状；③扩大生态空间；④使用清洁能源，调整能源结构；⑤进一步完善区域交通网络。有关调研组提出，把北京的大学、医院和博物馆等一些文化教育资源迁移到河北省，以疏散北京的城市功能。吴良镛呼吁北京城乡规划要改变观念，跳出"就城市论城市"的局限。他带领课题组对京津冀地区发展进行了持续跟踪研究，一期报告提出的"世界城市"、"双核心"，二期报告提出的"一轴三带"等观点，基本都得以落地。最近的三期报告针对京津冀地区出现的新现象、新问题，提出了诸多协调区域发展的新设想。习近平总书记 2014 年 2 月 27 日就推进京津冀协同发展提出 7 点要求，即明确北京、天津、河北三地功能定位、产业分工、城市布局、设施配套、综合交通体系等重大问题，充分发挥环渤海地区经济合作发展协调机制的作用，加快推进产业对接协作，不搞同构性、同质化发展，提高城市群一体化水平和综合承载能力，加强生态环境保护合作，完善防护林建设、水资源保护、水环境治理、清洁能源使用等领域的合作机制，加快构建快速、便捷、高效、安全、大容量、低成本的互联互通综合交通网络，破除限制资本、技术、产权、人才、劳动力等生产要素自由流动和优化配置的各种体制机制障碍。就京津冀城镇空间协调发展，我们提出如下调整设想方案。

3.1　构建"双核多心网络"城镇空间布局

借鉴国外城镇群空间演变规律，未来京津冀地区城镇空间布局将由圈层布局走向轴带拓展，由行政分割走向区域城镇融合发展，由点状发展走向有机联系的城镇群体发展。吴良镛（2014）认为：京津冀在生态环境保护、交通基础设施建设、社会保障和公共服务体系建设、区域文化发展等涉及公共利益的方面，要拟定共同政策并付诸共同行动，提出实现人居环境的城镇网络、交通网络、生态网络和文化网络"四网协调"设想。河北省住房和城乡建设厅提出建设"双核一区、两翼多点"的空间结构。其中,"双核"指北京、天津两大核心城市;"一区"指京津保大三角核心区;"两翼"指以石家庄为中心的冀中南一翼和以唐山为中心的冀东一翼;"多点"指京津的自身卫星城镇以及河北省张家口、承德、秦皇岛、沧州、邯郸、邢台、衡水等京津冀次级中心城市和若干新兴区域中心城市。中央提出,优化京津冀城市群布局,可在河北选择资源环境承载力较好的现有中小城市,作为北京疏解功能的集中承载地。

我们认为:在未来一段时期内,京津冀地区城镇空间布局将形成"众星拱月"状的"双城记"形态。以北京、天津两大城市为核心,调整优化城市功能,充分发挥人才、技术、金融等优势,积极参与国际产业分工,加快建设具有国际竞争力的世界城市;加快发展石家庄、唐山两大区域中心城市,做大做强城市经济,提高对京津功能外溢和产业转移承接能力,增强对冀东、冀中南两翼的辐射带动作用;促进发展要素向京津、京邯(京广)、京秦(京沈)、京衡(京九)、石(家庄)衡(水)沧(州)五条交通走廊集聚,形成区域发展轴;构建沿海经济产业带、环首都东南新兴产业带、环首都西北绿色产业带和扶贫开发与特色生态产业带;建设邯郸、保定、廊坊、沧州、秦皇岛、张家口、承德、衡水、邢台九个地区性中心城市,完善城市设施,优化发展环境,提高对产业和人口的集聚能力;围绕中心城市功能扩散和产业延伸,以新区、中小城市和县城为依托,建设各具特色的卫星城镇,逐步形成以大带小、层级合理、多点支撑、良性互动的发展格局。

3.2 建立分圈层的空间发展框架

国外首都地区在空间上,用地布局均表现出以中心城市为中心由内到外呈"均质化团状→带状连绵→轴线点状"的发展形态。团块状以城市交通网络支撑,带状连绵由轨道市郊快线与快速道路支持,而点轴发展地区主要由区域及国家级交通网络支持。在部分多层级交通网络复合的走廊上,呈现长距离的连绵发展。京津冀地区以交通时空距离为基础,建立拓展圈、通勤圈、同城化发展圈、城际间紧密协作圈、统筹发展圈五个圈层空间发展框架。针对不同空间圈层,采取有针对性的交通发展策略,配置不同的交通设施,分类引导城镇建设和产业发展。拓展圈——半径距五环 20km 范围内,环首都的 14 县(市)的土地资源、劳动力资源和邻近北京的区位优势明显,能够承担首都职能疏解的发展空间和基础条件,建议将其纳入拓展区(朱正举,2014);通勤圈——半径 30km 内,以及距东四环、南四环 30km 行程的外围城镇;同城化发展圈——通勤圈向外推移 20km(半小时时空距离),主要发展轴外推 30km 左右;城际间紧密协作圈——以半径 70km 为基础(1 小时时空距离),主要发展轴外推 50km,沿放射轴延伸至天津、唐山、保定、张家口、承德,通过交通引导和生态规划,促成京津冀城市群向协同布局、基本公共服务同城化方向发展;统筹发展圈——半径 200km 左右(2 小时时空距离),主要发展轴外推 100km,涵盖京津冀全部地区(表 3、图 3)。

表3 京津圈层城镇空间分布

圈层	北京		天津	
	空间距离	含城镇	空间距离	含城镇
拓展圈	半径距五环20km	昌平新城、顺义新城、通州新城、门头沟新城、良乡新城、大兴新城、亦庄新城	半径距中心30km	武清新城、团泊新城
通勤圈	半径距五环30km	昌平新城、顺义新城、通州新城、门头沟新城、良乡新城、大兴新城、亦庄新城、燕房新城		
同城化发展圈	半径距五环50km	昌平新城、顺义新城、通州新城、门头沟新城、良乡新城、大兴新城、亦庄新城、燕房新城、永清县、固安县、涿州市、延庆新城、怀柔新城、密云新城、三河市、大厂回族自治县、香河县、廊坊市	半径距中心60km	武清新城、团泊新城、廊坊市、京津新城、宁河新城、滨海新区核心区、静海新城、永清县
城际间紧密协作圈	半径距五环70km	昌平新城、顺义新城、通州新城、门头沟新城、良乡新城、大兴新城、亦庄新城、燕房新城、永清县、固安县、涿州市、延庆新城、怀柔新城、密云新城、三河市、大厂回族自治县、香河县、廊坊市、霸州市、高碑店市、定兴县、涞水县、怀来县、平谷新城、宝坻新城、武清新城	半径距中心90km	武清新城、团泊新城、廊坊市、京津新城、宁河新城、滨海新区核心区、静海新城、永清县、亦庄新城、通州新城、三河市、大厂回族自治县、香河县、宝坻新城、玉田县、丰南区、黄骅市、青县、大城县、文安县、霸州市、固安县
经济辐射圈	半径距五环120km	昌平新城、顺义新城、通州新城、门头沟新城、良乡新城、大兴新城、亦庄新城、燕房新城、永清县、固安县、涿州市、延庆新城、怀柔新城、密云新城、三河市、大厂回族自治县、香河县、廊坊市、霸州市、高碑店市、定兴县、涞水县、怀来县、平谷新城、宝坻新城、武清新城、天津中心城区、静海新城、文安县、雄县、安新县、徐水县、容城县、易县、涿鹿县、赤城县、兴隆县、蓟县新城、玉田县、京津新城	半径距中心120km	武清新城、团泊新城、廊坊市、京津新城、宁河新城、滨海新区核心区、静海新城、永清县、亦庄新城、通州新城、三河市、大厂回族自治县、香河县、宝坻新城、玉田县、丰南区、黄骅市、青县、大城县、文安县、霸州市、固安县、北京中心城区、顺义新城、平谷新城、蓟县新城、唐山市、丰润区、开平区、古冶区、曹妃甸区、海兴县、盐山县、沧州市、孟村回族自治县、河间市、任丘市、容城县、雄县、安新县、定兴县、高碑店市、涿州市、燕房新城、良乡新城、大兴新城

续表

圈层	北京		天津	
	空间距离	含城镇	空间距离	含城镇
统筹发展圈	半径距五环200km	昌平新城、顺义新城、通州新城、门头沟新城、良乡新城、大兴新城、亦庄新城、燕房新城、永清县、固安县、涿州市、延庆新城、怀柔新城、密云新城、三河市、大厂回族自治县、香河县、廊坊市、霸州市、高碑店市、定兴县、涞水县、怀来县、平谷新城、宝坻新城、武清新城、天津中心城区、静海新城、文安县、雄县、安新县、徐水县、容城县、易县、涿鹿县、赤城县、兴隆县、蓟县新城、玉田县、京津新城、团泊新城、大城县、青县、黄骅市、海兴县、沧州市、孟村回族自治县、盐山县、南皮县、泊头市、任丘市、河间市、献县、武强县、深州市、安平县、饶阳县、肃宁县、高阳县、保定市、清苑县、博野县、蠡县、安国市、深泽县、曲阳县、定州市、唐县、望都县、顺平县、满城县、阜平县、涞源县、蔚县、阳原县、张家口市、万全县、怀安县、尚义县、张北县、崇礼县、康保县、沽源县、丰宁满族自治县、围场满族蒙古族自治县、隆化县、滦平县、承德市、承德县、宽城满族自治县、遵化市、迁西县、迁安市、卢龙县、滦县、滦南县、唐山市、丰润区、开平区、古冶区、丰南区、曹妃甸区、宁河新城、滨海新区核心区		

以北京五环为基准，规划沿五环外延20km为北京拓展圈；20～30km为通勤圈；30～50km为同城化发展圈，包含河北省永清县、固安县、涿州市、三河市、大厂县、香河县、廊坊市区；距北京五环线50～70km为城际间紧密协作圈，包含河北省霸州市、高碑店市、定兴县、涞水县、怀来县；距离北京五环线70～120km为北京经济辐射圈，包含河北省文安县、雄县、安新县、徐水县、容城县、易县、涿鹿县、赤城县、兴隆县、玉田县。

以天津为核心划分拓展圈（半径30km）；同城化发展圈（半径60km），包含河北省永清县；城际间紧密协作圈（半径90km），包含河北省三河市、大厂县、香河县、玉田县、黄骅市、青县、大城县、文安县、霸州市、固安县；经济辐射圈（半径120km），包含河北省唐山市都市区、曹妃甸区、海兴县、盐山县、沧州市、孟村回族自治县、河间市、任丘市、容城县、雄县、安新县、定兴县、高碑店市、涿州市。

3.3 选择重点发展区集中建设

按照增长极理论，依托优势资源与优势地区，打造新兴增长空间，对于区域经济发展具有重要的带动与支撑作用。因此，京津冀应围绕新机场、廊坊北三县、沿海等优势地区，培育新兴增长极。

3.3.1 北京南部新机场临空发展区

北京南部新机场的建设必将对京津冀发展带来深远影响，为北京城市功能和人口的疏解创造了条件，河北的廊坊和保定获得临空产业发展的新机遇。京冀合作共建北京南部新机场空港新区，统筹廊坊中心城区和固安空间资源，与大兴共建首都南部副中心，打造成为面向国际和区域的新增长极。因此，以北京新机场规划建设为契机，统筹确定土地开发、基础设施建设和生态环境保护的目标和战

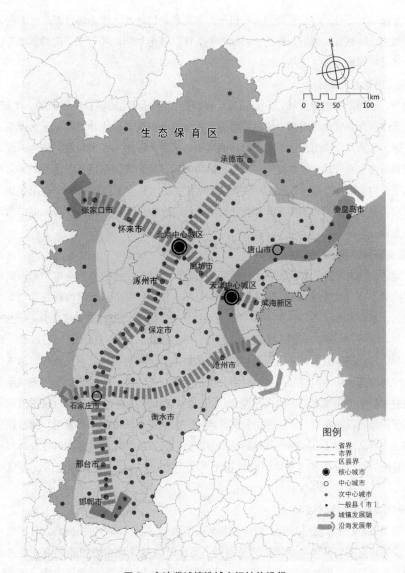

图3　京津冀城镇地域空间结构设想

略，跨区域共建机场新区，使其成为京津冀新的增长极和引擎。也有专家质疑，比如北京市规划委主任黄艳就表示，各方不要对新机场期待过高，顺义的首都机场目前有超过 8 000 万人次的流量，"都 30年了，顺义也没有大起来。新机场这个区域，其实能干的可能就是交通走廊"。2014 年，北京新机场将开工建设，在业内人士看来，这是北京市重修规划和京津冀一体化的一个新契机。新机场选址北京城南大兴区，与河北廊坊交界。规划年客流量 1.3 亿人次以上，年货运 320 万吨以上，年起降 100 万架次。如果全按规划完成，将是世界最大的机场。将北京新机场新区作为环首都地区新的增长点进行培育，通过航空、高铁可以辐射到保定、石家庄、天津、曹妃甸新城和唐山、黄骅新城等，围绕北京建立若干个河北中等城市（朱正举，2014）。

3.3.2　津冀沿海统筹发展区

津冀合作，依托沿海优势资源，大力建设滨海新区、唐山湾生态城、黄骅新城，实现曹妃甸区、渤海新区与天津滨海新区合力支撑京津冀沿海地区的发展与崛起。以天津滨海新区为龙头，京津冀共建沿海经济区，参照天津滨海新区，赋予京津冀滨海地区更为积极的发展政策。整合天津和河北沿海地区的港口和滨海空间资源，建立以天津滨海新区为龙头，沧州渤海新区、唐山曹妃甸区和北戴河新区为两翼的"京津冀沿海发展区"。制定共同的产业发展战略和渤海湾岸线综合利用规划，共同建设疏港交通网络。充分发挥天津滨海新区和河北沿海地区国家发展战略的政策优势，促进京津冀沿渤海地区的协同发展。

3.3.3　冀北生态保护和水源涵养区

太行山地区、燕山地区、海河流域上游地区的生态保护和民生改善是影响整个京津冀地区可持续发展的重要因素。可以将冀西北的山区县和北京的昌平、怀柔、平谷及天津的蓟县等地作为国家级生态发展实验区，京津冀共同参与，实施长期的生态扶持补偿政策，整体解决实验区内的扶贫、移民、生态安全、公共服务等问题。在河北张家口、承德、保定和北京昌平、怀柔、平谷以及天津蓟县等地划定适当地域，设立国家级生态文明建设实验区，计划单列于中央政府重点扶持和政策支持的特殊区域，建立京津冀生态保护协调机制，实施长期的生态改善扶持政策。尽快启动滦河流域水资源分配问题研究，促进新形势下流域水资源优化配置。《河北省城镇体系规划（2013）》（征求意见稿）提出建立北部生态保护带：以张家口、承德为主的冀北地区，强化重点城镇的据点发展，注重扶贫开发与生态保护，将生态经济作为经济战略性调整的基本方向，积极发展休闲旅游业和特色农林经济，建设绿色能源产业基地、绿色农林基地和休闲旅游基地，建立冀北生态经济特殊示范区，构建生态型城镇格局。

3.3.4　京津保城市间生态过渡带

首先是遏制城市过度扩张，结合京津保三角区城市未来发展规模和布局形态，合理确定城市开发边界，科学设置开发强度，为生态建设留足空间；其次是恢复洼淀生态功能，稳妥推进白洋淀、东淀、文安淀、永定河泛区等洼淀退耕还湖、退厂还湖，实施洼淀居民易地搬迁工程，逐步恢复和扩大湿地空间；再次是建设森林隔离带，协同京津两市，在京津保之间适度控制开发建设，按照先易后难实施退耕还林，近期重点退出市郊耕地、河滩占地、洼淀及其他自然保护区周边耕地，中远期除基本农田外，其他一般性耕地都要逐步退出。

3.4　维护传统城镇体系

首先，河北石家庄、北戴河、唐山、沧州、衡水、邢台、邯郸七个中心城市，是传统城镇体系的重要支点，进一步发挥这些地区中心城市在区域经济发展中的引领作用，形成"核心引领、集聚发展、统筹协调"的都市区格局。其次，中等城市是转移制造业和农村劳动力的重要承接地，大力发展中等城市符合国情省情，选择一批基础条件较好、发展潜力大、区位条件优越、产业带动能力强的县（市）培育成为中等城市。可以考虑将唐山湾生态城、黄骅新城、白洋淀新城（任丘、安新、雄县、白沟）和定州、辛集、迁安等率先发展成为带动区域发展的中等城市。最后，针对河北省县多、县小，110个县城城区平均人口规模仅8万人，难以发挥聚集和辐射带动农村地区作用的小县省情，采取"小县大城关"战略做大县城，加大基础设施和公共服务设施建设力度，提升县城吸纳产业和人口转移的综合承载能力，培育和形成一批高标准的小城市，带动县域经济发展（表4）。

表4　河北省大县城战略规划

地区	县市区	功能定位
石家庄	正定	省会重要的航空港新城和物流基地
	鹿泉	石家庄都市区生态城市和旅游休闲城市，石家庄信息产业基地和物流基地
	栾城	石家庄都市区南部增长极，以装备制造与生物医药为主的产业新城
	藁城	省会先进制造业基地、农产品供应基地、生态保育基地和旅游休闲、商贸物流为主的现代服务业基地
保定	徐水	华北地区重要的交通枢纽，保定市城市发展战略"一城三星"之一，大中型机械制造企业为主的现代制造业基地
	满城	保定市城市发展战略"一城三星"之一，满城城区分担中心城区部分文教、居住功能，成为休闲、度假、旅游服务基地
	清苑	保定市城市发展战略"一城三星"之一，汽车及其零配件生产为主的现代制造业基地，分担中心城区部分仓储与物流配送功能
邢台	南和	以钢制品和食品加工业为主的中心城市
	任县	邢台市中心城区的生态卫星城，以发展装备制造业和橡塑产业为主的城市
邯郸	磁县	以轻纺、机械加工和旅游为主的卫星城
	永年	以机械、物流为主的卫星城
衡水	冀州	以发展轻工业和机械零部件加工业为主的综合性城市
	武邑	以发展金属制品和化工工业为主的小城市
沧州	泊头	沧州市南部的物资集散和商贸中心城市，以铸造设备等为主，以鸭梨、小枣等特色农副产业加工等产业为辅的现代化工贸城市
	青县	环渤海重要的加工制造业基地，渤海新区及滨海新区的配套产业基地，京津地区重要的绿色蔬菜生产基地，沧州中心城市的文化休闲组团

地区	县市区	功能定位
唐山	丰润	唐山市北部卫星城，以发展加工工业和物流为主的城市
	丰南	唐山市南部主城区、新兴商业中心、生态城区
	古冶	唐山市东部卫星城，唐山工业生产基地、能源生产基地
	曹妃甸	京津冀沿海地区重要产业服务中心，高教科研及产业转化基地，国家级滨海生态创新发展中心
秦皇岛	抚宁	冀东地区重要的食品加工业、现代制造业生产基地，宜居生态滨海城市
	昌黎	以现代工业商贸为主导，以葡萄酒产业、旅游业和海洋经济为特色的海洋文化名城

4　城镇化水平预测

图4　2011年京津冀人口密度

从京津冀地区所有区县的人口发展现状来看，2012 年年底北京市常住人口为 2 069.3 万人[②]，城镇化率为 86.2%[③]；天津市常住人口为 1 413.15 万人[④]，城镇化率为 81.55%[⑤]；河北省常住人口为 7 287.51万人[⑥]，城镇化率为 46.8%[⑦]。由此得到 2012 年年底京津冀地区总人口为 10 769.96 万人（图 4）。

通过对北京市、天津市、河北省三个地区人口发展现状、发展条件以及未来发展趋势的分析，结合各市总体规划及《河北省城镇体系规划（2013～2030）》（征求意见稿）关于未来三个地区人口规模的数据，本次规划：至 2015 年，京津冀地区总人口达到 11 250 万人，城镇化率达到 63%；至 2020 年，京津冀地区总人口达到 12 200 万人，城镇化率达到 70%；至 2030 年，京津冀地区总人口达到 14 200万人，城镇化率达到 82%（表 5）。

表5　京津冀地区人口规模预测结果

		2015 年	2020 年	2030 年
总人口（万人）	北京市	2 250	2 500	3 500
	天津市	1 550	2 000	2 500
	河北省	7 450	7 700	8 200
	京津冀	11 250	12 200	14 200
城镇化率（%）	北京市	88	90	94
	天津市	84	88	92
	河北省	51	58	73
	京津冀	63	70	82
城镇人口（万人）	北京市	1 980	2 250	3 290
	天津市	1 302	1 760	2 300
	河北省	3 800	4 466	5 986
	京津冀	7 082	8 476	11 576

4.1　京津冀人口规模预测

京津冀地区包括北京市 16 个区县、天津市 16 个区县以及河北省 11 个市，2011 年京津冀各县（市）人口现状规模分布情况如表 6 所示。

本次规划各区县人口规模的预测方法为：计算出每个区县的人口占京津冀人口的比例，对比现状比例和发展条件及发展趋势，预测未来每个区县人口规模所占的比例，然后根据上述预测的京津冀总人口，乘以比例即可得出各区县人口规模。本次规划首都圈人口分配比例及预测结果如表 7。

表6　2011 年京津冀地区现状人口分布

市	县	人口（万人）	占京津冀地区人口的比例（%）
北京市	总人口	2 018.6	
	中心城区	1 201.4	11.31
	房山区	96.7	0.91
	通州区	125	1.18
	顺义区	91.5	0.86
	昌平区	173.8	1.64
	大兴区	142.9	1.34
	门头沟区	29.4	0.28
	怀柔区	37.1	0.35
	平谷区	41.8	0.39
	密云县	47.1	0.44
	延庆县	31.9	0.3
天津市	总人口	1 354.58	
	中心城区	450.15	4.25
	东丽区	63.54	0.6
	西青区	74.13	0.70
	津南区	62.98	0.59
	北辰区	70.43	0.66
	武清区	100.51	0.95
	宝坻区	83.12	0.78
	滨海新区	253.66	2.39
	宁河县	43.1	0.41
	静海县	67.43	0.64
	蓟县	85.53	0.81

续表

市	县	人口（万人）	占京津冀地区人口的比例（%）
	总人口	7 240.51	
	石家庄市	1 027.98	9.69
	承德市	348.91	3.29
	张家口市	437.37	4.12
	秦皇岛市	300.62	2.83
	唐山市	762.74	7.19
河北省	廊坊市	440.03	4.15
	保定市	1 127.23	10.62
	沧州市	719.77	6.78
	衡水市	436.39	4.11
	邢台市	715.55	6.74
	邯郸市	923.92	8.70
	合计	10 613.69	100

表 7　2020 年京津冀地区人口分配

市	区县	人口（万人）	占京津冀地区人口的比例（%）
	总人口	2 500	
	中心城区	1 335	10.94
	房山区	120	0.98
	通州区	160	1.31
	顺义区	123	1.01
北京市	昌平区	262	2.15
	大兴区	207	1.7
	门头沟区	70	0.57
	怀柔区	50	0.41
	平谷区	57	0.47
	密云县	78	0.64
	延庆县	39	0.32

续表

市	县	人口（万人）	占京津冀地区人口的比例（%）
	总人口	2 000	
	中心城区	550	4.51
	东丽区	106	0.87
	西青区	124	1.02
	津南区	105	0.86
	北辰区	117	0.96
天津市	武清区	144	1.18
	宝坻区	121	0.99
	滨海新区	436	3.57
	宁河县	66	0.54
	静海县	93	0.76
	蓟县	139	1.14
	总人口	7 700	
	石家庄市	1 133	9.29
	承德市	386	3.16
	张家口市	493	4.04
	秦皇岛市	332	2.72
	唐山市	814	6.67
河北省	廊坊市	448	3.67
	保定市	1 280	10.49
	沧州市	767	6.29
	衡水市	434	3.56
	邢台市	705	5.78
	邯郸市	906	7.43

4.2 京津冀城镇化水平预测

——北京市城镇化率预测。2012 年年底北京市城镇化率为 86.2%，按照一些国家和地区城镇化的发展规律，城镇化水平超过 70%，城市化趋势将趋于平缓，城市化发展的主要特征是提升质量。2005～2012 年，北京市城镇化率由 83.6% 上升为 86.2%，平均每年增加约 0.4 个百分比。预计 2013～2020 年城镇化率年均增长 0.4 个百分比，2021～2030 年城镇化率年均增长 0.3 个百分比，由此得到北京市城镇化率 2015 年为 88%，2020 年为 90%，2030 年为 94%。

——天津市城镇化率预测。2012 年年底天津市城镇化率为 81.55%，按照城镇化的发展规律，城镇化水平超过 70%，天津市城市化趋势也将趋于平缓，城市化发展的主要特征是提升质量。2005～2012 年，天津市城镇化率由 75.11% 上升为 81.55%，平均每年增长约 1 个百分比。预计 2013～2015 年天津市城镇化率年均增长 1 个百分比，2016～2020 年年均增长 0.7 个百分比，2021～2030 年城镇化率年均增长 0.4 个百分比，由此得到天津市城镇化率 2015 年为 84%，2020 年为 88%，2030 年为 92%。

——河北省城镇化率预测。2012 年河北省城镇化率为 46.8%，按照城镇化的发展规律，城镇化水平超过 30%，河北省城镇化率发展进入加速发展阶段。2005～2012 年，河北省城镇化率由 37.69% 上升为 46.80%，平均每年增长约 1.3 个百分比。预计 2013～2015 年河北省城镇化率年均增长 1.5 个百分比，2016～2020 年年均增长 1.4 个百分比，2021～2030 年城镇化率年均增长 1.3 个百分比，由此得到河北省城镇化率 2015 年为 51%，2020 年为 58%，2030 年为 73%。

——京津冀城镇化率预测。综合北京市、天津市、河北省三个地区总人口以及城镇化率的预测结果，得到至 2015 年京津冀的城镇化率达到 63%，至 2020 年京津冀的城镇化率为 70%，至 2030 年京津冀的城镇化率为 82%。

5 京津冀城镇体系规划设想

5.1 城镇地域空间结构

5.1.1 京津冀城市群及其空间构造

京津冀城市群位于中国环渤海地区，其中由北京、天津、唐山组成的京津唐城镇密集区同辽中南城市群和山东半岛城市群构成了环渤海巨型区，该区是中国北方最重要的集政治、经济、文化、国际交往为一体和外向型、多功能的密集的城市带（顾朝林，2011a；图 5）。

5.1.2 京津冀城镇发展轴设想

通过对北京、天津和河北 11 个地级市空间规划拼接，得到京津冀地区城镇发展轴在空间上的大致布局。在承接已有规划的基础上，综合考虑京津冀空间资源分布、城镇交通联系、城镇现状发展水平和未来发展方向，以京津冀城镇一体化发展为核心，构建"两纵四横"的城镇空间发展轴。由北向南，依托京广铁路、京承铁路、京港澳高速和大广高速形成承德—北京—保定—石家庄—邢台—邯郸城镇发展轴，通过此发展轴将河北中心城市石家庄及首都圈后花园承德与北京串联，作为推动京津冀一体化的主要轴线；充分发挥滨海资源优势，以天津为中心，依托现状秦皇岛—唐山—天津—沧州之间铁路和高速公路形成沿海发展轴，并将交通向衡水延伸，使沿海经济能够辐射衡水。由东向西，以生态资源为基础，依托承秦高速和张承高速将秦皇岛、承德和张家口串联，形成京津北部生态保育轴，为京津冀可持续发展提供生态背景；依托京包铁路、京沪铁路、京藏高速和京津高速将张家口与北京、天津两大核心城市串联，作为"两纵"间联系主通道带动张家口经济发展，同时可将北京人口向怀来和涿鹿方向疏解；依托保沧高速形成保定——沧州城镇发展轴，向东对接沿海经济带，是"两纵"间联系次通道；以中心城市石家庄为冀南核心，依托石德铁路和石黄高速形成石家庄——衡水城镇发展轴，向东北与沧州对接，向东南与山东济南对接，是冀南东西城镇发展的主轴。

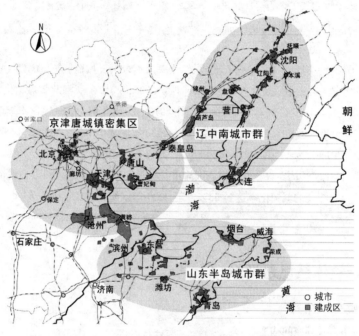

图5 环渤海巨型区空间构造

资料来源：顾朝林（2011a）。

5.1.3 城镇地域空间结构设想

从城市群发展的角度出发，考虑北京作为中国面向世界的门户城市地位，将京津冀城镇群发展定位为建设世界级城镇群。以北京和天津为核心，区别于长三角城市群和珠三角城市群的单核发展模式，推动京津冀城镇群向双核发展，强化合力作用，奠定世界级城镇群的发展基础。采取轴带拓展方式，将京津冀城镇串联：向北连接张家口和承德，促进张承地区发展，同时解决山区人口向山下转移的问题；向东连接海港城市，推动京津冀城镇向海发展，傍海发展，打造中国最具影响力的海港经济区；向南连接以石家庄为中心的冀南地区，壮大石家庄省会城市集聚能力，带动冀南地区与以唐山为中心的冀北地区两翼互动发展，形成京津核心的南北助力。最终，构建"双核、三轴、一区、一带"的京津冀城镇地域空间结构。

"双核"即北京和天津两大核心，是京津冀城镇群的发展核心力量，围绕京津两市建立不同空间距离的城镇圈层，推动京津核心区圈层式发展；"三轴"即承德—北京—涿州—保定—石家庄—邢台—邯郸南北城镇发展轴、天津—廊坊—北京—怀来—张家口东西城镇发展轴和沧州—衡水—石家庄东西城镇发展轴，是推动京津冀一体化发展的主要通道脊；"一区"即以张家口和承德为核心的冀北山区，同时涉及冀西山区，作为京津冀的生态保育区，是京津冀赖以发展的重要区域；"一带"即由秦皇岛、唐山、天津和沧州共同组成的沿海经济发展带，是引领京津冀经济实现飞跃发展的先导区。在京津冀城镇空间结构规划中，建议将涿州（涞源、涞水、易县、高碑店、定兴、容城和雄县划入涿州）和怀来（阳原、蔚县、涿鹿和赤城划入怀来）提升为地级市，作为北京产业和人口转移的重要承载区。

5.2　城镇空间功能定位

5.2.1　环首都绿色经济圈城镇职能结构

环首都绿色经济圈城镇职能分为区域中心城市、门户城市、地区中心城市、县（市）域中心城市、建制镇五级结构（图6）。

——区域中心城市。为保定、廊坊、张家口、承德四个城市。到2020年，保定、张家口、廊坊三市发展为100万人以上特大城市，承德发展为大城市。按照规模做大、实力做强、功能做优原则，增强辐射带动能力。

——地区中心城市。三河、霸州、定州、怀来、涿州五个城市作为大圈市域副中心城市，规模参考各市总体规划及河北省城镇体系规划，到2020年发展为中等城市。

——县（市）域中心城市。香河、大厂、固安、涞水、涿鹿、赤城、丰宁、滦平、承德（县）、兴隆、白沟11个内圈城镇及文安、大城、永清、围场、宽城、隆化、康保、尚义、沽源、怀安、万全、崇礼等大圈城镇。到2020年，香河发展成为中等城市，大厂、固安等内圈城市发展为10万～20万人小城市。大圈城市规模参考河北省城镇体系规划，到2020年发展为平均人口规模10万人小城镇。

5.2.2　外围圈层城镇职能结构

外围圈层城镇职能分为省域中心城市、区域中心城市、地区中心城市、县（市）域中心城市、重点镇五级结构。

——省域中心城市。为石家庄、唐山两个。到2020年，石家庄、唐山两市发展为300万人以上特大城市。

——区域中心城市。为沧州、衡水两个。到2020年，沧州市发展为100万人以上特大城市，衡水发展为65万人以上的大城市。

——地区中心城市。任丘、黄骅、迁安、辛集四个城市作为大圈市域副中心城市。到2020年，任丘、黄骅发展为50万人口以上的大城市，辛集和迁安发展为30万人口以上的中等城市。

——县（市）域中心城市。滦县、玉田县、滦南县、乐亭县、迁西县等共40个县（市）域中心城市。到2020年，滦县、玉田县、滦南县、乐亭县、迁西县、泊头市、河间市、藁城市、鹿泉市、新乐

图 6　2020 年京津冀城镇职能结构规划

市、晋州市、正定县、平山县、冀州市、深州市、武邑县发展为 20 万人口以上的中等城市，其他县市则发展为 10 万～20 万人小城市。

5.2.3　边缘圈层城镇职能结构

边缘圈层城镇职能分为区域中心城市、地区中心城市、县（市）域中心城市、重点镇四级结构。

——区域中心城市。为邯郸、秦皇岛、邢台三个城市。到 2020 年，邯郸市发展为 220 万人以上的特大城市，秦皇岛市发展为 130 万人以上特大城市，邢台市发展为 100 万人以上的大城市。

——地区中心城市。武安市、宁晋县两个城市作为市域副中心城市。到 2020 年，武安市、宁晋县发展为 30 万人口以上的中等城市。

——县（市）域中心城市。清河县、大名县、涉县、磁县、昌黎县等共 32 个县（市）域中心城市。到 2020 年，涉县、磁县、永年县、魏县、昌黎县发展为 20 万人口以上的中等城市，其他县市则发展为 10 万～20 万人小城市。

5.3　城镇等级规模结构

京津冀城镇规模分为特大城市、大城市、中等城市、小城市和建制镇五级（表 8、图 7）。

表 8　2020 年京津冀地区城镇规模结构

规模等级	城镇数量（个）	城镇名称	规划人口（万人）
500 万人以上的特大城市		北京中心城区（1 350）、天津中心城区（550）	
100 万～500 万人的大城市	19	昌平区（140）、通州区（100）、亦庄（100）、顺义区（100）、滨海新区（320）、东丽区（100）、津南区（100）、北辰区（100）、石家庄市（300）、唐山市（300）、邯郸市（220）、保定市（205）、秦皇岛市（135）、张家口市（110）、廊坊市（118）、邢台市（100）、沧州市（100）	4 548
50 万～100 万人的中等城市	12	房山区（80）、大兴区（80）、西青区（90）、武清区（80）、大港新城（80）、汉沽新城（80）、承德市（70）、衡水市（65）、三河市（含燕郊：62）、任丘市（55）、黄骅市（50）、涿州市（50）	842

续表

规模等级		城镇数量(个)	城镇名称	规划人口(万人)
10万～50万人的小城市	20万～50万人的城市	48	门头沟区（40）、怀柔区（40）、密云区（40）、平谷区（35）、延庆区（20）、宝坻区（40）、蓟县（35）、团泊镇（35）、静海县（30）、怀来县（30）、宁河县（25）、霸州市（含胜芳：44）、迁安市（40）、定州市（37）、辛集市（35）、武安市（30）、遵化市（27）、魏县（33）、涉县（25）、泊头市（30）、宁晋县（30）、滦县（28）、河间市（26）、永年县（25）、藁城市（24）、高碑店市（24）、鹿泉市（23）、冀州市（23）、磁县（22）、正定县（22）、深州市（22）、昌黎县（20）、平泉县（22）、武邑县（23）、安国市（20）、新乐市（20）、沙河市（20）、南宫市（18）、玉田县（20）、滦南县（20）、乐亭县（20）、固安县（20）、迁西县（20）、晋州市（20）、平山县（20）、香河县（20）、滦平县（20）、京津新城（周良庄镇：20）	1 285
	10万～20万人的城市	94	清河县（18）、张北县（18）、兴隆县（18）、涞源县（18）、肃宁县（18）、永清县（17）、故城县（19）、大名县（18）、徐水县（18）、阜城县（18）、安平县（18）、赵县（17）、枣强县（17）、肥乡县（16）、威县（16）、平乡县（16）、临漳县（16）、景县（16）、献县（16）、青县（15）、曲周县（15）、井陉县（15）等共计94个县城	1 119
10万人以下的小城镇		—	—	682

注：①括号内为规划人口规模；②依据城市发展现状，参照《北京城市总体规划（2004～2020）》、《天津市城市总体规划（2005～2020）》（2012年修改稿）、《河北省城镇体系规划（2006～2020）》（征求意见稿），结合未来城市发展趋势进行设计。

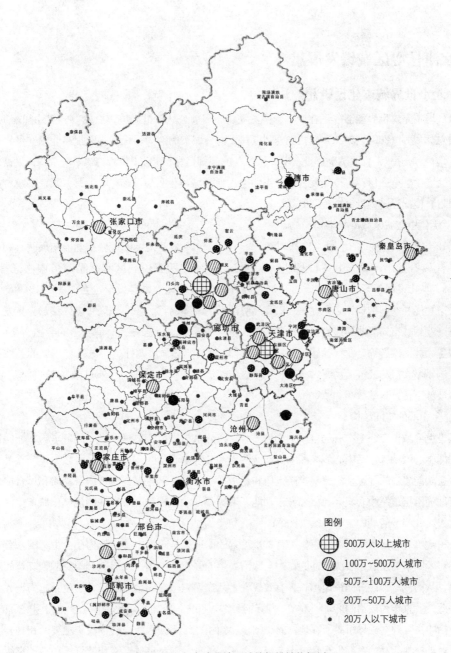

图 7　2020 年京津冀地区城镇规模结构规划

6　京津核心区城镇发展思考

6.1　北京世界城市建设设想

世界城市是对世界能够或正在产生影响的城市，目前公认的世界城市有伦敦、纽约和东京。《北京城市总体规划（2004～2020）》指出要"以建设世界城市为努力目标，不断提高北京在世界城市体系中的地位和作用"，首次明确建设"世界城市"的规划目标，并提出"到2050年左右，建设成为经济、社会、生态全面协调可持续发展的城市，进入世界城市行列"。2010年1月，北京市政府《政府工作报告》提出建设"世界城市"的目标。

6.1.1　优化中心城区城市职能

2012年年末，北京常住人口2 069.3万人，其中1 008.2万人集中在城市功能拓展区（朝阳、海淀、丰台和石景山，涵盖中关村科技园区核心区、奥林匹克中心区和北京商务中心区等），占48.72%；城市发展新区653.0万人，占31.56%；核心区和生态涵养发展区各占10.61%和9.11%。优化城市功能和空间结构，必须促进人口和经济活动的同步转移，中心城区可以转移部分批发、物流等传统产业到城市郊区或周边省区，注重发展知识型服务业，做强做大具有优势的金融、文化创意、商业服务、休闲旅游等产业（徐颖，2011）；优化城市功能必须协调好中心城区与市域的关系。需要严格控制新增人口和经济活动，并渐次将部分城市经济功能向中心城区之外的周边地区转移，为建设世界城市打下良好基础。

6.1.2　多中心的空间结构

建设世界城市应以多中心的空间结构为核心，在北京市域范围内建设多个服务全国、面向世界的城市职能中心区域，包括中心城区和郊区新城两大部分。中心城区作为政治、科教文化等首都职能和高端服务功能集中的地区，应严格控制人口和经济活动规模，重在提升城市服务品质和综合能力。郊区各新城为承担疏解中心城区人口和城市功能、聚集新产业，带动区域发展的规模化城市地区，将成为承载人口和经济活动的主要地区（图8）。

——政治金融商贸中心。北京作为首都最首要的职能就是政治中心。作为社会主义国家首都，政治中心对于国家的发展起着决定性的作用。政治力量的强大让中国可以有效调配资源，支持战略型产业发展，从而保证了经济的快速增长，有效战胜了几次席卷全球的金融危机，迅速崛起为世界经济大国。因此，北京作为政治中心的地位在今后的发展中将进一步加强。政治中心仍位于中心城核心区域，包括中央党政军领导机关所在地；邦交国家使馆所在地，国际组织驻华机构主要所在地，国家最高层次对外交往活动的主要发生地；国家经济决策、管理，国家市场准入和监管机构；国家级国有企业总部，国家主要金融、保险机构和相关社会团体等机构所在地。北京是实质上的国家金融管理中心，集聚了大批金融实体以及为金融业服务和配套的实体。北京的金融商务中心是国际高端服务业的集聚区，主要有金融服务、专业服务（咨询、会计、法律等）、会展与机构服务、研发与技术、教育培训、医疗保健、文化传媒（包括体育）等服务产业。北京金融商务中心将以现有 CBD 为基础向东拓展，作为建设国际金融中心、总部管理中心的重要支撑性区域。重点发展总部经济、国际金融、高端商务，借 CBD 东扩的契机，进一步发挥总部经济的带动作用，建设国际商贸中心城市。

——科技创新中心。北京西北方向的中关村地区将作为北京的第二大副中心，这里主要集中了全国领先的教育科研资源，是中国科技、智力、人才资源最密集的区域，也是国务院批准的第一个国家

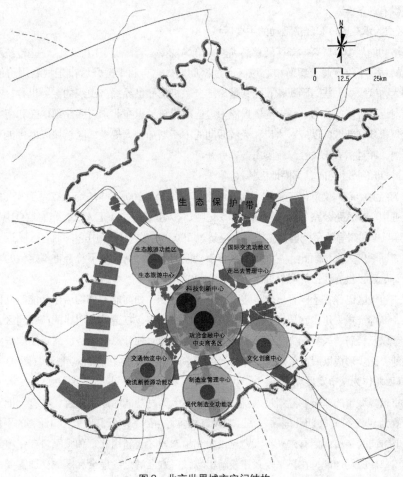

图8　北京世界城市空间结构

级高新技术园区，是中国打造全球科技和知识创新中心的龙头型区域，被称为中国的"硅谷"，也是产学研一体化建设的示范区域。利用教育科研资源优势，在中关村高科技园区核心区、海淀山后地区科技创新中心以及昌平高科技产业研发生产区形成中国的科技创新中心，在医药、软件、通信等领域尽快取得自主知识产权，参与全球科技竞争。

——生态旅游中心。北京西北方向的延庆、昌平地区，是未来北京重点发展的旅游服务中心。这里生态和文化旅游资源丰富多彩，生态旅游景观类型多样，空间上具有连续性，功能上具备了休闲、游憩、度假等功能，未来北京和张家口举办冬奥会，将在此区域结合军都山建设滑雪场地，为以后的城市旅游提供有利条件。

6.1.3　郊区成为承载人口和经济活动的主要区域

城市经济功能从中心城区向郊区转移必须遵循市场规律。有序促进中心城区一些传统服务业向周边郊区地区转移，不仅有利于缓解中心城区的过密问题，也有利于提升城市土地利用价值和综合效益。同时加大力度吸引一些跨国机构，尤其是跨国金融机构和世界经济组织的金融机构，实施走出去战略，增强对世界经济的参与、渗透与辐射能力。近期应该考虑在北京市西北部地区和南部地区建设形成两个大规模郊区新城，以应对人口和经济活动的不断增加。大规模郊区新城应尽可能和中心城区保持一定距离，并且需有永久性绿化隔离带等分开。

6.1.4　部分城市经济功能向首都圈地区转移

北京作为经济中心，仅重化工业就有1 000多万吨炼油、100万吨乙烯、170万辆汽车的生产能力；作为交通中心，铁路公路年货运量超过2.6亿吨、客运量超过14亿人次；作为教育中心，集中了170多家高等学校和高等教育机构，在校生规模超过100万；作为医疗中心，拥有医院近600家，年诊疗外地患者近1亿人次。因此，在强化北京首都功能的同时，把一些不符合首都定位的功能转移到首都圈地区，是建设世界城市的必然要求。

北京的周边地区已经在不同程度上承接了部分城市功能，如河北燕郊的居住功能。以保定、廊坊地区为重点，高标准规划建设宜居宜业的中心城市和中小城市，打造特色明显的产业园区，承接首都部分行政管理以及科研、教育、文化、卫生等公共服务功能，部分总部经济、高新技术研发和成果转化等经济功能，逐步形成以服务经济为主体、战略新兴产业快速发展的核心功能区（图9）。

6.1.5　选择西北作为城市发展新方向

随着北京世界城市的建设，高新技术科技创新中心中关村功能的逐步完善，将有大批人口向西北地区迁移，规划至2020年，西北地区昌平区的人口规模将达到140万，吸引人口迁移的不仅是高新技术产业向西北方向的拓展，更有未来将大力建设西北生态地区。利用北京和张家口合作申办冬奥会的契机，取消南部新机场选址，在怀来规划建设新机场，一方面满足冬奥会和区域交通需要，另一方面促进怀来+涿鹿地级市发展，加快建设北京高新技术产业制造基地和生态旅游度假基地。

6.2　天津北方枢纽港和制造中心城市建设

依托京津冀，服务环渤海，面向东北亚，实施"双城双港、相向拓展、一轴两带、南北生态"的总体战略（图 10）。

6.2.1 "双城双港"

"双城"是指中心城区和滨海新区核心区，是天津城市功能的核心载体。中心城区通过有机更新，优化空间结构，发展现代服务业，传承历史文脉，全面提升城市功能和品质。滨海新区核心区通过集聚先进生产要素，提升自主创新能力，加快发展现代服务业，构建高端化、高质化、高新化的产业结构，实现城市功能的提升，成为服务和带动区域发展的新的经济增长极。通过"双城"战略，加快滨海新区核心区建设与中心城区改造提升，二者分工协作、功能互补，实现市域空间组织主体由"主副中心"向"双中心"结构转换提升，构成双城发展的城市格局，促进北方经济中心建设。

——中心城区。中心城区是天津城市发展的主中心，为缓解中心城区城市功能过度集中，人口、交通和环境压力不断加大等问题，进一步提高城市综合服务功能，塑造现代化大都市形象，2020 年中

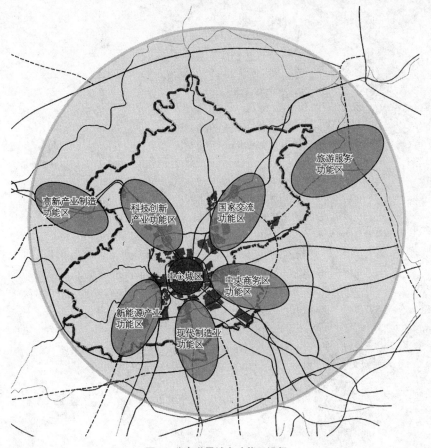

图 9　北京世界城市功能区设想

资料来源：顾朝林（2011a）。

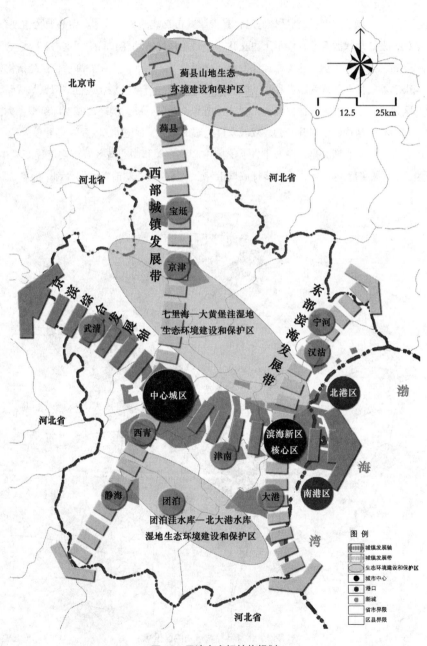

图 10 天津市空间结构规划

心城区人口控制在 470 万人以内，实施"一主两副、沿河拓展、功能提升"发展策略。① "一主两副"。"一主"指城市主中心，由小白楼地区（包括小白楼、解放北路、南站商务区以及滨江道、和平路商业区）、文化中心及周边地区组成，重点发展金融、商务办公、中高端商业和文化创意产业。"两副"指西站地区和天钢柳林地区两个综合性城市副中心。西站地区城市副中心由西站综合交通枢纽、西站中心商务区等组成。天钢柳林地区城市副中心由综合会展区、商业商务区等组成。通过"一主两副"，实现中心城区由单中心向多中心转变，完善综合服务功能，塑造更加科学合理的城市空间形态。② "沿河拓展"指实施沿海河拓展策略，进一步加强海河两岸综合开发改造，把海河两岸打造成特色鲜明、独具魅力的现代服务业集聚区。③ "功能提升"指通过合理控制中心城区规模，调整优化用地布局和产业结构，重点发展金融、商贸、文化、教育、科研、旅游等现代服务业，转移其他不相关的功能，实现中心城区功能全面提升。

——滨海新区。滨海新区核心区是天津城市发展的副中心，以科技研发转化为重点，大力发展高新技术产业和现代制造业，提升港口服务功能，积极发展商务、金融、物流、中介服务等现代服务业，完善城市的综合功能。规划 2020 年滨海新区常住人口规模为 300 万人，城镇人口规模为 290 万人，滨海新区城镇建设用地规模约 510km²。其中，滨海新区核心区规划面积 270km²。滨海新区实施"一核、九区、双港"发展策略。① "一核"是指滨海新区金融商务核心区，由于家堡金融商务区、响螺湾商务区、解放路及天碱商业区、蓝鲸岛及大沽炮台生态区等组成。重点发展金融服务、现代商务、高端商业，建设成为滨海新区的标志区和国际化门户枢纽。② "九区"指滨海新区中心商务区、临空产业区等九个功能区，通过产业布局调整、空间整合，打造航空航天、石油化工、装备制造、电子信息、生物制药、新能源新材料、轻工纺织、国防科技八大支柱产业，形成产业特色突出、要素高度集聚的功能区，成为高端化、高质化、高新化的产业发展载体，支撑新区发展，发挥对区域的产业引导、技术扩散、功能辐射作用。③ "双港"是指天津港的北港区和南港区，是城市发展的核心战略资源，是天津发展的独特优势。通过"双港"战略，加快南港区建设，扩大天津港口规模，培育壮大临港产业，调整优化铁路、公路集疏运体系，促进港城协调发展，更好地发挥欧亚大陆桥优势，进一步密切与"三北"腹地和中西亚地区的交通联系，加快建设成为我国北方国际航运中心和国际物流中心，增强港口对城市和区域的辐射带动功能。

6.2.2 "相向拓展"

"相向拓展"是指双城及双港相向发展，是城市发展的主导方向。中心城区沿海河向下游区域主动对接，为滨海新区提供智力支持和服务保障。滨海新区核心区沿海河向上游区域扩展，放大对中心城区的辐射带动效应，实现优势互补，联动发展。处于双城相向拓展方向的海河中游地带，是天津极具增长潜力的发展空间。通过重点开发，使之成为承接双城产业及功能外溢的重要载体，逐步发展成为天津市的行政文化中心和我国北方重要的国际交流中心。在海河中游地带规划生态廊道，避免城区连片发展，有利于形成良好的生态环境。同时，统筹推进双港开发建设，相向发展，实现双港分工协作，临港产业集聚，南北功能互补，做大做强天津的港口优势。通过双城及双港相向拓展，引导城市轴向组团式发展，在海河两岸集聚会展、教育、旅游、研发、商贸等现代服务业和高新技术产业。形成老区支持新区率先发展、新区带动老区加快发展，海河上、中、下游区域协调发展、良性互动、多极增长的新格局。

6.2.3 "一轴两带"

"一轴"是指京滨综合发展轴，依次连接武清区、中心城区、海河中游地区和滨海新区核心区，有效聚集先进生产要素，承载高端生产和服务职能，实现与北京的战略对接。依托"京滨综合发展轴"，加强与北京合作，形成高新技术产业密集带、京津冀地区一体化发展的产业群和产业链。

"两带"是指东部滨海发展带和西部城镇发展带。东部滨海发展带贯穿宁河、汉沽、滨海新区核心区和大港，向南辐射河北南部及山东半岛沿海地区，向北与曹妃甸和辽东半岛沿海地区呼应互动。西部城镇发展带贯穿蓟县、宝坻、中心城区、西青和静海，向北对接北京并向河北北部、内蒙古延伸，向西南辐射河北中南部，并向中西部地区拓展。

通过"一轴两带"，拓展城市发展空间，提升新城和城镇功能，统筹区域和城乡发展；进一步加强与北京的战略对接，扩大同城效应，与北京共建世界级城市；进一步加强与河北省的产业协作；强化天津服务带动作用，促进和扩大与环渤海地区、中西部地区的经济交流与合作，加快形成我国东中西互动、南北协调发展的区域发展格局。坚持开放带动战略，强化滨海新区改革示范效应，增强天津参与经济全球化和区域经济一体化的能力。

6.2.4 "南北生态"

"南生态"是指京滨综合发展轴以南的团泊洼水库—北大港水库湿地生态环境建设和保护区，以及正在规划建设的子牙循环经济产业园区等。

"北生态"是指京滨综合发展轴以北的蓟县山地生态环境建设和保护区、七里海—大黄堡洼湿地生态环境建设和保护区，以及中新天津生态城、北疆电场等循环经济产业示范区。

通过"南北生态"保护区的建设，构建天津城市生态屏障，融入京津冀地区整体生态格局，完善城市大生态体系。大力发展循环经济和清洁产业，建设循环经济产业链，促进资源集约利用和循环利用，增强天津的环境承载力，提高城市的可持续发展能力。建立资源节约型、环境友好型城市发展模式，实现建设生态城市的发展目标。

6.3 张承地区城镇布局规划

6.3.1 生态环境保护

张承地区与京津在生态环境上有着极其紧密的联系并处在京津冀重要生态保护建设区位置，距京津两大城市均不到100km，处于京津的上风上水区域，是京津的生态屏障，既是京津的城市供水水源地，也是"京津风沙源"的重点治理区。张承地区为规划中的西北部山区，主要为水资源涵养区、防风固沙区、山地土壤保持区、山体和森林生态系统、生物多样性保护区。张承地区属太行山地区、燕山地区、海河流域上游地，这里的环境保护和生态建设是影响整个京津冀地区环境可持续发展的关键点。但目前现状问题较多，包括山地生态系统退化、水资源过度开发、环境污染加剧、土壤侵蚀和水库泥沙淤积严重、水库周边地区面源污染问题突出、地质灾害敏感程度高等需要逐步改善和建设。

6.3.2 城镇空间重构

张承地区是京津周边地区乃至整个京津冀地区的生态保护基础和屏障，规划为"两带三心，多点多楔"的整体城镇布局。

——"两带"。北京市与张家口承德交界处打造一条景观缓冲绿化带，以主题公园、观光农业、生态湿地为主要景观节点，构建多条绿道连动地区绿色生态旅游，主要改善地区小气候，缓解地区性的空气污染，并在一定程度上控制中心城市向外蔓延，成为城市之间的缓冲带。在张承地区的北侧张承内蒙古边界构建一条面积更为广阔的生态防护绿化带，以森林公园、生态旅游、防护林地构造而成，其主要功能是成为张承地区重要的水源涵养地和生态保护核心地区，并且与内蒙古和山西的林地相串联形成一个大型的生态绿化带，改善张家口、承德、北京市的生态环境，为整个京津冀地区的环境护航。

——"三心"。规划对张家口地区进行划分重组，组建张家口和怀来两个中心圈层。怀来县距离北京120km，为环首都经济圈中重要的县城，根据怀来县优越的地理位置和良好的经济发展机会，规划怀来县升级为地级市，把整个张家口地区的人口、经济、文化、服务等资源聚焦在这两个中心地区，以组团的形式建立集约、高效、理性增长的核心区域，对张家口生态建设区域的居民进行生态移民，以政策补贴和解决就业的形式搬到中心圈层中去，进一步强化中心城市功能，缓解周边城镇对生态环境的压力。精简城镇化规模并在一定程度上限定张家口地区的人口增长，对整体区域的生态环境结构进行统一部署，把人力资源聚焦到中心圈里，促进产业转型，以绿色经济为主要发展方向。承德地区，以承德市、滦平县为中心圈层，兴隆县、承德县为附属镇，把部分老城区的居民搬迁到新城镇中，在新城镇开展绿色经济拉动就业，使老城镇能发散出其独有的历史韵味和旅游特色。承德地区依据其山地城市的特性，在今后的发展中主要发展旅游业、山区种植业、养殖农业、生态观光农业，使承德发挥出其山水园林城市的本质特色。

——"多楔"。在张家口、承德、怀来三个中心圈层的周围地区，采用绿楔的形式使绿色生态深入到城市内部中，形成绿色开敞空间，通过建立都市绿道、水系蓝廊、生态防护林来营造整体区域的生态结构，选择自然生态绿地、林地、水系为基础，规划利用都市生态农业与之相容，构造人与自然的交互空间。

——"多点"。在张承地区的北部，对生态建设核心区的居民采取生态移民政策，一部分可以选择迁移到中心圈层，另一部分则就近迁移到附近的县镇当中，建立多个特色镇点，其主要功能为旅游服务、特色产业、养老度假。依附于北部生态绿化带的旅游资源，挖掘当地的文化特色，将地方文化与自然生态相融合，促进旅游业的发展。把"点"建立成以生态旅游为基础的张承地区特色镇，特色镇的人民既可以"养绿护绿"，又可以受益于绿。

7　边缘城和特色自立新城规划

边缘城和特色自立新城建设由活力新城、生态文明新城和重点镇、特色镇组成。鉴于京津冀地区小县特征，采取"小县大城关"发展战略，鼓励人口向县城集聚。在产业基础好的地区谨慎布局新城、重点镇、特色镇，避免出现"鬼城"。

7.1　地区活力新城规划

活力新城是京津冀地区城市发展轴和发展带上的重要节点，是各区、县的政治、经济、文化中心或重要的功能区，也是带动区域发展的中等规模的城市地区。按照中等城市的标准进行建设，通过不断壮大经济实力，承担中心城区人口的疏解，承接产业转移，促进产业结构升级，形成多极增长的格局和各具特色的现代化新城。通过1990～2010年城市建设用地增长规模分析，北京的顺义、大兴以及亦庄、昌平、通州，天津的静海、武清、宝坻、蓟县，河北保定的安新县、容城县、徐水县、高碑店，石家庄的灵寿县、无极县，唐山的乐亭县、曹妃甸区、滦南县、丰南区，廊坊的香河县、永清县、文安县、固安县、大城县、三河市、霸州市，沧州的海兴县、孟村、吴桥县、黄骅市、东光县、盐山县等建设用地增长速度较快，这些县城、城市将作为未来的活力新城进行规划建设（表9、图11）。

表9　京津冀活力新城规划设想

区域	活力新城	2020年人口（万人）	主要职能
北京	顺义	100	重要的国际航空枢纽和生态保护、水资源区
	通州	100	北京以居住为主的综合服务新城
	大兴+亦庄	100	北京电子、汽车、医药、装备等高新技术与现代制造业基地
	昌平	140	北京重要的高新技术产业基地
天津	武清	80	津滨综合发展轴上的生态宜居新城，高新技术产业和总部经济基地，以物流、生态旅游为主的现代服务业聚集区
	宝坻	40	重要的文化休闲旅游、商贸物流基地，以新材料、环保产业为重点的高端制造业基地，生态宜居城区
	静海	30	天津南翼重要的装备制造业基地和服务基地，物流中心和生态宜居城区
	蓟县	35	天津市历史文化名城，京津塘生态绿心，中等规模现代化旅游城市

续表

区域	活力新城	2020 年人口（万人）	主要职能
保定	涿州＋高碑店	100	新设地级城市，高新技术产业和新能源制造基地
廊坊	三河	60	全球印刷技术创新中心和中英文出版基地
	燕郊	60	环北京以居住为主的综合服务新城
	香河	30	全球家具设计、制造、生产和物流基地
张家口	怀来＋涿鹿	50	环首都绿色经济圈高新技术产业中试和制造基地，怀涿商贸中心和旅游集散中心
承德	承德市区＋滦平	90	现代工业基地和物流基地，清洁能源产业区，首都圈东方文化影视基地、旅游服务基地与农产品供应基地

　　——北京活力新城规划。通过对北京地区 1990～2010 年城市建设用地增长规模分析，北京地区的顺义、大兴以及亦庄、昌平、通州等城区建设用地增长速度较快。同时西北部昌平地区生态环境较好，适宜居住，高端产业发展具有一定基础。顺义、大兴以及亦庄、昌平、通州作为北京大都市区外围的边缘城建设，远期形成巨型城市的独立新区和独立中心（图 12）。

　　——天津活力新城规划。通过对 1990～2010 年城市建设用地规模增长分析，天津西部对接廊坊地区的静海、武清发展速度最快，宝坻、蓟县发展也较快。天津重点发展静海、武清、宝坻、蓟县四个新城（图 13）。

　　——河北省环首都活力新城规划。环首都绿色经济圈内圈（主要指环北京河北省 13 县市）是北京世界城市功能的承载区、北京城市功能外溢圈、依托中心城市的快速发展区和重要的首都生态环境保育区，依据对接、融入、脱贫、增强、隔离的内圈整体发展目标，最大限度地布局新城发展，使内圈成为中心城区人口扩散、大圈人口内聚，经济和就业岗位迅速增长的地区。在这一圈层，规划建设各具特色、设施完善、生态良好、品位一流、服务首都的专业化生态卫星城，促进北京、天津城市空间结构优化和部分城市功能的疏解，实现首都圈功能重构。首先，在北京六环之外，整合廊坊北三县空间资源建设，共建跨京冀边界的"畿辅新区"（杨保军，2014），面积 2 000km² 左右，用以疏解北京主城区功能，将部分国家行政职能、企业总部、科研院所、高等院校、驻京机构等迁至"畿辅新区"，使之成为京津冀新的增长区（吴良镛，2014）。其次，依托涿州＋高碑店、怀来＋涿鹿，利用地方资源和产业、城市发展基础，构筑"反磁力"中心，通过行政区划措施，撤县设立涿州、怀来地级市，涿州＋高碑店共同打造文化创意和先进制造业基地，怀来＋涿鹿建成北京高新技术产品制造基地，分散北京主城区制造业发展压力。赤城、兴隆、丰宁充分利用优越的自然生态资源，构建首都的重要生态屏障，建成服务首都的高端休闲旅游基地、康体养老基地、绿色农副产品供应基地（图 14）。

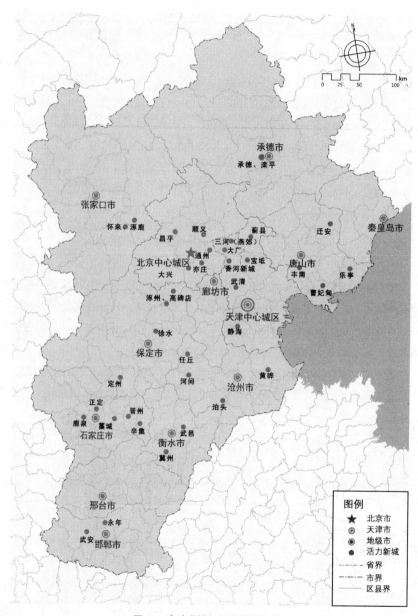

图 11　京津冀地区活力新城规划

图 12　北京活力新城规划

7.2　生态文明新城规划

在全国生态功能区划中，京津冀地区涵盖了河湖水系、生物多样性保护区、防风固沙区、水源涵养区、土壤保持区、洪水调蓄区以及城镇建设区等多种生态类型区。就京津冀地区的生态格局来看，可以明显划分为三个区，分别为西北山区、中部平原区和东部沿海区（图 15）。①西北山区。主要为水源涵养区、防风固沙区、山地土壤保持区、山体和森林生态系统、生物多样性保护区，目前主要面临的现状问题包括山地生态系统退化、水资源过度开发、环境污染加剧、土壤侵蚀和水库泥沙淤积严重、水库周边地区面源污染问题突出、地质灾害敏感程度高等。②中部平原区。主要为农产品提供功能区、水源涵养区、洪水调蓄区、防风固沙区，目前主要面临的现状问题包括夏季易发洪涝灾害、地下水超采严重、河流污染日益严重等。③东部沿海区。主要为京津冀大都市群人居保障功能区（部分）、生物多样性保护区，目前主要面临的现状问题包括人、地矛盾突出，工农业之间争地现象日趋明显，工业的发展对环境的污染越加严重，海水入侵，盐渍化土地面积不断扩大，海岸侵蚀日益强烈，海岸线不断后退等。

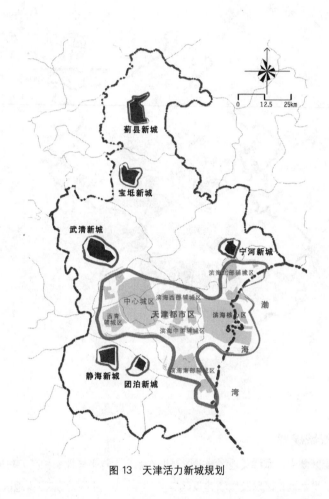

图 13　天津活力新城规划

　　由于北京快速的人口增长和迅速的城市化过程，城市环境污染改善步履维艰，水资源紧缺，水体污染、大气污染严重，水土流失、土地沙化现象普遍存在，植被退化、生物多样性丧失，城市固体废弃物处理能力和空间严重不足，能源利用结构不合理等问题突出。推进京津冀城镇群的全面协同发展，迫切需要确保城市运转的气候、生态、宜居环境等支撑条件，需要京津冀地区在森林生态、水资源等外溢性、公益性资源方面的共建共享。当前京津冀的生态环境现状已经成为制约首都圈现代化建

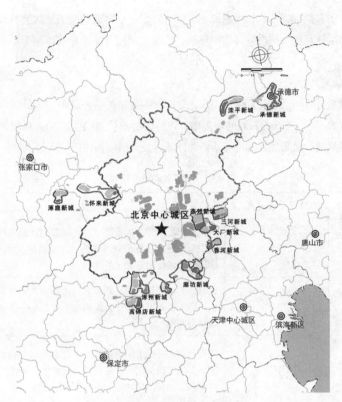

图 14　环首都活力新城规划

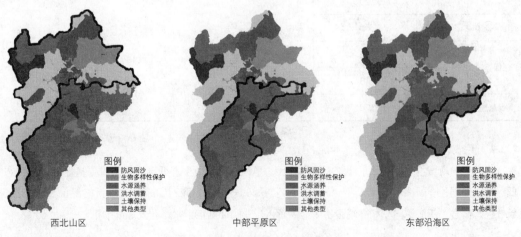

图 15　京津冀地区生态功能区划

设的障碍。生态文明包括生态涵养、生态产业、生态转型三个方面的内涵。从生态本底、生态资源和产业发展等方面对京津冀各大城市进行初步评估，选取九个生态涵养新城、四个生态产业新城、七个生态引导新城。

7.2.1 生态涵养新城

生态涵养新城主要分布于京津冀西北山区，是首都圈发展的生态屏障，也是展示首都圈绿色生态面貌的重要窗口（表10）。在该类新城的规划中，应：①提出严格的生态涵养规划要求；②制定生态补偿机制；③发展风能、太阳能、核电等新能源产业以及旅游度假休闲等环保产业。

表 10 京津冀生态涵养新城

地级市	新城	2020 年规模（万人）	具体内容
北京	延庆	20	北京西部发展带上的重要节点，重要的水源涵养地；首都国际交往中心的重要组成部分，联系西北地区的交通枢纽和重要门户，国际化旅游休闲区和服务基地
	密云	40	北京东部发展带上的重要节点，重要的水源保护地；首都国际交往中心的重要组成部分，首都生态科技示范基地，休闲旅游与会议培训基地
	门头沟	70	北京西部发展带上的重要节点，北京西部生态涵养区的重要组成部分，集传统文化和自然景观为一体的休闲旅游区域，面向中心城、辐射山区的区域服务中心和宜居山城
张家口	赤城	30	京津冀重要的生态涵养地，自然观光与休闲旅游区，生态科技示范区
	崇礼	20	
承德	丰宁	40	
保定	涞水	35	
	阜平	18	
石家庄	平山	20	

7.2.2 生态产业新城

生态产业新城主要分布于京津冀中部平原区，是首都圈发展生态低碳产业的重要基地，也是生态低碳产业发展的全国性示范区（表11）。在该类新城的规划中，应：①鼓励发展新能源、节能环保、新材料、信息、新能源汽车和高端装备制造等新兴产业；②制定新兴产业发展鼓励机制。

表 11　京津冀生态产业新城

地级市	新城	2020 年规模（万人）	具体内容
承德	兴隆县	32	生态旅游和水源涵养区
廊坊	永清县	45	清洁能源产业发展示范区
保定	徐水县	55	新型农业与循环经济产业发展示范区
	满城县	40	可再生新能源产业发展示范区

7.2.3　生态引导新城

生态引导新城主要分布于京津冀中部平原区和东部沿海区，是过去首都圈产业污染和碳排放的重灾区（表12）。未来定位为产业转型发展的全国性示范区。在该类新城的规划中，应：①加速传统产业的转型升级；②制定生态循环经济策略；③完善监管机制。

表 12　京津冀生态引导新城

新城	区位	2020 年规模（万人）	具体内容
天津	汉沽区	25	
唐山	南堡开发区	10	
石家庄	新乐市	17	
沧州	河间市	21	加快产业转移和升级，制定相应策略，加强监管力度，从而降低产业发展给城市环境带来的负面影响
衡水	安平县	35	
邢台	南和县	35	
邯郸	邯郸县	40	

7.3　重点和特色镇建设

小城镇建设是推动中国城镇化的重要力量，通过对发展基础良好，以及具有鲜明特色的小城镇进行重点建设，有助于促进农业现代化和产业化生产，推动广大农村地区人口就地城镇化。根据不同区位、交通和资源禀赋等条件，鼓励京津冀地区小城镇发展加工工业、交通运输、商品流通和社会化服务等，形成工业型、商贸型和旅游型等职能特色突出的重点和特色镇（表13）。

表 13 京津冀地区重点和特色镇布局

| 城市 | 重点和特色镇 | | | | | | | |
| | 工业型 | | 商贸型 | | 旅游型 | | | |
	数量	名称	数量	名称	数量	名称
北京	2	琉璃河、潞县	5	永宁、杨镇、长沟、庞各庄、采育	4	溪翁庄、小汤山、金海湖、斋堂
天津	4	崔黄口、王庆坨、林亭口、潘庄	1	唐官屯	1	下营
石家庄	4	贾庄、诸福屯、总十庄、铜冶			2	温塘、西柏坡
承德	1	四合永			1	巴克什营
张家口			1	左卫		
怀来	1	西合营				
秦皇岛	3	龙家店、留守营、石门				
唐山	3	黄各庄、窝洛沽、建昌营	1	鸦鸿桥		
廊坊	3	牛驼、左各庄、夏垫				
保定	3	留史、辛兴、李亲顾	1	庞口		
涿州	1	松林店	1	白沟		
沧州	3	交河、苟各庄、吕桥				
衡水	2	赵家圈、大营				
邢台	4	莲子、河古庙、段芦头、白塔	1	大陆村		
邯郸	3	和村、井店、磁山	1	马头		
合计	37		12		8	

资料来源：《北京城市总体规划（2004~2020）》《天津市城市总体规划（2005~2020）》和《河北省城镇体系规划（2013）》（征求意见稿）。

8 规划实施对策与措施

8.1 划定水源涵养区

水是生命之源，是一座城市、一定区域和一个国家可持续发展的前提。京津冀属于中国淡水资源较为紧缺的地区，要实现区域协调和可持续发展，建设世界级城镇群，水源涵养区的划定显得尤为重要。通过对首都圈（张家口、承德、保定和廊坊）水资源开采潜力、流域划分、流域内经济可行性和水质分析，选取承德境内小滦河流域、伊逊河流域、丰宁满族自治县境内滦河流域、潮白蓟运河流域和张家口境内潮白河流域作为首都圈水源涵养区。首都圈以外的京津冀地区，考虑天津、唐山和秦皇岛水源主要从滦河引入，增加滦河流域西北段为京津冀水源涵养区；冀南地区，选取水库上游的西部山区作为水源涵养区，保证冀南水资源供应。

8.2 建设静脉产业园区

静脉产业园区是以静脉产业为主导的生态工业园区，静脉产业是以保护环境和节约资源为目标的新兴产业发展模式。目前，京津冀正面临生态退化、环境污染的严峻挑战，产业亟待升级转型，因此建设静脉产业园将是京津冀产业发展的重要方向。规划北京、天津和河北省11个地级市结合现状工业园区建设静脉产业园区，方便企业间废弃物和副产品的交换，同时实现用地集约布局（图16）。

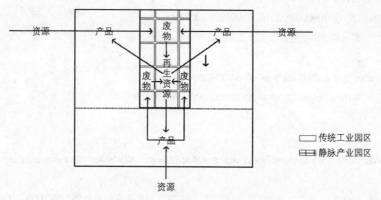

图 16 静脉产业园区与传统工业园区布局

8.3 建立生态补偿机制

争取国家在京津冀水源涵养区、风沙重点治理区、水土保持功能区及渤海湾近海岸生态保护区等区域开展生态补偿试点工作。建立"纵向＋横向"立体化生态补偿模式，通过中央对地方财政纵向转移支付开展生态补偿，受益地区对生态保护地区实施横向生态补偿，实现中央与地方、地方与地方之间的对接；设立生态补偿专项资金，用以弥补向京津输水、退耕还林、风沙源治理等生态建设和环境保护工程所带来的各项费用，重点对张家口和承德两地给予资金扶持，加大后续产业发展支持力度，促进张承地区生态培育和产业转型；搭建"政府＋企业＋市场"生态补偿交易平台，交易平台建设的优劣，直接影响着生态补偿资金的收支绩效，通过搭建市场交易平台，实现更高水平的生态服务供给；制定生态补偿法律法规，将生态补偿的基本框架（补偿主体、补偿对象、补偿途径、补偿范围、补偿内容、补偿标准、补偿管理）和配套措施等以法律形式确定下来，实现生态补偿制度的可持续性。

8.4　加强京津冀一体化规划

从城市群发展的角度考虑，京津冀地区城镇空间协调发展需要以区域一体化规划为指导。消除行政区划约束，将京津冀作为整体编制发展规划，提出京津冀城市群发展目标，确定各城镇发展规模和职能分工以及产业的空间布局，使城镇之间联动紧密、融为一体。通过一体化规划，明确京津冀发展方向和发展方式，最终将京津冀城市群打造成为中国最具影响力的核心城市群。

注释

① 中国发展研究基金会委托课题。

② 2013 年《北京市统计年鉴》。

③ http://www.agri.ac.cn/news/jjdt/2014210/n288894721.html。

④ 2012 年《天津市国民经济和社会发展统计公报》。

⑤ 天津市人口计生委。

⑥ http://www.hebei.gov.cn/hebGov/846924/847214/index.html。

⑦ http://he.ce.cn/2012sy/hbyw1/201304/29/t20130429_878907.shtml。

参考文献

[1] Rockefeller Foundation 2008. Lessons From Fukushima. http://www.100resilientcities.org/blog/entry/lessons-from-fukushima.

[2] 北京市统计局、国家统计局北京调查总队："北京常住人口 2 114.8 万增速放缓"，2014 年，http://www.chinanews.com/sh/2014/01-23/5772142.shtml。

[3] 顾朝林：《北京首都圈发展规划研究：建设世界城市的新视角》，科学出版社，2011a 年。

[4] 顾朝林："转型发展与未来城市的思考"，《城市规划》，2011b 年第 11 期。

[5] 顾朝林、赵民、张京祥主编：《省域城镇化战略规划研究》，东南大学出版社，2012 年。

[6] 河北省城乡规划设计研究院：《河北省城镇体系规划（征求意见稿）》，2013 年，http://tieba.baidu.com/p/2010488434。

[7] 河北省住房和城乡建设厅：《京津冀城镇群区域规划要点（河北建议）》，2014 年，http：//tieba. baidu. com/ p/2987035606。

[8] 兰亚红、王玉光、陈星月："北京时隔十年重修规划：求解'大城市病'"，财经国家新闻网，2014 年 1 月 21 日，http://news. xinhuanet. com/fortune/2014-01/20/c _ 126032886. htm。

[9] 天津市人民政府：《天津总体规划文本（2005～2020）》，2005 年，http：//wenku. baidu. com/link? url = RVF-TUgfqtoETx6bRAcTNXwU4ebDimK5UptEoMY2 _ kODMHCyZlcYkzO620qEo8RZYlmPzlw1hSeBiU6ezy26Mfb24eKlqX4 UiwK6s-uBiK _ 。

[10] 天津市人民政府：《天津市空间发展战略规划》，2011 年，http：//www. 022net. com/2011/5-5/517135152640585. html。

[11] 王飞："北京城市总体规划修改将'做减法'"，《参考消息（北京参考）》，2014 年 1 月 21 日。

[12] 吴良镛：《京津冀地区城乡空间发展规划研究》，清华大学出版社，2014 年。

[13] 徐颖："北京建设世界城市战略定位与发展模式研究"，《城市与区域经济》，2011 年第 3 期。

[14] 杨保军："借助北京南城兴建新机场设立'大北京特区'设想"，载王玉光、陈星月："大北京首倡者吴良镛的 吴氏蓝图：建四网三区世界城"，《财经国家周刊》，2014 年 1 月 20 日，http://finance. sina. com. cn/china/ dfjj/20140120/172018016621. shtml。

[15] 中国城市规划设计研究院、天津市城市规划设计研究院：《天津市城市总体规划修改》，2012 年，http：// www. cnki. com. cn/Article/CJFDTotal-CSGT201103011. htm。

[16] 朱正举："京津冀协调发展问题的重要性和严峻性"，载王玉光、陈星月："大北京首倡者吴良镛的吴氏蓝图： 建四网三区世界城"，《财经国家周刊》，2014 年 1 月 20 日，http://finance. sina. com. cn/china/dfjj/20140120/ 172018016621. shtml。

Editor's Comments

Gerhard O. Braun, Professor of Free University of Berlin. Born in 1944, he studied Geography, Mathematics, and Psychology at the University of Würzburg and graduated 1969 with the State Examination (M. Sc.). In the same year he finished his Ph. D. thesis. After 5 years as Assistant Professor, in 1974 Gerhard Braun was hired as Professor for Urban Studies, Geographic Information Science and Statistics by University of Würzburg in 1974 and Free University of Berlin in 1975. In 2009 he founded the Institute for International Urban Studies at the International Academy Berlin. For some 20 years he also was invited as guest professor at Wilfrid Laurier University Waterloo, Canada.

In the years between 1999 and 2003 Braun was elected as Vice President of the Free University of Berlin, between 2001 and 2008 as President of the International Geographical Union-Commission "Monitoring Cities of Tomorrow". He also served as Dean of the faculty and as Vice Chairman of the Department for many years. Braun still serves as editor and co-editor for many national and international journals and as peer reviewer for international research foundations/associations; he initiated the International Research Master in Metropolitan Studies and became a board member for two graduate schools within the German Excellence Competition.

His research areas concentrate on inter- and intra-urban systems studies with the main subfields of social segregation, migration, housing-and employment studies, urban economics, planning, governance, modeling, scenario analyses, theory building at all spatial and contextual scales based on sustainable concepts (making cities, urban regions and economies ready as livable spatial units and allowing change). Most of the researches were funded by national and international research foundations. Braun's recent research concentrated on planning concepts such as smart growth, transportation and sustainable urban development, and new spatial pattern as the results of global economic restructuring.

编者按　格哈德·欧·布劳恩出生于 1944 年，曾于维尔茨堡大学学习地理学、数学及心理学，于 1969 年获得理学硕士学位，同年完成博士学位论文。随后的五年中担任助理教授，于 1974 年受聘于维尔茨堡大学，于 1975 年受聘于柏林自由大学，成为城市研究、地理信息科学及统计学教授，并于 2009 年创立国际城市研究所。格哈德·欧·布劳恩还担任加拿大滑铁卢劳里埃大学客座教授约 20 年时间。1999～2003 年，格哈德·欧·布劳恩当选柏林自由大学副校长，并一直担任副院长及系主任的职务。2001～2008 年，格哈德·欧·布劳恩担任国际地理联合会城市地理委员会主席，同时还是许多国际刊物的主编或联合主编及许多国际研究基金会/协会的审稿人。此外，他首倡了国际大都市研究硕士学位，并在德国杰出竞赛中成为两个研究生院的董事会成员。格哈德·欧·布劳恩主要从事城市体系和城市内部系统研究，尤其注重社会隔离、移民、住房和就业、城市经济、城市规划、城市治理、建模和情景分析，以及基于可持续理论的全空间环境尺度的理论构建。格哈德·欧·布劳恩近年来关注规划概念的研究，例如精明增长、交通便利且可持续的城市发展及全球经济重构背景下出现的新的空间模式。

重建丝绸之路经济带的几个理论问题^①

格哈德·欧·布劳恩

李彤玥 译，顾朝林 校

Conditions, Requirements, and Concepts of Region and Network Building with Application to Silk Road Economic Zone

Gerhard O. BRAUN
(Institute for International Urban Research International Academy, Free University of Berlin, Germany)
Translated by LI Tongyue, proofread by GU Chaolin
(School of Architecture, Tsinghua University, Beijing 100084, China)

Abstract The article is to discuss the conditions, requirements, and concepts of region and network building that are applied to re-establishing the Silk Road Economic Zone. Firstly, the regions should be developed as functional and socio-economic spatial units with flexible and open borders. Then the article proposes a scenario based on the analysis of Laudicina and emphasizes the importance of high intraregional multiplying effects and the network with interregional markets. Secondly, the regional system should be studied at the three spatial and structural scales (macro, meso, and micro). The design of networks, markets, and hierarchies is useful for the regions to become competitive and cooperative. At the same time, effective and advisable management is crucial to realize the balanced development of three "E"s. Thirdly, the mechanisms of intraregional growth and development and the mecha-

作者简介
格哈德·欧·布劳恩，德国柏林自由大学。
李彤玥、顾朝林，清华大学建筑学院。

摘　要　本文主要探讨了丝绸之路经济带区域网络构建的条件、需求及概念。文章提出：首先应将区域视为灵活的、具有开放边界的功能性社会经济空间单元，并基于劳迪奇纳的五维度进行情境设想，强调这个集群内部的倍增效应及其与区际市场关联的重要性，其次应在宏观、中观、微观三个尺度上考察区域空间结构，网络、市场和层级结构的设计对于竞争合作的成功至关重要，同时也建议施加有效而明智的管理以实现三个"E"的均衡发展，并提出理想的均衡结构状态，再次，从区内机制和区际机制两组概念出发，分析内生发展和空间结构倍增概念的内容；最后，提出重建丝绸之路经济带应当同时在自上而下和自下而上发展的过程中促进创新、决策及合作，并基于以上给出丝绸之路经济带的空间及区域网络集群示意。

关键词　区域网络；丝绸之路经济带；创新；市场；均衡；可持续

　　2013 年 9 月，中国国家主席习近平在对哈萨克斯坦进行国事访问期间提出了重建丝绸之路经济带的构想，这一功能性网络曾历代连接着中国与地中海地区之间的贸易商、朝圣者、士兵、游牧民族及居民。近年来，随着丝绸之路（欧亚大陆桥）和一些其他货运途径穿越欧亚大陆，一些新的具有重要经济潜力的举措已经开始显现。丝绸之路在历史上充当着发展引擎，其名称源自贵重而负有盛名的产品。不仅如此，由于它起到重要的亚欧连接作用，使得有利可图的交换成为可能，这在文化和政治上至关重要。这种连接促进了产品、生产和生产力、交通及其他技术、安全与哲学、宗教等领域的创新，以及不同文明之间经济、文化

nisms of interregional network building should be combined to understand what the capacities of region building are with the analysis on endogenous development and multiplying effects. Finally, the idea of re-establishing the functions of Silk Road should be seen as a process to be developed from both top down and bottom up to promote innovation, decision-making, and cooperation, and a spatial constellation of region and network building should be established based on the concepts as discussed above.

Keywords　regional networks; Silk Road Economic Zone; innovation; market; balance; sustainable

和政治互动。总之，丝绸之路代表着大规模、跨境、多边的国际性交流、沟通、合作和多边协议实施，这些都将使得重建丝绸之路的构想成为一个新的开放概念，并具有可持续发展的深远意义和积极前景。这里提到的创新，意味着逾越任何形式的边界来发现新的思考方式。为实现上述目标，下文提出一些发展概念和实施途径。

1　区域要素与空间构建

1.1　区域发展要素

基于经济发展国际化，劳迪奇纳（Laudicina）提出对于经济带发展最有影响力的五个要素，包括：①全球化市场；②人口变化；③消费行为的变化；④自然资源的潜力；⑤管理及行动的变化。这五个维度相互依存、相互关联（图1），但它们并不会自发地相互强化，也不会起相同的作用，最终形成一个兼具开放边界与不确定机遇的未来世界图景。

相比于19世纪工业革命对全球化产生的影响，今天的技术创新具有更强大的经济力量。时空压缩使得忽略空间距离成为可能，同时促进了及时物流网络的形成。社会人口结构日益深刻地改变着生活条件及消费者的行为偏好，并使得市场由供应导向转变为需求导向，从而使得全球产品的价格结构日趋均衡。同时，创新还能促进环境及资源的有效利用。这些影响因素相互依存发挥作用，只要地方和国家政府不予以干涉，它们将持续促进创新的扩散。强有力的监管和过度放松管制，都会防止国内和国际差距的锐减，这些差距一般体现在政治、经济、社会、文化和道德的边缘地区。在不同情境中，这五个因素创造着机会、缺陷及风险，它们将在国际化的进程中表现出相同的控制力。这意味着全球一体化的优势和益处取决于全球化主要的参与者和受益者如何与政府合作，而政府在这一过程中的主要任务是为这些过程提供可靠保障。

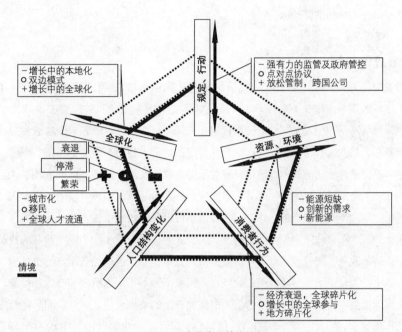

图 1　五个维度及情境设想

资料来源：劳迪奇纳（Laudicina, 2005）。

1.2　区域及其构建

区域是经济发展的空间单元，大于城市，小于陆地板块。根据定义及其法律意义，区域并不需要与行政单元的边界保持一致，也不需要完全覆盖一个国家或者其中一部分。区域作为功能性单元，具有连接、构建网络、平衡地区的能力，同时无论政府是否发挥作用，区域中都能共享经济、社会、环境等方面的共同利益。区域也是建立在相互依存的交换及社会化、联盟化、归类化过程基础上的空间单元，其内部关联性强于外部。区域需足够大以促进内生性的积累和循环过程，来保证与其他区域竞争和合作的实力，以谋求进一步的发展。同时，区域需要足够小以便于识别，从而创造多方面深入信任与交流的可能。区域的数量与质量规模关系到个体间灵活多样的协同与合作，而这些活动往往能够与机构及行政辖区造成的壁垒相抗衡。由此，可以将区域视为灵活的、具有开放边界的功能性社会经济空间单元。协调活动的方式即为区域治理，来促进区域内创新、区内交流、跨区交流、内部倍增效应等动态过程，使区域更好地参与到同其他区域的竞争中。

构建这样一个动态发展区域，其动机主要来自所有的参与者，包括个人、团体、组织和机构，同时这些参与者的创造力受到其所处的特定区域环境的深刻影响。国家和政府在此过程中起着类似于孵化器的作用，为促进、支持和鼓励区际竞争合作铺平道路。据此，区域既是文化交流的最佳介质，也将为丝绸之路经济带的构想提供载体。

1.3 区域形成的机制

在这一情境中，主要参与者是国家，它们拥有强大的国内市场，同时与外部市场建立了大量可用的、稳健的、紧密的联系。在以上条件下，政策最好不要直接为企业利益提供支持并急于开拓新市场，而应当确保市场网络的稳定，同时通过监管制衡来保障社会融合。领先的国家通过提高生活水平开放其边界及利润，其内部日益增长的对高端产品及服务的需求将会打开新的市场。同时，减少贸易和投资的壁垒可以促进商业活动的增加，这将有益于提高发达及欠发达经济体的人均收入。越复杂的物流和生产网络将会带来越出色的区位优势。事实上，在发达经济体中，人口老龄化和人口萎缩的问题使得打开移民劳动力市场成为当务之急，这一举措也可以降低较低端收入领域的薪酬压力。如今对国际化人才的竞争成为国家政策中相当重要的方面。开放的边界有助于社会中产阶层的成长、新市场的开拓及基础设施的改善。随着全球市场中日益激烈的竞争，公司被迫加强生产的责任感，并提高工作环境标准。以上行为日益受到非政府组织的监督，国家干预不再那么重要和有效。但是，人口和消费行为的变化要求提高税收，为老龄化及劳动人群提供充足的基础设施。另外，国际化会导致出现多样的、复杂的市场结构，以及持续不断的自由化倾向，同时国际化也对于其中新的复杂关系无能为力。这就使得加强监管和国有化的呼声日渐高涨。

这个情境为新丝绸之路经济带构想框架提供了一个未来发展的路径。政府和国民经济体应当有所控制地在监管与自由化、地方化与全球化、城市化与移民、分裂与融合、资源的短缺及可获得之间做出决策。当然，这条路径还会受到全球战略决策的影响。

1.4 区域内部结构的形成

目前灵活分割的生产支配着一般的市场，其生产链往往被分成足够小的生产单元，不同的生产单元有相应的市场需求，但不一定生产最终产品。高附加值的链条集中在全球范围内的少数地区，而低附加值的链条由于依赖短期、廉价的生产要素，从而在全球范围内扩散。这种分裂使得强有力的生产链条变得不稳定，并导致了更小规模的系列化生产，同时也导致了生产率与大规模收入的脱钩。这种发展使得增长和减退在部门和区域的层面上都具有很强的选择性。由此，空间模式也由连续变得离散。选择性的增长将导致差别不仅出现在增长和松动的区域之间，还将出现在具有不同增长水平的区域之间。从前的公司内部生产在全球范围内被分割和传播，它们的总部、研发及工程部门集中于全球竞争中的战略性位置。总部区位的选择只倾向于有强有力的专业化服务支撑的地方，研发和工程部门则更愿意选择容纳了强大创意环境、创新研究集群、领先高校及高科技制造业的区域。这些支撑性的区位因素导致了空间集聚，也催生出区域性高附加值生产链条。同时低附加值链条开始分散，其相关市场也与产品设计市场相互分离。这些分散的、空间上没有界限的链条的形成，很大程度上取决于重组或对冲基金、私人股本公司进行干涉时发生的外包或收买行为。总的来说，生产链条作用的发挥，并不依赖于处于不同位置的独立链条，而依赖于它们之间的关联网络，依赖于出自少数领导中心的决策，也依赖于存在于某处的市场。实现新丝绸之路构想的关键在于将其视为一个集群，这个集群具有很高的区内倍增效应，并且与区际潜力市场密切关联。

2　区域网络构建及其可持续发展

2.1　区域空间结构与层次

　　要了解复杂交互的区域系统，必须在至少三种相互关联的空间尺度下进行分析（图2）。在宏观层面，不同领域之间及内部存在交互作用；在中观层面，通过分析企业由产品导向转变为金钱导向的重建过程，研究不同参与者或不同组织形式的企业之间的竞争和合作；在微观层面，研究来源于人群相互关联的差异性个体的关联，这些关联与个体多样的日常生活息息相关。

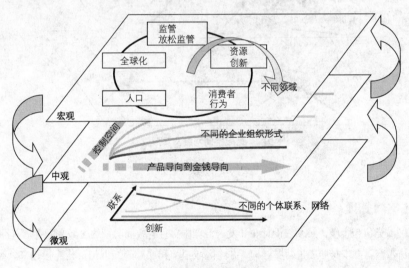

图2　区域空间结构与层次

2.2　区域空间网络及其形成

　　以前，参与者们仅依赖于地方的环境，他们的生活仅与地方的决策和运作相协调（图3）。而现在，这种依赖在区域及全球的尺度上被弥补或者取代。参与者的行为涉及不同的空间尺度，没有必要仅与单一尺度相符。换言之，社会关系缔结于不同尺度，尤其是微观尺度上，这一尺度上的社会关系可以较微弱，而且相对于空间结构问题而言并不那么重要，同时伴随着时间不断变化。一般情况下，地方参与者由于分散化的特征而不适应创新，除非他们拥有能够自行处置的、健全的人员、机构及技术设施，这是一种理想状况。区域网络参与者的活动紧密地相互关联着，他们越成功，其根植于当地的分散化特征就越不明显。其中只有少数能够成为全球参与者，而全球参与者的成功不仅取决于其全球联系和参与全球决策的能力，还取决于他们在区域和地方层次上获取了专业化服务的支撑。

总之，在区域构建过程中，网络、市场和层级结构的设计对于竞争合作的成功至关重要。

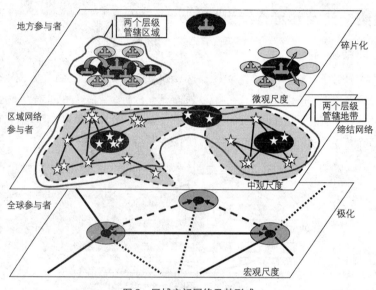

图3　区域空间网络及其形成

2.3　区域空间管理

要实现区域竞争与合作，必须在设计、开发、治理中实行有效而明智的区域空间管理（图4）。在新丝绸之路经济带，管理本身形成了两层机构，并将区域顶部和底部的知识与责任连接起来。经济带内具有不同潜质的区域，基于信任、合作和相同的兴趣，被连接于层级网络和市场结构中。同时，区域合作提供了一个工作框架，使得政府和机构在自上而下和自下而上的相互依存关系中，施加监督、支持、引导、控制及使其合法化等干预措施。各国政府充当孵化器，提供跨境合作的条件及详细的战略规划，同时区域方面必须制定一个综合的行动计划，为启动创新提供环境。只有当管理体系由纯粹的资源导向转变为强有力的市场导向时，有效的创新区域才得以建立。这个结构将导致网络由被动变得具有创造性，并走出一条跟随全球进行相应调整以谋求长远发展的路径。成功的战略和行动计划取决于综合系统的可持续机制，包括实现三个"E"（economy，经济；social equity，社会公平；ecology，生态）的均衡发展。因为创新的适应过程无论是在结构上还是在区域上，都取决于区域的可持续性及整体发展。

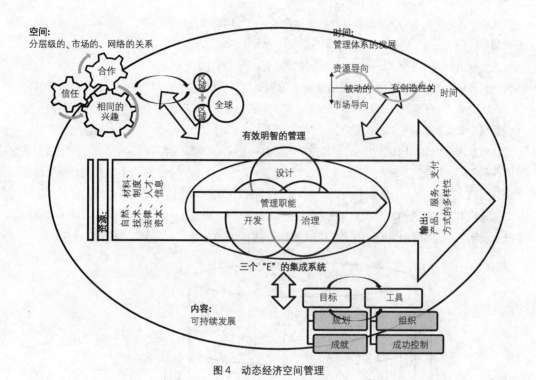

空间：
分层级的、市场的、网络的关系

时间：
管理体系的发展

合作

信任

相同的兴趣

区域 + 区域

全球

资源导向

被动的 ← 有创造性的

市场导向

时间

有效明智的管理

资源：

自然、技术、法律、资本

材料、制度、人才、信息

设计

管理职能

开发　治理

输出：产品、服务、支付

方式的多样性

三个"E"的集成系统

内容：
可持续发展

目标　工具

规划　组织

成就　成功控制

图 4　动态经济空间管理

2.4　空间发展的可持续性

实现可持续发展最基本的问题仍然是经济、社会公平和生态这三个维度如何排列才能确保均衡的增长，同时在任意空间尺度上且对于所有人而言，都能满足其对于公平、自由和正义的基本要求。毋庸置疑，只有在理想状况下，所有三个"E"才能同时以高水准获得平衡的整合性发展刺激投入，也就是在任何空间尺度上，三个"E"中的任何一个都不应该决定其他二者，如果发生了相互决定，彼此间就应当获得空间上的补偿。然而"同时"在具体的情况中不太可能实现。现实表明，当一个"E"被加强时，另外两个"E"自身将被禁锢，并开始跟随第一个"E"。这种情况会在社会价值体系受限或一维优化的情况下发生，同时会引导副作用外化作用于其他"E"，而非将全部的成本计算在单一的"E"内。

尽管城市作为城市化的"最终产品"，能够在一定阈值水平下高效利用资源，同时也是一种特殊的可持续使用空间的形式，但是城市化本身仍加速了上述不均衡现象。如今，我们已经意识到无论是在不同层次中，还是在区域内和区域间的关系中，短期利润评估等破坏和妨碍可持续进程的因素都在增加，三个"E"远未达到均衡。不可以贸然承担失去未来潜力或者在竞争愈加激烈的市场中发挥作用的风险，无论涉及可持续发展、社会价值体系的变化、网络构成的新形势，还是必须发展的相应补偿机制。

在实际情况下，三个"E"定义的可持续性并不是相互独立的。优化一个"E"时，主要负面影响的外包、外化、位移或者扩散可能导致短期内的增长优势，但这却将以牺牲长期全面均衡发展为代价。相比之下，由于系统本身具有基于三个"E"而存在的相互依存的约束关系，很多短期内可能发生的积极影响后来将转化为消极影响。

区域发展的均衡结构如图5。在这样一个区域内和区域间的双层架构体系中，三个"E"遵循着它们自身的逻辑（正如三个较小的圆柱所示），它们存在于各自与其他两个"E"构成的更高层级的逻辑范围内（较大的圆柱）。仅仅通过经济或社会或生态的最优化来实现提升是非常困难甚至根本不可能的。如果没有某一时刻的均衡水平（代表特定结构的阈值），更长远的增长与发展将会由于自身的不均衡而受阻。这些要素经常会导致区域中很多地方在内化成本的范式下产生不可持续的状况。

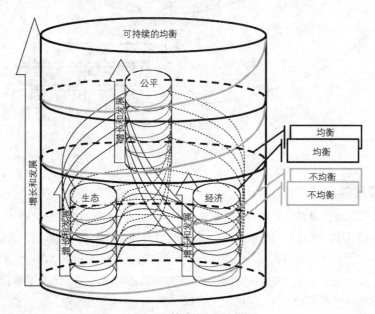

图5　可持续的均衡结构

然而，无论在高层次和低层次还是在不同尺度上，建立起合理精明的增长及同时均衡发展的复杂过程，都并非易事。均衡发展应当建立在综合的价格体系变动以及对三"E"之间关系的深入理解基础之上。此外，还需要对自上而下的治理及对于自下而上措施的充分理解。

3　区域网络构建类型

可以结合以下两种类型的概念来理解如何构建区域：第一类概念关注区域内增长和发展机制；第二类概念关注区际网络构建的机制。

3.1　区域内的增长和发展

区域内的这组概念之间的差异仅仅在于名称不同，它们都关注类似的机制。如佛罗里达、哈森克、马姆伯格等人称之为"学习区域"，欧洲创新研究小组（GREMI）称之为"创新/创意区域"，加拿大安大略省移民服务机构（OCASI）称之为"积极空间"。他们的共同背景是具备关于正式及非正式网络中参与者的多元的知识体系。在"学习区域"的概念中，参与者基于特定的科学基础，并具有不同的创新潜力及人类的潜能。所谓的制度厚度及组织学习过程的意愿将促进创新、知识水平的提升及区域的发展。然而，正如生产力悖论所述，投资知识及研究并不能够直接促进生产力的提高，而较高的生产力往往源于不断提升的毕业生申请者的资质。创意、创新及积极空间都将有益于促进知识密集型的发展，这就为区域的构建提供了条件。根据区域悖论，由于高投资压力的调整，针对较薄弱区域的投资成为首选，同时这些薄弱区域比强势发展区域具有更强的发展预期。而薄弱区域由于阻力变化、财富的资本化及功能的专业化等问题，往往更容易失去动力。作为产业区概念的一部分，特定的"积极空间"是加速区域内增长与发展的重要引擎，其内容包括：①信任、可靠性、社会网络；②高水平的调整能力、灵活性、范围经济；③网络化的分支及资质；④生产链和价值链中小规模经营合作网络的集合；⑤与更高层级经济网络的关联。以上所有要素将强化区域经济环境的稳定性，同时使得该区域在区际经济中扮演重要的角色。在新丝绸之路的项目中，必须提前构建制度厚度以激发参与者的潜力。类似地，欧洲创新研究小组关注于区域特征中共同的准则及价值观、网络化的活动、隐形的知识交换、低交易成本、集体性学习等内容，它们将使区域更加强大而具有竞争力。总的来说，这些概念都表明了社会知识转换的优势，它将激活、授予并定位一个区域产生新的行动并形成新的行动范围。在新丝绸之路的项目中，重建的构想意味着使这一区域获得更进一步的长远发展。首先，物流将成为结构性的刺激因素，同时也将起到物理性的骨干性架构作用，它可以创造增长，但是这种增长不一定是发展。这就意味着该区域将通过不断的前后关联的内生性循环，大大提升其经济结构的丰富程度和多样性。此外，考虑到当下经济集群的结构、碎片化特征及前文中给出的边界开放的情境设想，无论是少量的关键性参与者还是整个参与者群体，都需要为适应不断增加的需求做出积极的准备。

3.2　区际网络的增长和发展

由此便可直接引出第二类，即区际概念组。克鲁格曼的对外贸易理论属于该组概念的范畴，类似于内生性发展及倍增的概念。克鲁格曼的区域内动态模型是由创造了规模效应、软性区位要素的积累和扩散的集中化和专业化进程驱动的，同时作为内部循环累积效应中依存关系的一部分。区域内部动态加速来源于外部效应及不完全市场，它们导致了持续增加的规模效应、生产要素的流动，同时外化并减少了运输成本。内生发展的概念与克鲁格曼的对外贸易理论并不矛盾，仅仅是其中非常具体的一个方面。同时，要成为区际经济中的参与者，就必须关注其他人已经及正在做些什么。此外，其他区域不具备的区内创新潜力应当成为各类产业的关键性发展引擎。区内与区际潜力的差异将会强化倍增效应，同时将拥有各自区域以外的市场。这样的区域集成在更大规模的生产链上，以促进自身创造力的发展，同时降低竞争劣势，使得市场需求达到最优。外部关系专业化的同时，内部结构将随着高流通性的内生潜力而提升，变得更加复杂。这些潜力可能成为硬性区位要素，更有可能是软性区位要素（图6）。

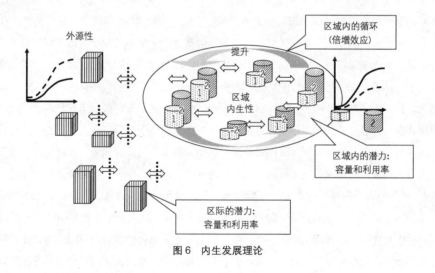

图6　内生发展理论

3.3　区际网络的倍增

空间和结构倍增理论也与此类似，因为它概念化了用于分别满足区域性需求和外部需求的供给在流通性上的差异。倍增系数K越大，意味着出口值与进口值之间的差额就越大。这个系数还通过前向联系受到直接及间接效应的影响，尤其是人员费用，包括投资导致的新产品和新需求。这些概念都表明集中化、专业化及经济活动的多样性是持久性发展的基础，同时需要借助区际竞争和合作网络来实现（图7）。如果区域中只有例如物流这一单一的专业化经济活动，则远不足以发挥未来网络及现存网络的优势。

以上两种类型的概念可以结合起来成为一个"区域内外结构和空间"的概念，以便应用于新丝绸之路的构想之中。这意味着应当努力创造精明增长的条件，启动内生循环积累效应，创造可灵活调整的环境，并在区际竞争与合作中争取平等的伙伴关系和领导力。

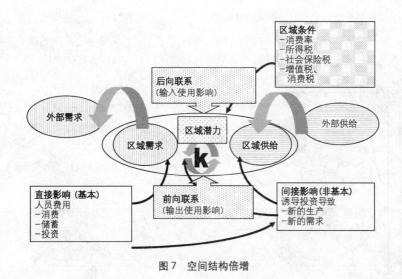

图 7　空间结构倍增

4　新丝绸之路经济带的构建及其过程

为了避免新欧亚丝绸之路这一构想在初期由于政府间磋商或官僚主义思想而陷入困境，应当将其视为一个同时具备自上而下和自下而上的发展过程，并在这一过程中发现其发展的可能性和必要性（图8）。同时，所有的参与者、个人、团体、企业、机构及政府应充分了解古丝绸之路曾经起到的促进交流、对话、稳定及共存的重要作用，并采取明智参与。"明智"体现在所有相关参与者的相互交流及通常情况下决策的一致达成。在这一过程中，预处理是一种克服跨境结构性和文化性障碍的能力，例如克服资本转移和基础设施连接的缺失、克服任意空间层次上文化凝聚力和历史存留的缺失及过度负荷。

实现重建新欧亚丝绸之路构想，第一步是在可能参与到其中的利益相关者之间采取前瞻性的行动，包括促进贸易、资本流动、服务交换、个人旅行等经济领域的跨境事务。这些区际互动、信息和想法的交流、组织协调磋商指导下的非正式的交易可以克服障碍并且强化共同的目标，同时充分参与、快速决策并通过可以促进空间层面协议的顺利达成。第二步是在以上非正式的、积极的、经验化的自下而上的策略基础上，开始制度化过程。这一制度化的过程类似于一个自上而下的非正式网络向正式网络转化的进程，从解决问题出发达成一系列合作和制度化协议，同时落实的规划物质基础设施以及深化参与者对经济、环境和社会互动性的认知，形成跨国、跨地区的经济区。第三步是建设社会和生态环境保护区。最后是建设文化区。在均衡和可持续发展的前提下，这些跨国、跨区域地带内部的倍增效应和协同效应将持续增强。与此同时，由于区际间的协同效应，也将引发区际联盟式的横向合作，从而促进自下而上和自上而下策略的纵向一体化。这样，在区域网络转变为国家或者全球合作网络的时候，协同效应将进一步扩展。此外，值得强调的是，在任何情况下，沟通都是跨境交流、发现创新思考方式的有效途径，但有时创新的必要性和紧迫性并不总是与可持续性相一致。

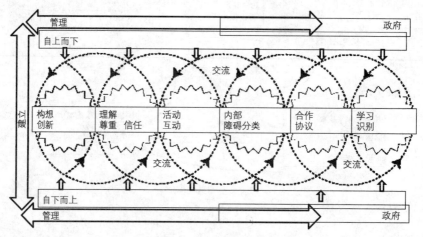

图8　管理和建立创新的过程

5　结语

实现新丝绸之路的构想意味着区域的发展。前文基于对这一经济带发展条件和要求的讨论而提出概念，可能成为其未来发展模式的核心理念。由此产生的经济带可能发展成为中心辐射模式或者成为复杂的、离散或连续的网络及市场层级结构。在任何情况下，区域内及区域间自上而下和自下而上的双层治理结构应当受到法律和协定的保障，区域的成功毫无疑问将取决于新兴的空间及其与环境的关系模式是否遵循了可持续的原则。即对于所有的可持续性维度而言，"可进入"并且"可参与"塑造宜居的、不断变化的区域。创新即为激励与交流，多样性即为将若干区域捆绑在一起而形成的一个新模式，正如新丝绸之路的构想。最终，将基于上述讨论的区内及区际发展概念构建一个空间及区域网络集群，使得空间模型参与架构市场区域、网络区域以及层级结构，使得经济区能够处于一个调整以相匹配的环境中。如果区域能够容纳足够的创新并具有影响力，同时是遵循可持续的原则设计的，它将在市场、网络和层级结构的作用下成为一个具有增长和发展潜力的系统（T. O. D. 表明其基本的限制条件，以避免这一区域仅仅成为一个运输带；图9）。

正如一句非洲谚语所说："如果你想走得快，那么独自去；如果你想走得远，那么一同上路"，后者正是新丝绸之路的创新之道。

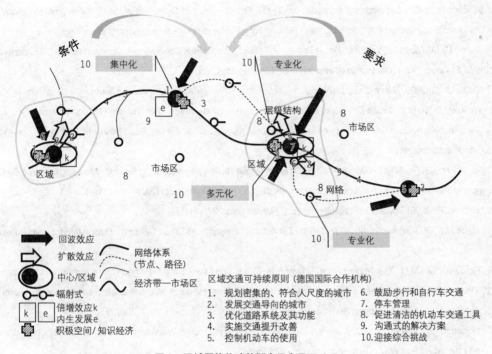

图 9　区域网络构建的概念示意及 T. O. D.

图例说明：
- 回波效应
- 扩散效应
- 中心/区域
- 辐射式
- 倍增效应 k
- 内生发展 e
- 积极空间/知识经济
- 网络体系（节点、路径）
- 经济带—市场区

区域交通可持续原则（德国国际合作机构）
1. 规划密集的、符合人尺度的城市
2. 发展交通导向的城市
3. 优化道路系统及其功能
4. 实施交通提升改善
5. 控制机动车的使用
6. 鼓励步行和自行车交通
7. 停车管理
8. 促进清洁的机动车交通工具
9. 沟通式的解决方案
10. 迎接综合挑战

注释

① 本文根据 2014 年 6 月 15～16 日中国科学院地理科学与资源研究所召开的 "丝绸之路经济带的生态、环境和可持续发展国际会议"（International Conference on "Ecology, Environment and Sustainable Development of Silk Road Economic Zone"）上的发言整理。

参考文献

[1] Altayuly, S. K. 2014. Executive in Charge：Regulations of the Holding. The International Conference on the "Economic Belt along the Silk Road" in the Framework of VII Astana Economic Forum. Astana.

[2] Braun, G. O., J. W. Scott 2012. Smart Growth—Sustainability Innovations. In Mieg, H., K. Toepfer (eds.), *Institutional and Social Innovation for Sustainable Urban Development*. Oxford：Routledge.

[3] Braun, G. O. 2011. Towards Understanding Urban Processes and Structures. In Mierzejewska, L., M. Wdowicka (eds.), *Contemporary Problems of Urban and Regional Development*. Poznan：Bogucki Wydawnictwo Naukowe.

[4] Braun, G. O. 2010. The State of Restructuring and Transformation in Germany Twenty Years after Unification. In *GeoINova Special Issue 2010：The Evolution of Integration in Europe, 20 Years after the Fall of the Berlin Wall*. Lisboa.

[5] Braun, G. O. 2009. Elements of Sustainability and Their Synthesis：Views, Challenges and Approaches. In Dohler, F.

et al. (eds.), *City Development in Africa and China*: *Proceedings and Outcomes of the Sino-African Orientation Exchange on Sustainable Urban Development*. GTZ – Tongji-University: Workshop-Report. Shanghai.

[6] Braun, G. O., Scott, J. W. 2008. Smart Growth as "New" Metropolitan Governance: Observations on US Experience. In H. S. Geyer (ed.), *International Handbook on Urban Policy*, Vol. 1.

[7] Braun, G. O. 2008. Hierarchies, Networks, and Markets: New Spatial Pattern as an Effect of Globalisation. In Yan, X., Xue, D. (eds.), *Urban Development and Governance in Globalization*. Sun Yat-sen University Press.

[8] Chen, Y., Tang, Z. 2014. Summary of the International Symposium on the Silk Road Economic Belt in the Context of Economic Globalization. CIIS (Li Xiaoyu, ed.).

[9] DeLiso, N., G. Filatrella, N. Weaver 2001. On Endogenous Growth and Increasing Returns: Modeling Learning-By-Doing and the Division of Labor. *Journal of Economic Behavior and Organization*, Vol. 46, No. 1.

[10] Florida, R. 1995. Toward the Learning Region. *Futures*, Vol. 27, No. 5.

[11] Fujita, M., P. Krugman et al. 1999. On the Evolution of Hierarchical Urban Systems. *European Economic Review*, Vol. 43, No. 2.

[12] Gladwell, M. 2000. *The Tipping Point*: *How Little Things Can Make a Big Difference Little*. Brown and Company.

[13] Godehardt, N. 2014. China's "neue" Seidenstrasseninitiative. Reigonal Nachbarschaft als Kern der chinesischen Aussenpolitik unter Xi Jinping. *SWP-Studie*, S. 9.

[14] Helpman, E., P. Krugman 1985. *Market Structure and Foreign Trade*: *Increasing Returns*, *Imperfect Competition*, *and the World Economy*. Cambridge, Mass., MIT Press.

[15] MacKinnon, D., A. Cumbers, K. Chapman 2002. Learning, Innovation and Regional Development: A Critical Appraisal of Recent Debates. *Progress in Human Geography*, Vol. 26, No. 3.

[16] Laudicina, P. A. 2005. *World out of Balance*: *Navigating Global Risks to Seize Competitive Advantage*. McGraw-Hill, New York.

[17] Ottaviano, G. I. P., D. Puga 1997. Agglomeration in the Global Economy: A Survey of the "New Economic Geography". CEP discussion paper.

[18] Proulx, M. U. (ed.) 1992. Innovative Milieus and Regional Development. *Canadian Journal of Regional Science*, XV. 2.

[19] Sabel, Ch. F. 2001. Diversity, not Specialization: The Ties that Bind (New) Industrial District. Paper presented to Complexity and Industrial Clusters: Dynamics and Models in Theory and Practice. Conference organized by Fondazione Montedison under the Aegis of Academia Nazionale dei Linzei, Milan.

城市总体规划强制性内容编制技术方法研究

周显坤 谭纵波 董 珂

Study on the Compilation Techniques of Mandatory Contents of Master Plan

ZHOU Xiankun[1], TAN Zongbo[1], DONG Ke[2]
(1. School of Architecture, Tsinghua University, Beijing 100084, China; 2. China Academy of Urban Planning & Design, Beijing 100044, China)

Abstract The current reform of the planning system has come up with new requirements on the mandatory content. This paper focuses on its compilation techniques. Firstly, the paper conducts an analysis on the mandatory relationship and contents within the planning system from direct and indirect aspects, and concludes that current mandatory contents are "multi-targeted" and have "multi-tools." Secondly, based on the main purpose of this institution, the paper tries to construct a new content scope and to form a new regulation system. Finally, several proposals have been made, which includes strengthening the compliance of regulatory plan in master plan which ensures the mandatory content delivery in the planning system, promoting the supporting institution, encouraging relevant supporting technology applications, etc.

Keywords master plan; mandatory content; planning administration technique

作者简介
周显坤、谭纵波, 清华大学建筑学院;
董珂, 中国城市规划设计研究院。

摘 要 深化的规划转型对城市总体规划强制性内容制度提出了新要求。本文着眼于其中的编制技术环节, 首先从间接的规划衔接与直接的规划技术工具两个方面考察规划体系中的"强制"关系与其中的强制性内容, 对现状做出了"对象过多"和"手段多元"的评价; 其次按照管制目的进行简化归并, 初步构建了新的内容范畴和管制方法体系; 最后提出加强衔接、提升直接实施技术、推进配套制度改进和相关支撑技术等建议。

关键词 城市总体规划; 强制性内容; 规划管理技术

2002 年, 建设部 (现住房和城乡建设部) 根据《关于加强城乡规划监督管理的通知》的要求, 发布了《城市规划强制性内容暂行规定》(以下简称《规定》), 提出了强制性内容的概念, 并在随后的法规中延续下来。这一制度出台至今已有十年时间, 关于城市总体规划 (以下简称"总规") 中的强制性内容的具体编制方法产生了不同的言论与实践 (高军等, 2007; 石楠、刘剑, 2009; 蒋伶、陈定荣, 2012; 李晓江等, 2013), 亟须进行梳理并对其实施效果做出综合的判断。强制性内容制度是对城市发展中的刚性要素进行管理的制度, 存在着管理与技术的两重属性。对该制度完整的评价需要从制度的核心目的出发, 对行政管理中的事权关系与应用技术进行考察。后者包括规划编制技术、数据收集管理技术、监督监察技术等, 这些技术的升级都是加强管理的重要途径, 本研究着眼于其中的编制技术方法。从实践视角, 使强制性内容更好地应用以改善城市环境; 从学科视角, 寻找更好的综合管制刚性要素的总规应用技术组, 完善规划体系; 从部门视角, 明确这些技术与事权的联系，保证总规的可实施性与管制能力。

1 现行总规强制性内容的间接实施方法

"强制"是组成系统的要素间关系的一种。在我国的空间规划系统中，"强制性"必然伴随着多要素之间的关系，下面辨析城市规划体系对外的衔接以及内部各部分的衔接中的强制性内容的传递和衔接关系。

1.1 与上位和同位规划中具有强制性的内容的衔接

1.1.1 与区域规划中的强制性内容的衔接

总规的强制性内容在该方面主要衔接省域城镇体系规划中的强制性内容，此外还需衔接城镇群规划、流域规划等其他已有的上位区域规划。这一衔接的意义体现在保护区域资源和保证区域设施效率两个方面，相应采取的措施为空间管制和设施协调。通常有专门机构设置保证的区域要素，例如有管理委员会的自然保护区，以及有相应交通、水利、电力部门管理的交通设施、水利电力设施等，因为在省级和市级规划编制乃至执行时都是同一机构参与，能够得到较好的连贯和落实。而缺乏机构保障的区域要素，例如水源地保护区、泄洪区等，则存在规划管制不连贯的现象。

1.1.2 "三规"关系及其中的强制性内容

许多学者认为经济社会发展规划、城市规划、土地利用总体规划这"三规"是规划协调的重点（朱才斌、冀光恒，2000；王唯山，2009；牛慧恩，2004；林坚、许超诣，2014）。城市规划的工作是将发展规划所确定的目标落实在土地规划所界定的土地空间上（王唯山，2009）。"三规"在项目—土地的维度上存在根本的分布差异（图1）：经济社会发展规划主导多数政府建设需求，是发展和目标导

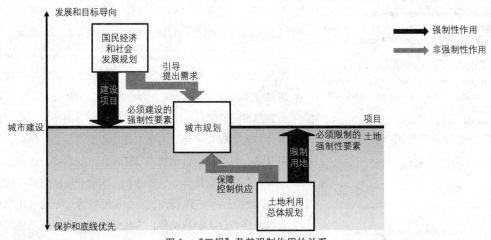

图1 "三规"及其强制作用的关系

向的，主要管理的是项目；土地利用总体规划控制土地供应，是保护和底线优先的，主要管理的是土地；城市规划居于其间，通过管理项目落地的过程，在发展和保护之间寻求综合利益的最大化。在这一进程中的强制性内容方面，经济社会发展部门是城市规划中建设类强制性内容的主导者，土地部门是城市规划中限制类强制性要素的主导者。

经济社会发展规划的内容具有宏观性、综合性、指导性。其中一部分内容是以指标形式或者定性提出的发展要求，在空间上不具有直接的强制力；另一部分是对于重大建设项目的管理和计划。总规关于基础设施和公共设施建设的内容受到经济社会发展规划的影响。

因为土地资源的管理是土地部门全权控制的内容，相对而言其全文都具有强制力和可实施性，从法规的目的来看，土地利用总体规划的目的即"保障国土资源合理利用，保障经济社会可持续发展"的两个"保障"，也更接近强制性内容出台的政策目的。在具体的强制性内容方面，土地利用总体规划对基本农田保护区、生态敏感区和矿产资源区等市域范围非建设用地内的总规强制性内容有主要决定权力，影响空间管制的"四区划定"，并和市域城镇体系规划共同指导和约束中心城区的城镇建设用地规模、范围和发展方向。

1.1.3　与其他部门专项规划的衔接

众多部门专项规划与城市规划具有同等法律地位①，建设部门和其他部门也是同等地位的关系。然而城市规划和专项规划的关系是综合协调性和专门要求性的关系，这里权责的错位造成了衔接中的一些额外的成本。对于强制性内容的衔接，在现行体制下由于部门专项规划所具有的专业权威性和实施主导性，其所要求的空间化的内容具有较强的强制力，城市规划更多是对上位和同位部门专项规划所提出的建设项目要求和空间限制要求进行空间上的确认和落实，同时对下位部门专项规划从城市发展和空间综合协调利用的角度进行必要的调整和指导（图2）。

1.2　总规内部两个层面的划分

我国现行制度下的城市总体规划主要包括市域城镇体系规划和中心城区规划两个层面。从管制手段来看，前者侧重战略性和引导性，后者则更加强调确定性和可操作性（赵民、郝晋伟，2012）。但是，在规划实施中，两个层面上规划管理部门权力的不同，是使得强制性内容在管理中的强制力度上产生差别的原因之一。

具体来看，有一部分内容是两个层面较为分立的，例如历史文化保护的内容和公共服务设施内容主要在市区层面进行确定。而另一部分内容是需要在两个层面中连贯的，包括需经过市区内的基础设施，从市域选线选点到市区划定用地范围是一个连续过程，例如高速公路和机场等；需从市域层面细化到市区层面的基础设施和公共设施，例如电力系统从市域输电到市区变配电连贯的设计；市域层面干涉到市区内的用地内容，例如进入建设用地的矿产资源区和生态敏感区；需从市域层面的系统分解到市区层面的用地内容，例如从市域生态绿网到市区公园绿地。其中，有设施建设并且有具体管理部门的内容连贯性较好，仅为用地的内容及仅为限制性的内容连贯性较差，例如许多城市在市域城镇体系中划定的"绿环"、"绿带"往往无法具体到用地上，而被市区及周边乡镇的城市建设项目不断突破。

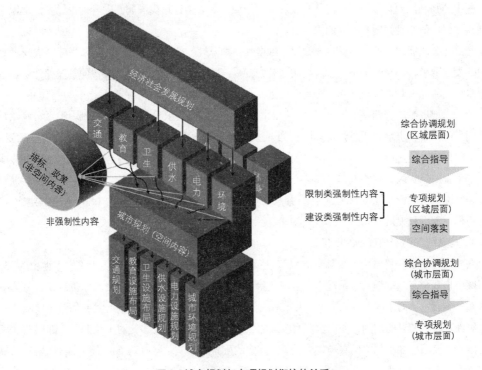

图 2　城市规划与专项规划衔接的关系

1.3　与控规中强制性内容的衔接

就内容范畴而言，实质上控规的基本内容都成为《规定》所认为的"强制性内容"[②]，但是控规中的强制性内容调整审批权仍在本级政府[③]。因此，控规层面上的地方政府与上级政府的事权关系，并未因为《规定》的出台而受到显著影响。

法规要求在控规编制中不能违反总规的强制性内容，减少了控规能在总规成果基础上调整的程度，从理论上加强了总规到控规的衔接。控规的基本内容——功能控制要求、用地指标、基础设施和公共服务设施控制要求、"四线"及控制要求——其中前两类通常是总规并未详细规定的，后两类是总规有所安排但并未详细确定的。对后两类的调整原则上都可以说是"涉及"了总规中的强制性内容。但是因为总规安排的模糊性，控规层面对这些要素的调整到什么程度才算是违背了总规是难于界定的。可明确划定空间的，例如建设用地边界、禁建区边界，能够较好衔接；不能明确划定空间的，例如一些公共设施的选址，相对而言衔接联系弱。

1.4 与近期建设规划的关联

近期建设规划在强制性内容方面显出了更多亟待廓清之处。第一，编制审批过程中难以体现强制性。近期建设规划中的"强制性"主要是针对城市政府以下的单位和个人的，其编制由地方规划主管部门负责，城市政府审批并征同级人大意见，总规审批机关备案。而国务院审批总规的城市只需要向建设部门备案。只要同时并不违反总规的强制性内容，上级政府和上级规划主管部门无权干涉。第二，本身内容仍存在一定的复杂性和综合性。近期建设规划自身内容又包括"强制性内容"和"指导性内容"。然而前者主要是近期建设重点和发展规模、城市近期发展区域、名城风景区保护措施等定性、总量、政策的内容，对于基本属于总规的强制性内容的刚性要素，却成为近期建设的"指导性内容"①，只需要提供"选址、规模和实施时序的意见"。近期建设规划中的"强制性内容"以定性、总量、政策为主，修改或者不修改，也并没有可以明显监督的办法。近期建设规划调整涉及总规的强制性内容时理应禁止或需要走修改总规的程序，报总规审查机关，但是这部分内容大多在近期建设规划中属于"指导性内容"，是本级政府可以决定的，如此又不需要上级监督了。总而言之，与控规一样，近期建设规划与总规的关系和其中的强制性内容，尚存在较多值得辨析之处，有待进一步理论研究，并且需要实际工作的反馈。

2 现行总规强制性内容的直接实施技术

探讨刚性要素的规划技术如何进入规划制度成为有效的管制手段，需要先对当前的总体规划管制手段进行梳理。在总体规划中，目前存在的强制性内容的管制手段主要包括对建设用地的管理、"三区"②、"四线"等以空间管制为主的手段，以及各类专项规划等以建设为主的手段。

2.1 对"三区"的辨析

禁建区、限建区和适建区这"三区"实质是对建设用地的空间管制区，可以视为传统的建设用地边界划定方式的一种延伸，从单一边界到多重边界，提供了弹性的可能；从单一建设主体的建设计划到对多建设主体的法规约束，提供了面向市场经济的方法。但是这一制度还在探索之中，学术上对我国空间管制的认识和区划方法研究还在深入（张京祥等，2000；郑文含，2005；孙斌栋等，2007；赵民、郝晋伟等，2012）。各地实践中的理解也不一致，"四区"尚存在表达方式和划分标准不统一的问题，在区域和中心城区两个层面的区分也值得关注（袁锦富等，2008）。中国城市规划设计研究院则对各地关于"四区划定"的情况进行了较为系统的梳理和总结并提出了相应的技术规程（彭小雷等，2009）。但也有对"三区"划定的必要性存疑的观点③。"三区"的意义，在于对管制区提供稳定的政策导向，同时要适当应对预测与实际的偏差以及边界移动。解决问题的关键是明晰管理事权，并且保证规划各层面向下实施的连续。

2.2 对"四线"的辨析

以绿线、紫线、黄线、蓝线"四线"为代表的管制线（表1）与以"三区"为代表的管制区在意图上是一脉相承的。专项规划和"四线"，都属于横向分层的规划体系中的纵向内容，也可以认为相应管制线的提出是对专项规划地位和可实施性的强化①。因为不同的管制线对应的建设适宜性十分模糊，实质可以分成两类。一类是土地供给的"截留"，或者是提前预留的划拨用地，为国有企事业单位提供用地保障，例如绿线（公园绿地）、黄线、红线、橙线。该类管制线围合的空间是禁止市场出让的"禁建区"。但是禁人不禁建，出于对公共基础建设的安排，由此带来对市场主体建设的限制。但这部分空间实际上还是发生了建设行为，成为建设用地，因此不能严格对应于"三区"。另一类是土地使用权的限制，例如绿线（区域绿地）、紫线（国家所有的文保单位除外）。将中心城区层面中"四线"并置，与其说是建设适宜性或者管制强度相似，不如说是出于上述两个意图。

表1　城市规划"七线"②

	蓝线	绿线	黄线	紫线	红线	橙线	黑线
管制依据	《城市蓝线管理办法》	《城市绿线管理办法》	《城市黄线管理办法》	《城市紫线管理办法》	如《河北省城市红线管理规定》	如《山东省城市橙线管理办法（试行）》、《郑州市城市橙线规划控制导则》	如《扬州市市区规划管理技术规定》
管制内容	城市规划确定的江、河、湖、库、渠、湿地等城市地标水体保护和控制的界线	城市各类绿地范围的控制线	对城市发展全局有影响的、城市规划中确定的、必须控制的城市基础设施用地的控制界线	国家历史文化名城内的历史文化街区和省、市、县人民政府公布的历史文化街区和历史建筑保护范围界线	城市规划区内依法规划、建设的城市道路两侧边界控制线	对城市发展全局和公共利益有影响的、必须控制的城市公益性公共设施用地控制界线	指城市电力的用地规划控制线
管制单位	规划部门	规划、园林绿化部门	规划部门	规划部门	规划、交通部门	规划部门	规划、电力部门

续表

	蓝线	绿线	黄线	紫线	红线	橙线	黑线
土地使用权属	国有	国有（绿地相关单位）	国有（城市公共交通设施、城市供水设施、供电设施、通信设施、供燃气设施、供热设施、消防设施、城市环境卫生设施、防洪设施、抗震防灾设施及其他设施相关单位）	国有（历史文保单位）、非国有（历史文化街区内的非国有单位）	国有（道路交通设施相关单位）	国有（居住区级以上的行政、文化、教育、卫生、体育等公益性公共服务设施，保障房）、非国有（居住区级公共服务设施）	国有（禁建部分）、非国有（限建部分）

资料来源：据表格中"管制依据"栏内容整理，"土地使用权属"栏为笔者整理。

2.3 对管制线和管制区的分析

与土规的"三界四区"相比，规划中以"三区"为代表的管制区与以"四线"为代表的管制线并未产生直接关联，在当前法规标准中也未能详细区分或关联"三区"与同期产生的"四线"的划定过程和管理权责。因为"三区"划定过程中一定也有相应的边界，例如禁建区边界，这些边界也属于管制线。"四线"划定过程中一定也有相应的区域，例如绿线内区域、黄线内区域，这些区域也属于管制区。事实上是分别按照建设适宜性（"三区"）和主导功能（"四线"）来进行划定（表2）。然而从管制线来看"四线"与限建区边界、禁建区边界是有较多重叠的关系，从管制区来看亦然，这体现各项规定出台具有一定的片面性。

表2 管制区与管制线

划定方式	管制线	管制区
建设适宜性	限建区边界、禁建区边界	适建区、限建区、禁建区
主导功能	绿线、紫线、黄线、蓝线	"四线"内区域

从当前的法规意图看，改进的方向是在宏观规划中重视管制区，在微观规划中落实管制线（李枫、张勤，2012）；在宏观规划中笼统按照建设适宜性划定，在微观规划中依据主导功能落实管理依据和事权（表3）。

表3 "三区"与"四线"的划定层面和纵向关系

层次		"三区"	"四线"
省域城镇体系		示意"三区"的基本范围；明确"三区"的基本类型和管制要求	
总规	市域	确定"三区"的范围及其边界的相对位置，提出空间管制的原则和措施	部分区域管制线，确定例如区域绿地的范围
	中心城区	划定"三区"和已建区，并制定空间管制措施	分层次布局，确定用地位置和范围，划定其用地控制界线，例如防护绿地、大型公共绿地等的绿线
控规		确定"三区"的边界，明确规划控制条件和控制指标	用地位置和面积，划定城市基础设施用地界线，规定管制线划定范围内的控制指标和要求，并明确管制线的地理坐标
修规			按不同项目具体落实基础设施用地界线，提出用地配置原则或方案，并标明管制线的地理坐标和相应界址地形图

资料来源：据《城市规划编制办法》、《城市绿线管理办法》、《城市黄线管理办法》以及李枫、张勤（2012）等整理。

3 现行总规强制性内容编制及其评价

3.1 信阳实例

以《信阳市城市总体规划（2004～2020）》为例，其中的强制性内容条目可以按照管制程度划分为目标、指标、规划、措施等，共同构成完整的管制，但并非所有类型的强制性内容都完整拥有四个层面的要求。

（1）目标：一些条目属于原则性的、非空间的，也缺乏相应的评价标准，严格地说，条目本身既不具有可实施性，也不具有可检验性。例如：到2020年，将信阳市主城区基本建设成为城市功能布局合理，生态环境质量良好；产业结构优化，社会与经济协调发展；城市各项基础设施完善，城市绿地系统完整，自然环境优势得以发挥，成为我国中原地区最佳人居城市（第94条）。

（2）指标：一些条目较为综合或复杂，本身不具有可实施性，但是可以检验。例如：信阳市主城区规划到2020年的建设用地规模是89.25km²，人均建设用地规模为105m²/人（第20条）。

（3）空间设计：一些条目提出了空间目标，具有可实施性和可检验性，但是本身不一定包含实施措施，实施方式不具体。例如：主城区路网结构是"一环＋纵横"的疏通性主干道系统与以"规整＋自由"方格网状布设的生活性主干道、次干道系统结合形成的环网结构（第46条）。

（4）措施：一些条目提出了策略或实际措施，具有可实施性与可检验性，但是不一定有直接的空间内容，检验标准不一定具体。例如：噪声污染防治对策与措施：①加强对交通噪声、工业企业噪声、施工噪声管制。在生活区实施交通禁鸣。工业区内，拆除仍不达标的噪声源设备；高噪声源集中布局，采用工业噪声减振降噪措施。居民集中区等环境敏感区严格实行夜间施工噪声管制。②提高城市绿化的防护功能，建设防护绿地，在有噪音源的地段建设有效的绿化隔离带（第98条）。

《信阳市城市总体规划实施（2004～2020）评估报告》专门将强制性内容修改的建议列出，依据实施情况提出了相应的实施评估完成后的修改建议。通过上轮规划实施评估，确实能对下轮总规强制性内容的编制提供有力的依据，但是也有改进的余地：对于目标类条目，通常只有相应定性实施评估结果，并且定性结果的产生也较为直观和感性，需要诸如调查问卷等方式进一步支持；对于指标类条目，有量化评估，但是如何与措施联系以便执行调整，需要进一步研究；对于空间设计类条目，有一致性评估，但是对不一致之处没有具体的解释；对于措施类条目，只对完善措施提出设想，难以具体评估实施进展。

3.2　对现行强制性内容的评价

现行的总规强制性内容事实上成为包含多目的、多过程、多对象、多主体、多手段的规划管理内容。与编制技术方法有关的主要是其对象与手段两个方面：对象过多，造成在单一制度中管制范畴过宽、内容过多、要求过细；手段多元，造成一些手段的强制关系不明确，强制手段与要素联系重复混乱。

对于编制技术方法的改进将主要包括以下两个方向。第一是按照管制工具归并。有些多项强制性内容实际上通过同一技术落实，可以按照工具进行归并。例如，生态敏感区、基本农田、矿产资源分布区等多项内容，都归于"市域建设管制规划"条目中。"三区"、"四线"等空间管制技术，都是在一个技术中管制了多项内容。第二是"一张图"的技术进步。随着数据管理技术的进步，传统规划中突出的"比例尺"概念可能面临弱化。随着先进地区数据库的建立、历史规划的积累，甚至规划成果表达的进步（牛强等，2013），可能在总规阶段即可对内容提出较为详细的要求。本研究接下来主要从第一个方向展开讨论，构建新的总规强制性内容体系，提出改进编制方法的建议。

4　内容体系构建

4.1　内容范畴划定

要简化强制性内容的管理，改善制度执行的效率，需要以刚性要素的保障为根本价值，缩小内容范畴。参考既有《规定》中的要求，对《城市规划编制办法》中总规的各个内容进行判定，可以得出各过程中的强制性研判（表4），本研究认为只有在四个过程中都同时具强制性的才考虑作为强制性内容。将研判获得的内容按照总规编制技术条目进行归并，即可得到强制性内容的基本范畴。

表4　城市总体规划内容在各过程中的强制性研判

分类			编制	审批	执行	监督
			是否强制	是否强制	是否强制	是否强制
市域城镇体系规划	1 城乡统筹	区域协调要求	√	√		√
		城乡统筹战略	√	√		
	2 空间管制	综合目标和要求	√	√		
		生态、资源空间管制原则和措施	√	√	√	√
	3 城镇职能	人口、城镇化预测	√	√		
		城镇职能分工	√	√		
		城镇空间布局	√	√		
	4 重点城镇	发展定位	√	√		
		用地规模	√	√		√
		建设用地控制范围	√	√	√	√
	5 基础设施	交通发展策略	√	√		
		交通、通信、能源、供水、排水、防洪、垃圾处理等重大基础设施布局	√	√	√	√
		重要社会服务设施布局，危险品生产储存设施	√	√	√	√
	6 城市规划区	城市规划区划定	√	√	√	
	7 规划实施	措施和有关建议	√	√	√	
中心城区规划	1 城市性质	性质、职能、发展目标	√	√		
	2 人口规模	人口规模预测	√	√		
	3 空间管制	划定四区，制定空间管制措施	√	√	√	√
	4 村镇建设	原则和措施	√	√		
		确定需要发展、限制发展和不再保留的村庄	√	√	√	
	5 用地安排	建设用地、农业用地、生态用地、其他用地	√	√	√	√
	6 边界确定	研究中心城区空间增长边界	√			
		确定建设用地规模	√	√		√
		划定建设用地范围	√	√	√	√
	7 建设用地布局	建设用地空间布局	√	√	√	√
		土地使用强度区划和相应指标	√	√	√	

续表

	分类		编制	审批	执行	监督
			是否强制	是否强制	是否强制	是否强制
中心城区规划	8 中心	市级中心位置和规模	√	√	√	√
		区级中心位置和规模	√	√	√	
		主要公共服务设施布局	√	√	√	
	9 交通设施	交通发展战略	√	√		
		城市公共交通布局	√	√	√	
		对外交通设施	√	√	√	√
		主要道路交通设施	√	√	√	√
	10 绿地	绿地系统目标	√	√		
		总体布局	√	√	√	
		绿线划定	√	√	√	√
		蓝线划定和岸线使用原则	√	√	√	√
	11 历史文保	历史文保要求	√	√		
		紫线划定	√	√	√	√
		各级文保单位范围	√	√	√	
		重点保护区域及保护措施	√	√	√	
	12 住房	住房需求研究	√			
		住房政策、建设标准	√	√	√	
		居住用地布局	√	√	√	
		保障性住房布局及标准	√	√	√	√
	13 基础设施	电信、供水、排水、供电、燃气、供热、环卫布局	√	√	√	
	14 生态保护	目标、治理措施	√	√		
	15 防灾	综合防灾公共安全保障体系	√	√		
		防洪、消防、人防、抗震、地质灾害规划原则和方针	√	√	√	√
	16 旧区更新	原则、方法、标准、要求	√	√		
	17 地下空间	开发利用原则和方针	√	√		
	18 规划实施	发展时序、实施措施、政策建议	√	√		

资料来源：据《城市规划编制办法》条目整理。

4.2　市域城镇体系规划的强制性内容

市域城镇体系未来可能独立成为一种规划类型①，也可能将作为总体规划中的一个专项规划继续保留，在此仍将其所包括的强制性内容一并考量。在市域城镇体系规划中，实施措施环节可能是缺失的或者间接的。尽管如此，仍需要上级政府确认其中影响下位强制性内容的相关目标类描述，并作为监督规划实施的依据。

4.2.1　区域协调要求

涉及区域协调要求的内容范畴是较为弹性的②，主要包括相关上位规划对本地规划的所有约束，以及本地规划所提出的"与相邻行政区域在空间发展布局、重大基础设施和公共服务设施建设、生态环境保护、城乡统筹发展等方面进行协调的建议"（《城市规划编制办法》第 30 条）。

表达要求需根据实际要求进行确定。可以是将上位规划的要求分解，也可以是从自身出发提出新的协调目标。例如《信阳市城市总体规划（2013～2030）纲要》中提出的时空圈协调（第 52～54 条），该部分包含上级政府认为有必要落实在本级总规的内容，以及本级政府在编制中认为得到上级确认的内容，也可能含有上级政府直接管控的重要地区③。管制要求依据实际对接内容灵活确定，但必须将管制责权在上级政府、跨区域组织、本级政府等相关主体之间规定清楚。

4.2.2　市域空间管制

在市域阶段，空间管制内容重点解决的是表达城市建设中现在的重大刚性要素，即"确认有哪些刚性要素须考虑"的问题，并且对其中较大面积的已有专门管制主体的自然资源资产进行产权确认，例如某省自然保护区、国家森林公园等。

市域空间管制采取区划技术，不直接表达为建设适宜性"三区"，而重点表达下位规划禁止建设区所管制的要素，包括生态环境、资源利用、公共安全三类。其中，生态环境要素包含自然保护区的核心区和缓冲区、风景名胜区的特级和一级保护区、森林公园的核心区；资源利用要素包括饮用水水源一级保护区、地下文物埋藏区、历史文化名村名镇的核心保护范围；公共安全要素包括危险品生产设施及仓库安全防护区、地质灾害高易发区和大型基础设施通道控制带。市域层面不再强调限建区划定。

在市域尺度的空间图纸上，相关刚性要素在图中是以点、线、面的示意形式表现：点要素，世界文化遗产、文保单位、危险设施；线要素，重要生态廊道等；面要素，风景名胜区、湿地、森林公园、水源保护区等自然保护区、基本农田保护区、矿产资源分布区等。

市域尺度的空间管制编制成果，除了少数地区④外，一般并不直接作为对项目管制依据，而是作为下位的市区、县、镇规划编制的强制性要求，要求下位规划中必须对范围内包含的该图纸中的要素进行考虑和应对，将空间管制要求进一步细化落实，在下位规划编制中作为必要的审批依据。

4.2.3　区域基础设施

该类管制对象为区域交通，包括高速公路、铁路以及港口、机场等；其他重要基础设施规划布局，包括输电、输水、输气等的大型设施；以及涉及相邻城市的内容，包括城市取水口、污水排放口、垃圾处理厂等。

在市域层面的基础设施综合布局规划，重点解决的不是定位关系，而是要素间的互相影响问题，例如铁路站点选址与机场间的联络关系，污水排放、垃圾处理与取水输水点的关系等。对线要素的走向进行基本规定（始末点、重要的途经点），对要素间的相互关系进行基本规定（立交、平交、平行、避让）等。但其中由上级政府直接管制的内容，应达到初步定位程度，例如港口、机场、核电站等。

具体实施由专项规划相关部门负责，市域基础设施规划为纵向连续的专项规划提供市域层面的协调和必要补充，以避免冲突或为下位规划深化设计时可能产生的矛盾提供判断依据。

4.3　中心城区规划的强制性内容

4.3.1　建设用地规模

在中心城区层面上，关于城市建设用地规模、范围、发展方向的划定一直都是城市总体规划中至关重要的内容。将其作为总规的强制性内容，在事实上并没有削减这一内容的争议性和确定的难度，只是通过修改成本的提高而扩大着上级政府的干涉权力。尽管如此，将建设用地相关内容作为强制性内容依然是必要的。建设用地是各种空间要素的综合，是地方政府与上级政府、规划部门与国土部门等各方博弈集中体现的地方，是发展与保护、近期需求与远期控制等各种考虑矛盾综合的地方，也是总规面临调整时几乎必然要"调整"的地方。

城市建设用地包括规模、方向和范围三大方面：建设用地规模，以规划期末的规模作为强制性内容；建设用地发展方向，具体表述东南西北各个方向的主次关系；建设用地范围划定实质表现为总规图纸上总建设用地的外轮廓，由于大尺度和项目的不确定性，该轮廓应理解为主要作示意性表达，部分为弹性可变的。

建设用地规模、方向和范围要在本级政府的协调下，与同级国土部门的土地利用总体规划、发改部门的经济社会规划对接，成果由上级政府审批和监督。

4.3.2　空间管制

在中心城区层面上的空间管制，主要指对建设用地以外土地的管制。在市域内容的基础上加以深化，例如文物保护的要求可以从区域层面的世界文化遗产及文保单位，深化到地下文物、历史文化街区、名镇名村、街巷、河道等。同时增加两方面内容：较为具体的适建性评价要求，例如坡度大于25度的地形区、土壤地质环境不宜建设区等；由于规划新增要求而新增限制要求的用地，例如综合防灾预留的避难区、预留未来发展的岸线等。

通过对边界与区域的辨析，认为空间管制的目的在于"区域"的管制，而技术手段是"边界"的划定。在总规的中心城区层面上仍以"定区"为主"划线"为辅（图3）。通过分层次布局，确定用地位置和范围，划定"三区"和已建区，并制定空间管制措施，对于"区域"的"边界"，即"四线"，不做具体要求⑬。某些特性和边界显著的管制区域，例如防护绿地、大型公共绿地等，可以对其边界进行要求。建议在"三区"、"四线"的基础上，各地区尽可能采取更为丰富的管理和表达方式，包括基本生态控制线划定（深圳、广州）、非建设用地规划（杭州、厦门）等，并应用更先进的空间数据管理技术。

在下位规划中需要通过控制线或者具体的用地划定来落实上位规划要求，由本级政府负责对下位规划衔接的状态予以评价。按照适建、限建、禁建划分"三区"是公开的技术文件。对于中国特色的空间责权不明晰的非建设用地管制，还需要按照管理主体和责权划分管制区，明确各级政府的责权。这一方面的要求可能合并于总规空间管制要求中，也可能有独立文件（管制区、自然资源资产产权制度），建议为后者。"空间管制技术文件"加上"空间产权（管制权）划定"才是较为完整的非建设用地管制体系。

4.3.3　建设用地土地使用限制

管制对象为建设用地内的土地使用限制，包括土地使用功能限制以及密度、高度等开发强度限制或形态限制。

当前的表达方式以按照建设用地内的总规地块为单位进行划分为主，进行高度、密度或功能的限制（图3）。建议参照香港法定图则的做法（图4），将土地利用限制的区划延伸到建设用地范围外（或者说，对于前述4.3.2空间管制的内容，将管制区深化到建设用地内）。当前我国总规中过于强调建设用地与非建设用地的区分，一方面空间管制对建设用地内没有进一步区分，另一方面功能布局过于强调建设用地范围内，对建设用地外延空间没有约束性。香港的经验是对二者的结合，空间管制区根据实际需要划定，不一定以地块为单位，也不限于建设用地边界内。

按照这一思路，将建设用地外的空间管制与建设用地内的结合，可以形成对总规空间管制的一种表达设想，即建议总规不限于建设用地边界，统一表达对规划区范围内的功能或者开发强度的限制（图5）：建设用地范围外的禁建区、限建区、适建区以及建设用地范围内的低密度建设区、中等密度建设区、高密度建设区。并建议依据城市规模灵活确定深度，大城市的表达深度可以不到地块层面，可以到较大的街道层面等。

对土地使用的限制，无论是功能限制还是强度和形态限制，都较为复杂和具体。建议其中的部分较为普遍的控制内容中可以影响城市总体空间效果，并对下位规划（控制性详细规划）编制产生具体限定的，如开发强度控制等，作为本级政府管制的强制性内容，由本级人大进行审批和监督，上级政府仅保留必要的督查权力。

4.3.4　城市中心结构

城市中心体系，即城市地（片）区级以上公共活动中心位置；城市基本空间结构，即用中心、带、面表达的全中心城区尺度的空间结构。对该内容的管制主要在成果编制和审批阶段，上级政府审批市级中心的分布和结构，本级人大审批区级中心的分布和结构。

4.3.5　综合交通

管制对象：城市交通，城市快速路、干道网、关键通道、轨道网、重要枢纽和场站等设施布局和

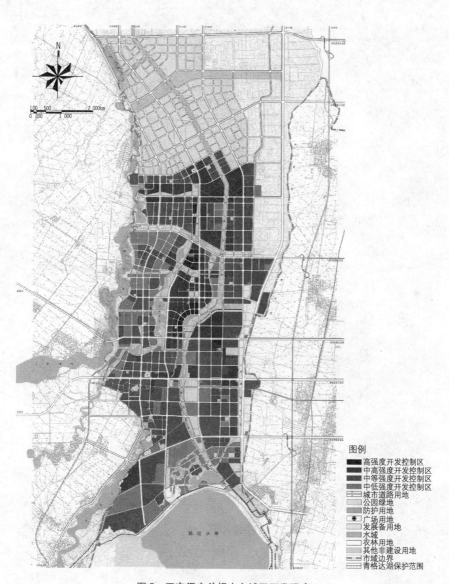

图3　五家渠市总规中心城区开发强度

资料来源：中国城市规划设计研究院：《五家渠市城市总体规划（2012～2030）》。

图 4　香港法定规划

资料来源：Statutory planning portak：http://www.ozp.tpb.gov.hk/mv_default.aspx。

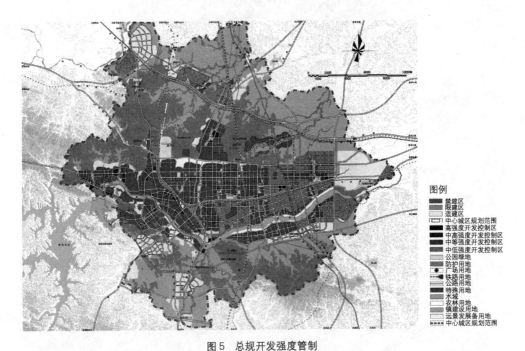

图 5　总规开发强度管制

资料来源：依据中规院：《信阳市城市总体规划（2013～2030）纲要》改绘。

建设；公交系统，目标线网密度、指标，设施建设等。综合交通属于基础设施中的重要内容，因为其与城市功能的复杂联系需要单独列出。

基本按照现行技术方式表达，重点处理不同类型、不同层级交通间的协调问题，结合相关专业和部门要求编制。

管制要求依据实际需求调整，上级政府审批对外交通部分，本级人大审批城市交通部分。除机场、港口、高速路等重大对外设施由上级政府监督外，其他对交通建设的监督与城市交通的监督由本级人大负责。

4.3.6 中心城区基础设施

管制对象为供水、排水（污水、雨水、再生水）、供电、通信、燃气、环卫等在文本及图纸标题中往往加上"工程"的基础设施内容。

依据相关专业要求，由专业人员负责编制，在总规编制中重点处理不同工程规划间的协调问题。其所必需的设施或防护用地要落实到"空间管制"的"管制线"中，对下位规划（控制性详细规划、专项建设规划）编制提出要求。

该部分内容是城市政府提供的一类系统性公共产品，往往在规划部门之外还有相应专业主管部门负责，在规划编制中往往也由相关专业人员负责。一般能够较好地维护自身部门的责权，保证不同规划层次间的连续性。建议不再作为上级政府审批和监督的强制性内容，但是因为涉及较多的公共财政支出，并为了保障本地公共服务的质量，建议作为本级人大审批和监督的内容。

4.3.7 公共服务设施

管制对象为行政办公设施，文体设施的分级配置要求、市级文体设施布局；医疗卫生设施的分级配置要求、大型专业医疗设施布局，教育科研设施的各级设施配置标准、布局要求，社会福利设施的各类配置要求、主要设施布局（南京市规划局，2011）；保障房配置标准和布局等。

表达上既有目标指标方面的表达，也有空间布局乃至划定的表达。视相关政府部门在总规编制阶段的介入程度而定，介入较深可以表达得较为具体。

该内容主要属于政府提供的公共产品，政府相关部门和机构可能在总规编制过程中参与。对此可以不设置一概而论的规范，因为不同规模的城市情况可能不同：部门和机构参与较少，则总规可能停留在目标和指标要求；参与较多，总规可能对布局乃至具体用地提出更具体要求。需要防止因为公用服务设施的非营利性而在具体实施中遭到延迟或侵占，因而该部分内容应作为强制性内容审批和监督的重点。因为要求的复杂性和地方性，建议由本级人大负责，上级政府保留督查权力。同时该部分内容因为要求具体和管制主体明确，能实现较好的实施与监督。在监督中应以用地的保证为主，功能的混合与实施进度等方面应予以一定的弹性。

4.3.8 公共绿地

包括公园绿地、防护绿地、广场用地各类城市绿地构成的城市绿地系统。技术上通常按照规模和功能对绿地系统中的组成部分进行分级表达，但需要尽可能地表达管制权属。

该内容由于显著的外部性属于城市政府提供的公共产品，与其他公共服务设施不同的是管制主体并不明确。例如城市公园有相应管理处或管理中心，而土地所有者与建设权拥有者不明确；窄长的景观绿带、防护绿带可能分属于不同的土地权属；片区和街区公园可能处于非政府的土地权属者手中。按照纵向部门责权，公共绿地可能分属于园林部门、规划部门管理。该内容与前述空间管制也存在密切联系，相似的，"绿地规划技术文件"加上"绿地产权（管制权）划定"才是较为完整的绿地管制体系。对管制权的管制不建议作为总规编制的内容，但需要成为必要的补充。建议由本级人大负责，上级政府保留督查权力，并且在规划中说明由规划部门负责的内容。

4.3.9 防灾减灾

管制对象：防洪排涝标准、防洪堤走向、设施布局；抗震防灾设防标准、抗震防灾分区、避难场所布局及建设要求、疏散通道规划；消防站和消防栓设置标准、消防站布局（特种消防站）、消防水源保护；人防设施设置标准、平时利用规定；危险品设施防护与治理措施（南京市规划局，2011）等。

基本按照现行技术方式表达，灾害种类众多，各地方情况不同，根据需要编制和表达。管制中由本级人大负责审批和监督，上级政府保留督查权力。同时推进建立防灾减灾绩效评估、责任追究制度。

5 实施相关建议

5.1 加强规划衔接与强制性传递

从可操作性看，总规阶段的强制性内容未必能够完全落实和作为监督的依据。因此，针对不能完全落实的内容，建议加强总规与控规的刚性传递，保证总规阶段不甚清晰的内容在控规阶段能够被贯彻，并加以细化和清晰化。

纵向连续是要将总规的强制性内容要求通过城镇体系规划、城市总体规划、控制性详细规划、修建性详细规划，逐级落实到地域空间建设管理的具体要求上，在技术上保证各层次之间的连续有效，并"通过建设项目规划选址和规划许可等方式，与日常的规划管理工作相结合"（李枫、张勤，2012）。在管理上明确各相关政府主体的执行、协调下位规划、定期监督等责权，以支持技术上的连续有效。

5.2 改进并提升直接实施技术

直接实施技术主要是空间管制及其相关技术。我国城乡规划中的空间管制，在技术上来说技术方法存在有限理性，在管理上对边界管理的事权尚未明晰，在法规上对于建设用地的边界定义尚未确认。在城乡规划中需要从法规上明确以建设用地边界为代表的"边界"定义，通过"边界"划定来区分具有不同政策意图的"区域"，即明确管制线和管制区以及两者的关联，对两者都应有相应的监督管理。

将适建性评价、中心城增长边界研究等作为技术手段，强调其客观性和历时连续性；将附加了主观政策意图的建设用地边界、"四区"等作为管理手段，要明确实施、管理和监督中的事权。此外，对"刚性"与"弹性"的内容相应采取有差别的管制方式。

在"边界"划定为主的技术过程中，以全国或以省为单位确定较为统一的技术标准，尊重技术过程中空间规划的专家权威，并争取各部门规划的技术结果对接。在"区域"管制过程中，要确立明确的、与事权主体挂钩的实施和监督机制，并通过地方行政或立法予以确保。对于某一类"区域"所附加的政策或管制应成为一个较大地区范围的共识，以免诸如相邻城市对某一区域定义不同管制政策造成的管制失灵。

5.3　推进相关配套制度改进

与强制性内容制度密切相关的，还有若干其他制度。这些制度的出台或调整，将对强制性内容制度造成影响，反之亦然。本研究的预设，是在这些制度尚未出台之时，强制性内容制度需先行进行改进，并对它们提出相关建议与要求。

5.3.1　自然资源资产产权制度

总规的强制性内容制度主要是一种用途管制制度；而用途管制制度与产权制度是分不开的。相对于国外政府对私有土地的使用权约束为抓手的角色鲜明的空间管制，我国的土地公有与土地划拨等制度，使得总规既有用地功能安排，又有实质性的土地产权划定。前者属于规划技术的范畴，后者已经超出技术而涉及现实利益，从而使空间管制的实际作用方式趋向复杂。总规内容应加强技术的中立性和权威性，对于产权划定的部分需要逐渐加以明确和区分。

十八届三中全会《决定》中提到"健全自然资源资产产权制度"和"国家公园体制"[①]。这样的制度如果建立起来，将为相当数量的刚性要素找到自身的利益代言人，有效地减少必须由政府主管来负责的刚性要素数量，建议有条件的地区加快推进。

5.3.2　城市总体规划编制、审批办法与技术标准

将强制性内容作为一种技术规范，仅仅是21世纪初建设部（现住房和城乡建设部）的一种过渡式做法，这一制度不应继续承担技术规范的职能，而应当在实施、管理、监督的过程中更进一步，并以规划监督为核心职能。当然，技术规范也要同步建设，确认规划编制、成果审批与评估的重点，例如将2006年《城市规划编制办法》细化并编制新版的《城市总体规划编制办法》或者《城市总体规划审批办法》等部门规章，以及更新相应的城市总体规划专业标准。这是需要与强制性内容制度同步调整的制度。

5.3.3　城市规划督查员制度

本研究认为总规强制性内容的意义主要在于规划监督，中央最新提出的城市规划督查（员）制度

也确认了这一点⑮。城市规划督查（员）制度将大大提升总规强制性内容制度的意义并发挥其作用，建议尽快推行。

5.4 鼓励相关支撑技术应用

5.4.1 信息化规划管理技术

鼓励各地建造规划信息数据库，全面、系统地录入空间规划信息；进行动态的、常态化的规划信息维护和更新；信息化、规范化地整合规划成果。建立与完善"从评估到反馈"的总规动态维护机制（李晓江等，2013），不仅限于"数字城市规划"，还要与其他部门合力，共同建设"智慧城市"。

5.4.2 规划监察技术

监察管理方面，国土部门有卫星监察这一技术工具，能实现对建设用地的实时监控和年度审查。规划部门则依靠实施评估，在工作年限上往往就处于滞后的状态（各地也在不断技术创新，有许多城市实现了逐年的评估），在许多技术方面也要与国土部门对接才能实现对用地的监管。建议更好地采用遥感等技术，提升规划与相应监察技术工具的衔接。

6 结语

总规强制性内容在我国规划技术体系中起重要的衔接作用：向上衔接区域规划，向外衔接其他空间和专项，向下指导控规与规划实施，并且通过规划技术体系对规划管理中各级相关主体之间的关系有所影响。随着该内容在法规中不断得到重视和强化，将可能成为未来规划体系转型的一个关键点。本文着眼于其中的编制技术环节，对现状做出了"对象过多"和"手段多元"的评价，在现状基础上进行了简化归并，初步构建了新的内容体系，提出加强衔接、提升直接实施技术、推进配套制度改进和相关支撑技术等建议。

进一步研究总规强制性内容的实施技术方法可在本研究框架下深化。对于间接实施方法即规划衔接，要更好地改进衔接过程，还需要追踪纵向连续的控规编制过程和实践反馈。对于直接管制方法，本研究基于现状进行了初步的梳理和展望，并按照总规内容表达进行了一定的描述，但缺少更为详细的技术方法应用说明。这些技术方法的研究已经很丰富，接下来的工作是在本研究提出的框架下对相应方法进行合理的选择和组织，尚有待进一步研究和细化。本研究不足之处在于，主要的研究手段是文献研究和基于有限的几个总规编制实践的案例研究，对于更广泛的总规强制性内容实施状况掌握有限，对于我国多样的城市和地区，尚未能进一步分类提出有直接实践意义的建议。

致谢

本文受国家自然科学基金项目"基于中日法比较的转型期城市规划体系变革研究"（51278265）资助。

注释

① 这样的"规划"包括水利部门的江河流域规划、交通部门的交通运输规划、环保部门的环境规划乃至粮食部门的粮食安全规划等。魏广君在其博士论文"空间规划协调的理论框架与实践探索"（2012）附录 A 中罗列了国务院 27 个组成部门职能所属的上百种专属规划（计划）类型，详情可参考。

② 控规的基本内容包括：功能控制要求；用地指标；基础设施和公共服务设施用地规模、范围及具体控制要求，地下管线控制要求；"四线"及控制要求（《城市、镇控制性详细规划编制审批办法》第 10 条）。城市详细规划的强制性内容包括：土地主要用途；地块建设总量；特定地区允许建设高度；各个地块的绿化率、公共绿地面积规定；基础和公共服务设施配套建设规定；建设控制地区的建设控制指标（《城市规划强制性内容暂行规定》第 7 条）。

③ "城市的控制性详细规划经本级人民政府批准后，报本级人民代表大会常务委员会和上一级人民政府备案"（《城市、镇控制性详细规划编制审批办法》第 15 条），除非县政府所在地镇的控制性详细规划需要上级政府审批以外，一般控规调整的审批权都在本级政府。

④ 近期建设规划中的"指导性内容"含"机场、铁路、港口、高速公路等对外交通设施，城市主干道、轨道交通、大型停车场等城市交通设施，自来水厂、污水处理厂、变电站、垃圾处理厂以及相应的管网等市政公用设施"（《近期建设规划工作暂行办法》第 8 条），及其他一些内容。可见上述的许多内容已经属于总规的强制性内容。

⑤ 对本文中出现的一系列"三区"、"四区"概念的说明：土地利用总体规划提出"三界四区"，因而与之相关的统一为"四区"；城乡规划中则参照郝晋伟（2011）的观点，认为已建区并不属于管理区的内容，统一为禁建区、限建区、适建区这"三区"。此外部分文献将城乡规划中的管制区也说明为"四区"，在引用时不改变其说法。

⑥ "既然非城镇集中建设地区内有如此众多的法律法规进行管理与控制，而城市规划主管部门也难以对这一区域进行规划管控，且土地利用规划图中明确表达的用地类型也可起到'三区'的控制作用，因此，禁建区、限建区划定的必要性值得商榷。即认为管制的实质仍是依据规划许可，管制区未起到比对作用。"参见蒋伶、陈定荣（2012）。

⑦ 不少管制线在总规尺度图纸表达与专项规划接近，并且深度往往不如专项规划图纸，例如红线——道路专项规划，黄线——基础设施专项规划，绿线、蓝线——生态专项规划。

⑧ 表中红线、橙线、黑线为地方法规或技术标准规定，非国家规定。除红线作为道路控制线较为形成共识之外，橙线、黑线都有不同解释。例如在广州黑线为城市建设区边界（《广州市城市规划管理技术标准与准则》），在天津黑线为轨道用地（《天津市规划控制线管理规定》），在此并列仅作对比参考。

⑨ "《城乡规划法》已将'城镇体系规划'作为一种高于'城市、镇规划'的规划类型"，"不再依附于城市总体规划，而是上升成为一项独立的'市域总体规划'。"参见赵民、郝晋伟（2012）。

⑩ 在表 4 中本条目在"执行"过程中不认为具有强制性，这是一个特例，在区域规划相应机构尚未建立、"授权"体系不变的情况下，为使上级政府更好地执行其区域规划内容而在本级规划中提供一个切入点。

⑪ "区域绿地和区域性交通通道，由省级政府及其主管部门进行监管。"参见李枫、张勤（2012）。

⑫ 通常指土地资源紧张、技术力量足够，认为有必要全市域尺度上严格分配土地资源的，例如深圳市、昆山市等城市和地区。

⑬ 如果技术力量足够，或者有较为明确的要求，也可以将边界在中心城区层面就划定，例如深圳与广州的"基本

生态控制线"。

⑭ "对水流、森林、山岭、草原、荒地、滩涂等自然生态空间进行统一确权登记，形成归属清晰、权责明确、监管有效的自然资源资产产权制度"（十八届三中全会《决定》，第 51 条、第 52 条）。

⑮ "加强规划实施全过程监管，确保依规划进行开发建设。健全国家城乡规划督察员制度，以规划强制性内容为重点，加强规划实施督察，对违反规划行为进行事前事中监管"（《国家新型城镇化规划》，第十七章第三节）。

参考文献

[1] 高军、裴春光、刘宾等："强制性要素对城市规划的影响机制研究"，《城市规划》，2007 年第 1 期。

[2] 郝晋伟："城市总体规划中的空间管制体系建构研究"（硕士论文），西北大学，2011 年。

[3] 蒋伶、陈定荣："城市总体规划强制性内容实效评估与建议——写在城市总体规划编制审批办法修订之际"，《规划师》，2012 年第 11 期。

[4] 李枫、张勤："'三区''四线'的划定研究——以完善城乡规划体系和明晰管理事权为视角"，《规划师》，2012 年第 10 期。

[5] 李晓江、张菁、董珂等："当前我国城市总体规划面临的问题与改革创新方向初探"，《上海城市规划》，2013 年第 3 期。

[6] 林坚、许超诣："土地发展权、空间管制与规划协同"，《城市规划》，2014 年第 1 期。

[7] 南京市规划局："强制性内容、'三区四线'、城市规划区、中心城区划定的具体办法研究"，2011 年。

[8] 牛慧恩："国土规划、区域规划、城市规划——论三者关系及其协调发展"，《城市规划》，2004 年第 11 期。

[9] 牛强、宋小冬、周婕："基于地理信息建模的规划设计方法探索"，《城市规划学刊》，2013 年第 1 期。

[10] 彭小雷、苏洁琼、焦怡雪等："城市总体规划中'四区'的划定方法研究"，《城市规划》，2009 年第 2 期。

[11] 石楠、刘剑："建立基于要素与程序控制的规划技术标准体系"，《城市规划学刊》，2009 年第 2 期。

[12] 孙斌栋、王颖、郑正："城市总体规划中的空间区划与管制"，《城市发展研究》，2007 年第 5 期。

[13] 王唯山："'三规'关系与城市总体规划技术重点的转移"，《城市规划》，2009 年第 5 期。

[14] 魏广君："空间规划协调的理论框架与实践探索"（博士论文），大连理工大学，2012 年。

[15] 袁锦富、徐海贤、卢雨田等："城市总体规划中'四区'划定的思考"，《城市规划》，2008 年第 10 期。

[16] 赵民、郝晋伟："城市总体规划实践中的悖论及对策探讨"，《城市规划学刊》，2012 年第 1 期。

[17] 张京祥、崔功豪："城市空间结构增长原理"，《人文地理》，2000 年第 2 期。

[18] 郑文含："城镇体系规划中的区域空间管制——以泰兴市为例"，《规划师》，2005 年第 3 期。

[19] 中华人民共和国建设部："城市规划强制性内容暂行规定"，2002 年。

[20] 朱才斌、冀光恒："从规划体系看城市总体规划与土地利用总体规划"，《规划师》，2000 年第 6 期。

城市总体规划实施的定量评估方法初探
——以乌兰浩特 2008 版评估为例

赵庆海　惠志龙　乔　鑫　陈　燕　李明玉

Quantitative Assessment Methodology for Urban Master Plan Implementation: A Case Study on Ulanhot Master Plan 2008

ZHAO Qinghai[1], HUI Zhilong[2], QIAO Xin[2], CHEN Yan[2], LI Mingyu[2]
(1. Department of Ideological and Political Education of Taishan University, Shandong 271021, China; 2. Gu Chaolin Studio, Beijing Tsinghua Tongheng Urban Planning & Design Institute, Beijing 100084, China)

Abstract　Urban master plan is a blueprint of the urban development and construction during a given period, which includes the urban development goals, urban system planning, urban nature and size, urban land use, urban spatial structure and various land layouts, and supporting measures of the plan implementation. Focusing on such issues as frequent revision of urban plans, qualitative assessment of the plan implementation, and too much subjectivity and arbitrariness of the plan assessment, this paper tries to explore a quantitative methodology for evaluating the urban master plan implementation based on Dr. ZHANG Jian's dissertation about urban master plan evaluation index system and Ulanhot Master Plan 2008. The paper proves that the assessment of urban master plan implementation can be conducted

作者简介
赵庆海，泰山学院思想政治教育学院；
惠志龙、乔鑫、陈燕、李明玉，北京清华同衡规划设计研究院有限公司顾朝林工作室。

摘　要　本文针对当下城市总体规划修编频繁、规划实施评估以定性为主、存在主观性和任意性的具体情况，进行城市总体规划定量评估方法的探索。论文结合乌兰浩特市总体规划修编过程中关于对 2008 版城市总体规划方案进行评估的要求，进行城市总体规划实施的定量评估方法探索。本文依据城市规划的基本内容，借鉴理论研究的"城市总体规划评价指标体系"，通过乌兰浩特 2008 版总规评估证明：城市总体规划实施评估可以采取定性与定量相结合的方法，最终以数量表述规划实施的效果，具有一定的可操作性和实用性。

关键词　城市总体规划评估；定量方法；乌兰浩特市

2008 年 1 月 1 日实施的《中华人民共和国城乡规划法》第 46 条规定：省域城镇体系规划、城市总体规划、镇总体规划的组织编制机关应当组织有关部门和专家定期对规划实施情况进行评估。城市总体规划是一个城市一段时间发展和建设的蓝图，涉及城市发展目标、市域城镇体系规划、城市性质与规模、城市用地发展方向、城市空间结构和各类用地布局与数量以及实施规划的配套措施等。怎样评估一个规划，一般来说就是用"好"和"坏"来表示（Alexander and Faludi, 1989）。然而，涉及规划的质量，在规划过程中可以分为两个方面：①规划对未来的控制能力，如果规划不能实施，也就是说这个规划失败了；②在不确定的条件下，规划作为决策过程，在实施过程中无论是规划本身还是规划指标都会变得非常困难，因此，这个规划也可以说是失败了。

by combining qualitative methods with quantitative methods, and the implementation effects can be expressed by a group of numbers. Such a method is operable and practical.

Keywords　assessment of the urban master plan implementation; quantitative method; Ulanhot City

西方城市规划评估起步较早，周坷慧、姜劲松（2013）研究认为，从 1950 年代起始至今，西方规划评估方法经历了"三代更替"的发展路径。从强调理性、崇尚效率，向不确定、交互性的综合、弹性思路转变。尤其在 2000 年以后，综合思维的评估方法逐渐应用于分析生态、经济、社会和空间的综合议题，广泛关注跨学科之间的交流与应用。高王磊、汪坚强（2014）认为，以古帕（Guba）、林肯（Lincoln）、达利亚（Dalia）、利奇菲尔德（Lichfield）为代表的一大批学者，通过研究对规划评估的理论进行了完善和发展。1970 年代末出现了两大典型定量方法。一是奥尔特曼和希尔（Alterman and Hill，1978）的空间校核法，提供了一个严格定量的土地利用评价系统（PIE），实证六个新西兰城市的土地利用规划和实际利用之间的一致性，开创了定量分析运用于实证研究的先河；另一个方法是卡尔金斯（Calkins，1979）的"规划监控法"（planing monitor）。运用二元统计方法量化计划和实际之间的差异，以期衡量计划的目标和实际的满足程度。目前国外城市规划实施监测和评估工作中采用的主要方法是以目标为导向的评价方法，其中制定阶段实施目标和选择评价指标是这一方法中的核心环节。

在国内，随着对城市规划公共政策属性认识的不断加深，规划评估工作引起了众多学者的关注，对城市规划实施评估方法也展开了研究。蒲向军（2005）使用实证技术方法评估了天津市 1984 年和 1995 年城市总体规划中的城市土地利用规划实施的效果。王宇（2005）总结了四类城市规划实施评价方法，分别是：①传统的客观目标式评价方法；②主观性的和以决策为中心的评价方法；③针对规划运作及其结果的评价方法；④"规划编制成果实施"的评价方法。熊斌（2006）运用因素提取、资料收集、现场调研、数据统计分析、图标分析、对比分析等定量与定性相结合的方法，对《长沙市城市总体规划（2003～2020）》进行了实效性评价。费潇（2006）着重对比研究规划实施评价，运用定量及定性相结合的方法对余姚城市规划的实施情况作了全面和客观的评析。简逢敏、伍江（2006）从定量内容评估方法（竣工规划验收方法）和定性内容评估方法（问卷调查法、虚拟现实模拟法和录像记录法）两个方面研究了住宅区规划实施后评估。施源、周丽亚（2008）认为规划实施评估通常运用定量和定性两种方法，如既可通过数据和模型等对实施结果与目标蓝图的契合度进行实证分析，也可通过定性描述来说明规划是否为决策提供依据以及是否坚持公正与理性。欧阳鹏（2008）尝试性地建构了规划过程评估模式和方法体系。林立伟等（2010）运用层次分析法及专家打分法，对徐州城市总体规划进行了评估，并结合评估结果提出优化建议。龙瀛等人（2011）提出了 GIS 的时空动态的规划实施评价方法，并以北京城市总规为例进行实证分析。吕晓蓓、伍炜（2006）、何灵聪（2013）对规划实施评估方法和机制进行分析。张舰（2012）从规划实施过程出发构建城市总体规划实施评估指标体系（表 1），并试图得出优秀、良好、

表 1　城市总体规划实施评估指标体系

评估内容	评估指标	评估因子	权重
城市发展目标落实情况 10%	城市发展目标落实情况 10%	根据规划所确定的发展目标动态选定	10
市域城镇体系规划实施情况 6%	城镇化率目标实现情况 3% 市域城镇体系发展情况 3%	城镇化率目标实现情况	3
		市域城镇体系发展情况	3
中心城区规划实施情况 80%	城市规模控制情况 20%	中心城区常住人口数控制情况	5
		中心城区建设用地面积控制情况	10
		中心城区人均建设用地面积控制情况	5
	城市发展方向和空间结构与规划一致性 20%	中心城区发展方向与规划一致性	10
		中心城区空间布局结构与规划一致性	10
	各类性质用地空间布局规划实施情况 40%	居住用地实施率	5
		工业用地实施率	5
		绿化用地实施率	5
		基础设施用地实施率	5
		公共服务设施用地实施率	5
		自然和历史文化遗产保护用地实施率	5
		水源地与水系用地实施率	5
		道路与交通设施用地实施率	5
保障总规实施的配套措施建设情况 4%	城市总体规划实施措施执行情况 4%	规划决策机制建设情况	2
		相关规划编制与实施情况	2
城市总体规划实施评估指标体系总权重			100

资料来源：张舰（2012）。

合格、较差、差五个综合评价（表2）。本文依据城市规划的基本内容，借鉴张舰理论研究的城市总体规划评价指标体系和城市总体规划实施评估分级，以乌兰浩特市2008版总规评估为例，进行城市总体规划实施评估的定性与定量相结合的方法探索。

表2　城市总体规划实施评估分级

分级	综合评估结果	情况说明
优秀	≥80	城市总体规划实施效果很好，城市建设与社会、经济、环境协调发展，规划作用明显
良好	60～80（含60）	城市总体规划在实施中各方面较为协调，规划能够起到较好的作用
合格	40～60（含40）	城市总体规划在实施中作用一般，各方面协调程度表现尚可
较差	′20～40（含20）	城市总体规划实施情况比较差，多数目标难以完成，各方面协调机制较差
差	20以下	城市总体规划实施情况很差，规划作用无法体现，形同虚设

资料来源：张舰（2012）。

1　城市总体规划编制概况

乌兰浩特市总共进行了八轮城市总体规划修编。在2003年以前，主要集中在归流河和洮儿河之间建设；2003年开始跳出洮儿河向东发展。至2008年，乌兰浩特市将经济技术开发区调整为城市新区模式发展，并在东北、东南城市边缘地区布局工业片区。同年，兴安盟盟委、盟行署决定建立乌兰浩特新区，为了实现区域联动、资源共享、功能互补、共同发展的规划目标，将乌兰浩特市市区、科右前旗科尔沁镇区和盟经济技术开发区按一个城市进行了统筹规划，由国家城市建设研究院完成编制工作。到2012年，按照城市总体规划，城市发展的框架已经拉开，促进了城市经济和建设的快速发展，在城市规模、城市交通、城市环境、基础设施、城市形象等方面均发生了很大变化。然而，近年来，2008版总体规划在实施中遇到很多问题，例如省际大通道与规划方案冲突、城市主干道改造实施困难、2×30万千瓦热电厂选址、区级物流园区建设、市级经济技术开发区用地基本用完等，进一步优化乌兰浩特城市建设用地布局，提高规划的可操作性，有必要对乌兰浩特市城市总体规划进行修编。

为了简明表述起见，乌兰浩特市2008版城市总体规划主要内容如表3所示。2008版城市总体规划用地布局规划以现在的乌兰浩特市区建成区为主体，位居白阿铁路东西两侧，洮儿河与归流河之间（图1）。

表3　乌兰浩特 2008 版城市总体规划主要内容

规划区范围	总面积 1 680km²，其中 1 256km² 属乌兰浩特市行政辖区，424km² 属科尔沁右翼前旗行政辖区
职能定位	兴安盟的政治、经济、文化中心；内蒙古东部地区重要的陆路交通枢纽和物资集散地；兴安盟的工业基地，其工业以农牧产品精深加工、生物制品、制造业、冶金、卷烟工业为主；区域性的商贸流通中心；以红城文化和蒙元文化为特色的内蒙古历史文化名城
城市性质	兴安盟的中心城市，蒙东地区重要的工贸城市与交通枢纽，内蒙古历史文化名城
城市规模	2010 年 28 万人，2020 年 40 万人。2020 年城市建设用地规模 55.8km²，人均建设用地 139.5m²
城镇体系	由一城（乌兰浩特城区）、二镇（葛根庙镇、乌兰哈达镇）和两个办事处（卫东办事处、太本站办事处）组成
城市用地发展方向	西移东拓，南向跨越。在充实城区西部的基础上，逐步跨越洮儿河向东发展，工业用地向城市东南部延伸，有污染的三类工业安置于城区以南的盟经济技术开发区
用地空间布局结构	建成区划分为市中区、河东区与葛根庙工业区三个功能区，各功能区之间以及与归流河西岸的科右前旗科尔沁镇区均通过城市交通性主干道予以连接

2008版规划用地　　　　　　　　　　　　　　2012年用地现状

图1　乌兰浩特 2012 年用地现状与 2008 版规划用地对比

2　城市发展目标实施评价

城市发展目标落实情况的评估，包括 2008 版规划城市性质复核及 2008 版总规实施以来城市经济、社会发展情况和生态保护情况评估。

2.1　城市性质

2008 版规划确定乌兰浩特市的城市性质为：兴安盟的中心城市，蒙东地区重要的工贸城市与交通枢纽，内蒙古历史文化名城。经过五年的规划实施，乌兰浩特市已是兴安盟的中心城市、蒙东地区重要的商贸城市。蒙东地区重要的工业城市与交通枢纽落实不足。

2.2 城市发展目标

《乌兰浩特城市总体规划（2008～2020）》报批实施以来，乌兰浩特市的人均 GDP、三次产业结构、医疗指标、人均公共服务用地面积等指标都有了一定提高，部分已提前实现了目标，整个城市的经济社会发展水平有了一定的提高，但城市的生态环境保护不够，与 2008 版总规确定的城市发展目标不符（表 4）。

综上分析可以看出，乌兰浩特市已初步实现 2008 版总规确定的城市发展目标，制定的一些指标已经达到进度。该项指标最终评估为"基本实施"，量化分值为 0.6 分，加权转换后为 6 分。

表 4 乌兰浩特市发展目标评估

	指标名称	单位	实施值		目标值		完成情况
			2008 年	2012 年	2015 年	2020 年	
经济发展	人均 GDP	元	18 823	34 547	—	—	执行较好
	三次产业结构		9.8：44.3：45.9	1：6：5.7	—	—	执行较好
社会发展	城区人口规模	万人	25.53	25.63	—	40	执行较差
	主城区居住用地面积	hm²	1 411.7	930.6	1 450	1 396.8	执行较差
	万人拥有医疗床位数	个	66	82	—	—	执行较好
	人均公共服务设施用地面积	m²	10.8	16.3	20	22.7	执行较差
生态保护	人均公共绿地面积	m²/人	2.9	2.3	10	11	执行较差

3 市域城镇体系规划实施评价

3.1 城镇化水平

如表 5 所示，乌兰浩特市 2008 版总规确定的城镇化率目标与实际的城镇化水平有较大差距，规划目标执行较差。

表 5 乌兰浩特城镇化水平实现情况

2008 年现状	规划目标	2012 年现状	评估结果	加权得分
74.9%	90%	75.7%	0.044	0.13

3.2 城镇体系

如表 6 所示，乌兰浩特市市域城镇体系指标评估结果为"基本实施"，量化得分 0.6 分，加权转换后得分为 1.8 分。

表6 乌兰浩特城镇体系发育情况

	2020 年（规划）	2012 年（实际）
城市	乌兰浩特市	乌兰浩特市
建制镇	葛根庙镇、乌兰哈达镇	葛根庙镇、乌兰哈达镇、太本站镇、义勒力特镇
办事处	卫东办事处、太本站办事处	

4 中心城区规划实施评价

4.1 城市建设

《乌兰浩特城市总体规划（2008～2020）》批复实施以来，主城区疏通并新建了多条城市道路；铁西区的工业搬迁正在顺利地进行中；城南区的政策性住房已经开工；行政新区的建设已初具规模，河东区建设也已开始，整个城市建设正在迅速地发展。

4.2 城市规模

乌兰浩特市现状城市人口规模25.63万，建成区用地规模32.67km²，人均用地规模127.5m²/人，通过与2008年现状规模、2008版总规目标对照，使用直接定量指标及因子的评测方法，得到评估结果（表7）。

表7 乌兰浩特2008版总规规模实施情况

序号	评估指标	2008 年现状	2020 年规划目标	2012 年现状	评测结果	加权得分
1	人口规模	25.53 万	40 万	25.63 万	0.009	0.05
2	用地总规模	24.25km²	55.8km²	32.67km²	0.222	2.22
3	人均用地规模	95.0m²/人	139.5m²/人	127.5m²/人	0.651	3.26
	城市规模控制情况指标评测结果					5.53

4.3 城市发展方向

经过五年的城市建设，乌兰浩特市中心城区的用地拓展基本实现了2008版总规的既定目标，城市发展空间框架基本拉开。但是，①市中区：部分原定居住性质用地因商住分离已建为商业，部分公共设施用地在规划中实施难度较大，导致公共服务设施不足。②河东区：由于总体规划后进行过城市设计，与原版规划有较大出入，在道路的设计与用地性质方面差异较大，目前正处于建设阶段，主要为居住区和部分工业区。③盟经济技术开发区：尚未有大规模建设，多为已批未建用地。在城市功能结构与规划一致性方面，盟行政中心组团正按规划处于建设期，已有部分工程竣工，且有大量项目仍在建设中。市行政中心建设已开始启动。河东区经济技术开发区处于快速建设中，大批项目已通过审批并落实，乳品、制药等企业的入驻将促进河东新区的快速发展，符合规划内容。但是，随着城市用地实际情况发生了变化，各分区范围及功能已不再符合原规划。与此同时，河东经济开发区工业大道以东、新桥大街以北地区不适合发展工业，且建设用地已基本用完，工业发展缺少后续用地，需要扩区（表8）。

表8　乌兰浩特2008版总规城市发展方向和功能结构实施情况

评估指标	2020年规划目标	2012年现状	评估结果	评测分值	加权得分
中心城区发展方向与规划一致性	规划期内，城市建设的主导发展方向是西移东拓、南向跨越。近期充实城区西部，与科尔沁镇连接成片，远期跨越洮儿河向东适量发展，工业用地向城市东部延伸，有污染的三类工业安置于城区以南的葛根庙工业区	现状城区建设用地基本符合2008年总体规划所确定的西移东拓、南向跨越的发展方向。与2008年现状相比，城区西部的盟行政办公区和物流园区初步形成，老城区南部和洮儿河以东已规划建设了部分住宅。河东区经济技术开发区建设用地已接近饱和，葛根庙经济技术开发区尚未有大规模建设，多为已批未建	一致性较好	0.8	8
城市空间结构与规划一致性指标评价			一致性较好	0.8	8

4.4　各类性质用地空间布局规划实施评估

居住用地：至2012年，居住用地面积为930.4hm²，完成2008版总规目标的66.61%，总量上完成效果一般。具体来看，现状人均居住用地面积36.3m²/人，占现状城市建设用地的28.48%，基本符合国家现行标准。但是城区周边仍然存在大量的简陋住宅，与其他用地穿插，功能混杂，公共服务设施欠缺；老城区居住环境较差，公园绿地不足，缺乏必要的公共活动场所。规划建议：保留老城区现有设施完好的居住用地，完善居住区的公共服务设施，加快棚户区的搬迁改造工程，未来新增居住用地可根据人口规模来定。

城市公共设施用地：2008版总体规划实施以来，城市公共设施用地面积已达368.7hm²，占城市建设用地面积的11.28%（国家规范为9.2%～12.3%），人均公共服务设施用地面积14.39m²/人（国家规范为9.1～12.4m²/人），人均公共服务设施用地面积突破国家标准的12.4m²/人，用地总量完成2008年规划目标的40.57%。总体来看，行政办公用地比重较大，文化娱乐设施用地、社会福利设施较少。规划建议：在保证公共服务设施用地面积总量的前提下，适当降低人均公共服务设施用地，优化调整公共服务设施用地构成；各项城市公共设施用地布局，应根据城市的性质和人口规模、用地和环境条件、设施的功能要求等进行综合协调与统一安排，以满足社会需求和发挥设施效益（表9）。

表 9　城市公共设施用地规划实施评估及其规划建议

公共设施用地类型	规划实施评估	规划建议
(1) 行政办公用地	现状城市行政办公用地 83.2hm²，占城市建设用地面积的 2.55%，高于国家标准，人均用地指标 3.25m²/人，远高于国家标准的 0.8~1.3m²/人	根据现实可操作性调整老城区行政办公用地零散的布局模式，统一规划在盟、市两级办公中心内，形成集约紧凑的行政办公中心
(2) 商业金融用地	现状商业金融用地规模 116.1hm²，占城市建设用地面积的 3.55%，符合国家标准的 3.3%~4.4%，人均用地指标 4.53m²/人，略高于国家标准的 3.3~4.3m²/人。从具体的分布情况来看，商业设施集中于老城区、铁西片区和河东片区，且各类小型商业网点的建设特点属自然发展状态	适当整合老城区零散的商业设施，形成老城区的商业中心，加强铁西片区和河东片区的商业结构，使商业设施分布更为均衡
(3) 文化娱乐设施用地	现状文化娱乐设施用地现状规模 9.3hm²，占城市建设用地规模的 0.28%，低于国家标准的 0.8%~1.1%，人均现状用地 0.36m²/人，低于国家标准的 0.8~1.1m²/人。现状文化娱乐设施多与商业用地等混杂，用地严重不足，主要分布于老城片区，且文化娱乐设施档次较低，设施陈旧，服务种类不健全	保留老城区主要文化设施，在河东片区和铁西片区增加文化娱乐设施用地，在各个片区内规划布局文化娱乐中心区，提升文化设施的档次
(4) 体育设施用地	现状体育设施用地规模为 16.6hm²，人均现状用地面积 0.64m²/人，符合国家标准的 0.5~0.7m²/人，占现状体育设施用地规模的 0.5%~0.7%，但是铁西片区新建的体育中心建设用地面积就达到了 15.7hm²，占现状体育设施用地面积的 94.58%，老城区和河东区缺乏相应的体育设施	以完善体育中心和学校、小区体育设施为主
(5) 医疗卫生用地	现有医疗卫生用地 19.8hm²，占城市建设用地比例的 0.61%，符合国家规范的 0.6%，人均医疗卫生设施面积 0.77m²/人，符合国家规范的 0.6~0.8m²/人，总量上完成 2008 版规划目标的 32%，主要集中于老城区。但老城区医疗设施布局不够合理，分布不均衡，与城市发展的要求存在一定差距，且河东区缺少医疗设施	对老城区的医疗设施布局进行合理调整，对建设用地进行调配和补充。随着城市向东发展，在河东片区增加医疗卫生用地
(6) 教育科研设施用地	现有教育科研设计用地规模 117.2hm²，占城市建设用地面积的 3.59%，符合国家规范的 2.9%~3.6%，人均用地面积 4.57m²/人，高于国家标准的 2.9~3.8m²/人。现状教育设施数量上虽然满足当前城市发展的需要，但各种教育设施简陋不完备，不利于提高办学规模效益	对城区北部的高职高专教育资源进行资源整合
(7) 社会福利设施用地	现有社会福利设施 5.0hm²，占城市建设用地面积的 0.2%，低于国家规范的 0.2%，人均社会福利设施用地 0.2m²/人，基本达到国家标准的 0.2~0.4m²/人。社会福利设施主要分布于老城片区，铁西片区分布较少，河东片区现状没有社会福利设施	尽量保留原有的社会福利设施，在河东片区和铁西片区增加社会福利设施用地

工业用地：至 2012 年，工业用地的面积发展为 668.2hm²，完成规划指标的 57.56%，工业用地增长较快。2008 年以来，工业用地主要布局在河东经济技术开发区，目前河东区工业用地发展已突破河东经济开发区建设用地的范围，并在簸箕山一带新发展了一些工业用地，布局较为零散。老城铁路西侧和南侧原有工业基础与居住用地混杂在一起，干扰居民的正常生活，影响城区的进一步发展。规划建议：考虑河东区经济技术开发区的扩区问题，老城需要扩大或搬迁的企业向新扩区的经济技术开发区布局，污染企业搬迁至盟经济技术开发区内。

仓储用地：至 2012 年，仓储用地的面积发展为 207.3hm²，完成规划指标的 65.81%。2008 年以来，仓储用地增长迅猛，新增仓储用地主要位于城区北侧的物流园区内，老城区铁路西侧仍然保留一些仓库，与其他用地性质混杂在一起。规划建议：将老城铁路西侧的原有仓库远期统一搬迁到物流园区发展。

交通设施用地：现状交通设施用地的面积为 807.9hm²，占城区建设用地的 24.7%，基本完成规划指标。新区基本完成道路建设及配套建设，改造建设五一路、爱国路、乌兰大街、钢铁大街、山城路、绿茵巷等城市道路。两座下穿铁路立交桥已完工，正在建设两座上跨铁路立交桥。老城现状路网存在断头路、道路不畅、交叉口过多等问题，河东新区为新建经济中心，方格网为主的城市道路骨架已经初步形成。规划建议：完善和拓宽改造老城区的道路系统。

公用设施用地：截至 2012 年，城区市政设施用地仅 42.3hm²，占城市建设用地面积的 1.29%，人均用地 1.29m²/人，仅完成 2008 版总规目标的 26.79%。总体来说市政设施建设强度较低，用地总量偏少，发展滞后。规划建议：根据城市发展的实际需要增加市政设施用地。

城市绿地：城市绿地建设在建设力度、保护措施、发展水平以及服务质量诸方面均不尽人意，距建设山水城市的目标存在明显差距。截至 2012 年，绿地建设仅完成 2008 年总规规划目标的 19.1%，占现状城市建设用地的 5.2%，远低于国家标准下限的 10%。规划建议：增加城市绿地，加强绿廊形成点、线、面相结合的绿地系统。

乌兰浩特各类性质用地空间布局规划实施评估，2012 年用地现状与 2008 版规划用地对比如图 1 所示，用地规划实施情况评估如表 10 所示。

4.5　交通体系规划实施评估

城市对外交通：锡乌铁路、乌白高速公路及其连接线按期推进。但新的省际大通道已经由交通部门定线并将其提升为高速公路，新的定线方案与原规划城市路网、交通节点和城市用地有所冲突。

城市道路交通：洮儿河跨河桥中，八里桥、乌兰大桥、洮儿河大桥、钢业大桥已建成通车；归流河跨河桥中，柳川桥、都林桥已建成通车。铁路跨线桥建成六座；都林和查干街建成隧道两座。新区新建道路已基本建成。但汇宁桥尚未建成通车，山北街跨河桥因水源地原因无法修建，与规划冲突。原规划停车场均未实施。

表10　乌兰浩特2012年用地现状与2008版规划用地规划实施情况评估

序号	用地代号	用地名称	2008年现状		规划目标（2020年）		2012年现状			《城市用地分类与建设用地标准》(%)	实施结果
			面积(hm²)	占城市建设用地比例(%)	面积(hm²)	占城市建设用地比例(%)	面积(hm²)	占城市建设用地比例(%)	现状完成规划目标(%)		
1	R	居住用地	1 411.7	58.21	1 396.8	25.03	930.4	28.48	66.61	25.0~40.0	基本完成
	R22	中小学用地	58.8	2.42	61.7	1.11	59.8	1.80	95.30	—	完成
	C	公共设施用地	276.9	11.42	908.7	16.29	368.7	11.28	40.57	9.2~12.3	完成
	C1	行政管理用地	59.4	2.45	148.3	2.66	83.2	2.55	56.08	—	完成
	C2	商业金融业用地	75.8	3.13	318.9	5.72	116.1	3.55	36.40	—	基本完成
	C3	文化娱乐用地	12	0.49	52.9	0.95	9.3	0.28	17.54	—	未完成
2	C4	体育用地	20.3	0.84	46.1	0.83	16.6	0.51	35.97	—	未完成
	C5	医疗卫生用地	19.9	0.82	62	1.11	19.8	0.61	32.00	—	基本完成
	C6	教育科研设计用地	82.6	3.41	154.3	2.77	117.2	3.59	75.98	—	完成
	C7	文物古迹用地	6.6	0.27	6.2	0.11	6.2	0.19	100.00	—	完成
	C9	宗教用地	0.3	0.01	0.3	0.01	0.3	0.01	100.00	—	完成
3	M	工业用地	286.2	11.80	1 160.8	20.80	668.2	20.45	57.56	15.0~30.0	基本完成
4	W	仓储用地	70.9	2.92	315	5.65	207.3	6.35	65.81	—	基本完成
5	T	对外交通用地	19.1	0.79	37	0.66	55.4	1.70	149.73	—	完成
6	S	道路广场用地	186.5	7.69	876.5	15.71	785.6	24.05	89.63	10.0~30.0	完成
7	U	市政公用设施用地	85.8	3.54	157.9	2.83	42.3	1.29	26.79	—	未完成
8	G	绿地	73.2	3.02	714.3	12.80	136.4	4.18	19.10	10.0~15.0	未完成
		公共绿地	—	—	439.9	7.88	58.3	1.78	13.25	—	未完成
9	D	特殊用地	14.8	0.61	12.9	0.23	19.0872	0.58	147.96	—	—
合计		城市建设用地	2 425.1	100.00	5 579.9	100.00	3 267	100.00	58.55	—	—

4.6　生态环境保护评估

城市绿地:"一心"罕山公园、烈士陵园绿地系统已基本形成,洮儿河的滨河绿色廊道已初步形成,建成街心公园四处。但因征地难等原因,规划的多处绿地尚未实施。归流河、二道河和阿木古郎河的绿色廊道尚未修建。

城市生态建设:绿化与城郊山林建设相结合,在楔入城区的罕山—北山,完善现有的罕山公园并新建成吉思汗城郊森林公园。建设洮儿河滨河绿地,使之成为贯穿城区的绿色廊道和生态空间。城北大道、高速公路、铁路、主要对外公路以及交通性主干路建成区以外的路段两侧的专用防护绿地正在实施。扩建城西苗圃,占地面积 30hm²。高压走廊规划为防护绿带预留,但未实施;河东区增加一带状绿地,目前未实施。

城市环境保护:治理洮尔河、归流河的水质;城市水源地得到有效保护;改善城市空气质量;控制城市区域噪声,交通干线区域噪声;安全处理处置危险废物、医疗废物和放射性废物;城市垃圾进行无害化处理。规划期内,城市建成区以及城郊现有的污染严重的工业企业逐步全部迁往盟经济技术开发区。但未实施增建医疗垃圾处理场、垃圾处理厂,相关生活、工业废水处理指标尚未达到规划要求。

通过对照 2008 年城市用地调查、2012 年城市用地现状调查与 2008 版总规建设用地平衡表,使用间接定量指标及因子的评测方法,得到评估结果(表 11)。各类性质用地布局的实施情况最终评测结果为 21.27,问题集中在商业服务业用地分配不均衡、城市绿地建设匮乏、工业用地发展瓶颈、市政设施建设滞后等。

表 11　乌兰浩特各类用地空间规划实施情况评估

评估因子	规模实现率(%)	布局实现率(%)	评测结果	加权得分
居住用地实施率	66.61	66.61	0.666	3.33
工业用地实施率	57.56	39.50	0.485	2.43
绿化用地实施率	19.10	19.10	0.191	0.96
基础设施用地实施率	26.79	26.79	0.268	1.34
公共服务设施用地实施率	40.57	40.57	0.406	2.03
自然和历史文化遗产保护用地实施率	100.00	100.00	1.000	5.00
水源地与水系用地实施率	34.17	34.17	0.342	1.71
道路与交通设施用地实施率	89.63	89.63	0.896	4.48
各类性质用地布局的实施情况				21.27

表 12　乌兰浩特 2008 版体规划评估

评估内容	评估指标	因子解释	因子类型	权重	加权得分	评估结果
城市发展目标落实情况 10%	根据规划确定的发展目标动态选定	发展定位	直接定量	10	7	基本实施
市域城镇体系规划实施情况 6%	城镇化率目标实现情况	综合水平	直接定量	2	0.09	控制失效
	市域城镇体系发展情况	城镇体系	定性	2	1.2	基本实施
	交通体系规划实施情况	交通体系	定性	2	0.6	部分实施
中心城区规划实施情况 80%	中心城区常住人口数控制情况	人口规模	直接定量	5	0.05	控制失效
城市规模控制情况 20%	中心城区建设用地面积控制情况	用地规模	直接定量	10	2.22	控制较差
	中心城区人均建设用地控制情况	用地规模	直接定量	5	3.26	控制一般
城市发展方向和空间结构与规划一致性 20%	中心城区发展方向与规划一致性	整体情况	定性	10	8	与规划一致性较好
	城市空间结构与规划一致性		定性	10	8	同上
各类性质用地空间布局规划实施情况 40%	居住用地实施率		间接定量	5	3.33	基本实施
	工业用地实施率		间接定量	5	2.43	基本实施
	绿化用地实施率		间接定量	5	0.96	实施较差
	基础设施用地实施率	具体情况	间接定量	5	1.34	部分实施
	公共服务设施用地实施率		间接定量	5	2.03	实施较差
	自然历史文化遗产保护用地实施率		间接定量	5	5.00	实施较好
	水源地水系建设用地实施率		间接定量	5	1.71	部分实施
	道路与交通建设用地实施率		间接定量	5	4.48	实施较好
保障总规实施的配套措施建设情况 4%	规划决策机制建设情况	机制建设	定性	2	1.8	执行较好
城市总体规划实施措施执行情况 4%	相关规划编制与实施情况	配套规划	定性	2	1.8	执行较好
城市总体规划实施评估得分				100	55.3	合格

5　保障总规实施的配套措施评估

5.1　规划决策机制的建立和运行

到目前为止，城市的总体框架已基本拉开，城市发展目标基本得到了落实，详细规划基本做到了全覆盖，城市基础设施建设力度不断加大，城市承载能力不断增强，生态文明建设进一步推进，城市品位有所提升，民生质量得到改善。规划的实施促进了乌兰浩特市经济及城市建设的快速发展，城市规模、城市交通、城市环境、基础设施、城市形象都发生了巨大变化。该项指标最终评估为"较好实施"，量化得分为0.9分，加权转换后为1.8分。

5.2　规划编制与实施

《乌兰浩特城市总体规划（2008～2020）》编制完成后，先后着手实施了《乌兰浩特市绿地系统规划》、《乌兰浩特市洮儿河景观规划》、《乌兰浩特市住房建设规划》、《乌兰浩特市行政新区控制性详细规划》、《乌兰浩特市成吉思汗公园概念规划》、《乌兰浩特市部分地区控制性详细规划》、《乌兰浩特市河东区城市设计》、《兴安盟经济技术开发区总体规划》等一系列规划或专项规划。在此前后还编制完成《兴安盟城镇体系规划》等，亦充分借鉴了上版城市总体规划的规划思路与发展设想。建成区控制性详细规划及城市设计亦遵循总体规划进行编制。目前，乌兰浩特基本形成了较为完善的城市规划体系，有效地支持和服务了城市经济社会事业发展。该项指标最终评估为"较好实施"，量化得分为0.9分，加权转换后为1.8分。

6　2008版总规实施评估结果分析

经过五年的规划建设，在2008版城市总体规划的指导下，乌兰浩特市各方面都取得了一定的成绩。本次评估对乌兰浩特市2008版总体规划实施评估的分值为55.3分，评估结果为合格（表12），各项指标完成情况如图2所示。这说明了2008版总规在乌兰浩特市城市建设发展过程中发挥了一些作用，各方面协调程度总体上表现尚可，但仍然存在不少问题。城市发展问题集中体现在城镇化率、城市规模控制、中心城区用地布局等规划指标控制失效上。

7　结语

本文依据城市规划的基本内容，借鉴理论研究的"城市总体规划评价指标体系"，通过乌兰浩特2008版总规评估证明：城市总体规划实施评估可以采取定性与定量相结合的方法，最终以数量表述规

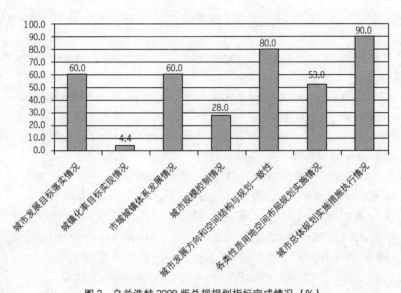

图 2　乌兰浩特 2008 版总规规划指标完成情况（%）

划实施的效果，具有一定的可操作性和实用性。其根本目的在于检验上版规划实施状况、存在问题，得出是否需要进行总体规划修编的建议，以及总体规划修编需要关注的重要问题。但由于城市总体规划评估是一项十分复杂的工作，定量方法虽然在一定程度上满足了规划研究急需的"严谨、实证、大样本、积极应对变化的定量支撑"，但在实际规划评估的操作过程中，定量分析也在很大程度上存在着滞后性、不确定性、多因果关系的复杂性和界定模糊性等问题，以及数据失真、数据缺失等问题。针对这一现象，希望有关部门通过加快城建数据库的建设，建立信息共享机制，丰富数据的采集，提高数据的准确性，积极探索城市规划实施评估的理论和方法，如效用函数综合评价法、层次分析法、成功度法等，应用 GIS、SPSS 等技术手段，通过定性与定量研究，构建具有中国特色的城市规划实施评估体系，推动城市规划评估工作的健康发展。

致谢

本文受国家科技支撑计划项目（2014BAL04B01）资助。感谢兴安盟规划局提供帮助。本文在写作过程中，得到了清华大学建筑学院顾朝林教授的悉心指导和帮助，在此对顾老师表示衷心感谢！

参考文献

[1] Alexander, E. R., Faludi, A. 1989. Planning and Plan Implementation: Notes on Evaluation Criteria. *Environment and Planning B: Planning and Design*, Vol. 16, No. 2.

[2] Alterman, R., Hill, M. 1978. Implementation of Urban Land Use Plans. *Journal of the American Institute of Planners*, Vol. 33, No. 3.

［3］Calkins, W. 1979. The Planning Monitor: An Accountability Theory of Plan Evaluation. *Environment and Planning*, Vol. 11, No. 7.

［4］Healey, P. et al. 1985. *The Implementation of Planning Policies and the Role of Development Plans*. Pergamon, Oxford.

［5］Seasons, M. 2003. Monitoring and Evaluation in Municipal Planning: Considering the Realities. *Journal of the American Planning Association*, Vol. 69, No. 4.

［6］Talen, E. 1996. After the Plans: Methods to Evaluate the Implementation Success of Plans. *Journal of Planning Education and Research*, Vol. 16, No. 2.

［7］费潇："城市总体规划实施评价研究"（硕士论文），浙江大学，2006 年。

［8］高王磊、汪坚强："中美城市规划评估比较研究"，《现代城市研究》，2014 年第 6 期。

［9］何灵聪："基于动态维护的城市总体规划实施评估方法和机制研究"，《规划师》，2013 年第 6 期。

［10］简逢敏、伍江："住宅区规划实施后评估的内涵与方法研究"，《上海城市规划》，2006 年第 3 期。

［11］李王鸣、沈颖溢："关于提高城乡规划实施评价有效性与可操作性的探讨"，《规划师》，2010 年第 3 期。

［12］林立伟、沈山、江国逊："中国城市规划实施评估研究进展"，《规划师》，2010 年第 3 期。

［13］龙瀛、韩昊英、谷一桢等："城市规划实施的时空动态评价"，《地理科学进展》，2011 年第 8 期。

［14］吕晓蓓、伍炜："城市规划实施评价机制初探"，《城市规划》，2006 年第 11 期。

［15］欧阳鹏："公共政策视角下城市规划评估模式与方法初探"，《城市规划》，2008 年第 12 期。

［16］蒲向军："城市总体规划实施研究——以天津市为例"（硕士论文），武汉大学，2005 年。

［17］施源、周丽亚："对规划评估的理念、方法与框架的初步探讨——以深圳近期建设规划实践为例"，《城市规划》，2008 年第 6 期。

［18］宋彦、江志勇、杨晓春等："北美城市规划评估实践经验及启示"，《规划师》，2010 年第 3 期。

［19］孙施文、周宇："城市规划实施评价的理论与方法"，《城市规划汇刊》，2003 年第 2 期。

［20］王宇："城市规划实施评价的研究"（硕士论文），武汉大学，2005 年。

［21］熊斌："长沙市城市总体规划实效性评价研究"（硕士论文），湖南大学，2006 年。

［22］张舰："城市总体规划评估"（博士论文），中国科学院地理科学与资源研究所，2012 年。

［23］周珂慧、姜劲松："西方城市规划评估的研究述评"，《城市规划学刊》，2013 年第 1 期。

城镇体系规划实施评估及其案例
——以兴安盟 2008 版规划为例

牛品一 张朝霞 李洪澄 张兆欣 郑 毅 李彤玥

Evaluation on Urban System Plan Implementation: A Case Study on Hinggan League Plan 2008

NIU Pinyi[1], ZHANG Zhaoxia[1], LI Hongcheng[1], ZHANG Zhaoxin[1], ZHENG Yi[1], LI Tongyue[2]
(1. Gu Chaolin Studio, Beijing Tsinghua Tongheng Urban Planning & Design Institute, Beijing 100084, China; 2. School of Architecture, Tsinghua University, Beijing 100084, China)

Abstract Evaluation on urban plan implementation is a necessary step of urban planning. Nowadays, urban system plans are frequently revised, evaluation on plan implementation mainly uses qualitative methods, which are subjective and arbitrary. Therefore, it is necessary to evaluate urban system plan by quantitative methods. Based on the Hinggan League governmental requirements on evaluating the 2008 urban system plan, this paper puts forward the evaluation model for urban system plan implementation. According to the basic content of the urban system plan, the Index System for Evaluating Urban System Plan is made by combining qualitative and quantitative methods to evaluate and analyze urban system plan implementation. The results show that the urban system plan implementation can be evaluated by combining qualitative and quantitative methods, and the effect

作者简介
牛品一、张朝霞、李洪澄、张兆欣、郑毅，北京清华同衡规划设计研究院有限公司顾朝林工作室；
李彤玥，清华大学建筑学院。

摘 要 规划实施评估是城乡规划过程必不可少的环节。本文针对当下城镇体系规划修编频繁、规划实施评估方法以定性为主、存在主观性和任意性的具体情况，进行城镇体系规划定量评估方法的探索。文章结合兴安盟政府对2008版城镇体系规划方案进行评估的要求，提出了城镇体系规划实施评估体系的模式。本文依据城镇体系的基本内容，构建了"城镇体系规划实施评价指标体系"，采用定性与定量相结合等分析方法对城镇体系规划实施的效果进行评价与分析。通过评估证明：城镇体系规划实施评估可以采取定性与定量相结合的方法，最终以数量表述规划实施的效果，具有一定的可操作性和实用性，有助于城镇体系规划实施评估的科学化和系统化。

关键词 城镇体系规划实施评估；定量方法；兴安盟

1 规划实施评估理论回顾

规划实施评估是规划系统的重要组成部分，是城乡规划过程必不可少的环节（李王鸣、沈颖溢，2010）。规划实施过程中的评估，是为下一步的规划实施和规划是否变更提供决策依据，评估的重点应在对规划实施进度的评估、规划方案实施过程中外部环境变化的评估、规划实施难度的评估，以及针对规划实施的特殊问题进行的专项评估（鲁承斌等，2013）。同时，规划实施评估也是规划督察的重要组成部分，为"规划编制、规划执行和绩效评估"三个环节中必不可少的一环（魏立华、刘玉亭，2009）。

从 1960 年代以来，规划界已经将规划理念从对规划图的编制转向对规划过程的重视，认为规划的关键在于规划

can be expressed by scores. Because of its practicality, the evaluation model is conducive to enhance the scientificity and systemization of the evaluation on urban system plan.

Keywords assessment on urban system plan implementation; quantitative method; Hinggan League

的实施。区域规划评估经历了从"当作终极蓝图的规划编制成果"向"整个决策到实施的过程"的转向（郭垚、陈雯，2012）。

规划评估是对城乡规划全过程实现监测和审视的重要方法，在我国得到一定程度的发展，在完善规划方案编制、保障规划实施、跟踪规划实施效果及促进实现城市目标，以及平衡和调解社会利益等方面具有重要作用（宋彦、陈燕萍，2012；宋彦等，2010）。

目前国内对城镇体系规划实施评估主要以定性方法为主，对城镇体系的内容多为简单的分析，这就造成对城镇体系规划实施效果认识的模糊性和不精确性，不利于指导后期的区域城镇建设。为了对城镇体系规划实施效果有更精确的认识，采取定性与定量相结合的方法，将城镇体系规划的内容分解成各项指标，对每项指标赋予不同的权重，通过量化指标对实施结果进行评价；不能量化的目标通过定性的分析来获得。以定量分析为主体，定性分析为补充，以便获得客观、真实的规划实施情况（卢彧，2011）。

2009 年 3 月内蒙古自治区人民政府批准《兴安盟城镇体系规划（2008～2020 年）》（以下简称《规划》）。《规划》实施以来，对指导兴安盟城乡规划和建设发挥了重要作用，基本实现了近期规划的主要目标。城镇化水平由 2007 年的 37.8％增加到 2013 年的 44.4％。城市综合承载力明显提高，各旗县市中心城区建成区空间形态的外延不断扩大，统筹城乡协调发展的功能显著增强，城市聚集人口、产业要素的能力进一步提升。居民生活环境大为改观，城市管理水平不断提升。最近以来，国家推进新型城镇化，中央对兴安盟发展提出了新的要求，振兴东北老工业基地政策实施，促进内蒙古社会经济又好又快发展的政策实施，大兴安岭南麓山区扶贫政策实施，"8337"发展思路的提出，乌兰浩特都市圈建设，兴安盟经济社会发展和城镇体系规划实施面临新的发展机遇和变化。为了认清兴安盟盟情，全面掌握《规划》实施以来兴安盟城镇建设情况，以及应对城镇化面临的新形势和新特点，开展了针对《规划》实施的评估。

2　评估原则和方法

2.1　评估原则

　　针对当下城镇体系规划实施评估方法以定性为主，存在主观性和任意性的具体情况（万艳华等，2012；周金晶等，2011；林立伟等，2010），本次《规划》评估采取如下原则。①实事求是与科学发展相结合的原则。既实事求是、全面客观地反映规划实施过程中取得的成效及存在的问题，又顺时应势、着眼科学发展，明确提出进一步完善规划、破解难题的对策。②定性与定量相结合的原则。定性分析与定量分析相结合，全面总结规划实施的进展、成效和不足。③静态与动态相结合的原则。既根据各项评价指标及规划要求，实施静态的判断性评价；又立足当前形势和发展要求的变化，动态地科学研判规划施行绩效（丁国胜等，2013）。

2.2　评价方法

　　本次《规划》评估首先进行现场调查，取以走访、现场观察、搜集资料为主的调查方式，从中获取第一手评估资料。具体评估采取定性和定量分析相结合的方法（吴江、王选华，2013），对获得的各种资料进行归纳分析，并结合定量的数据分析，进行客观的评价。

3　《规划》实施评估标准和指标体系

3.1　评估标准

　　通过构建城镇体系规划实施评估指标体系，经过加权计算可以获得百分制的实施情况表现。考虑到城镇体系规划实施受到体制、政策、领导意图、技术手段等多方面因素的干扰，其实施情况很难充分与规划目标相吻合，尤其是在城镇化快速发展阶段，对区域和城市发展的未来预期判断更难把握。因此，本报告在具体评估结果判定上设定了较为宽松的划分标准（表1）。

表 1　城镇体系规划实施评估体系标准

分级	综合评估结果	情况说明
优秀	≥80	城镇体系规划实施效果很好，区域及各个城镇建设与社会、经济、环境协调发展，规划作用明显
良好	60～80（含60）	城镇体系规划在实施中各方面较为协调，规划能够起到较好的作用
合格	40～60（含40）	城镇体系规划在实施中作用一般，各方面协调程度表现尚可
较差	20～40（含20）	城镇体系规划实施情况比较差，多数目标难以完成，各方面协调机制较差
差	20 以下	城镇体系规划实施情况很差，规划作用无法体现，形同虚设

3.2 评估指标体系

本次《规划》实施评估主要涉及七个方面的内容。根据城镇体系规划内容的重要性，对各项评估内容赋予不同的权重，如城镇等级规模、职能、空间结构、基础设施网络为核心内容，适当提高其权重。然后把权重分解到具体评估指标及评估因子中，根据评估结论对各项评估指标打分，并通过综合加权计算得出分数（卢彧，2011；孙晓东，2013）（表2）。

表2 兴安盟城镇体系规划实施评估指标体系

评估内容	评估指标	评估因子	权重
总体发展目标落实情况 10%	发展目标落实情况 10%	根据规划所确定的发展目标动态选定	10
城镇体系规划实施情况 45%	等级规模实现情况 15%	首位度、四城市指数、城镇人口规模	15
	城镇职能实现情况 15%	职能定位正确与否及实现情况	15
	空间结构实现情况 15%	城镇空间发育情况	15
城乡统筹规划实施情况 10%	农村产业发展与布局 2%	发展是否一致	2
	公共服务设施整体规划布局 4%	教育、文化、卫生、体育设施建设情况	4
	基础设施整体规划布局 4%	农村道路、饮水、环境整治情况	4
生态环境保护 10%	环境质量目标 5%	目标实现情况	5
	污染防治目标 5%	目标实现情况	5
盟域基础设施规划 10%	交通设施 7%	铁路、公路、机场、交通枢纽建设情况	7
	能源设施 3%	变电站、电厂建设情况	3
盟域社会服务设施规划 10%	教育、文化、医疗卫生	发展目标及设施建设情况	10
旅游资源保护与开发规划 5%	旅游空间布局结构 5%	旅游资源开发情况	5
城镇体系规划实施评估指标体系总权重			100

4 《规划》实施评估

4.1 发展目标评估

4.1.1 经济增长目标

据2013年统计公报，2013年全盟地区生产总值达到415.34亿元（图1）。按近七年年均增长

20％的增速计算，到 2020 年地区生产总值可以达到并远远超出规划预期的 830 亿元。目前人均指标达到 26 000 元，已经超过 2015 年的规划预期值。三次产业结构变化不大，目前三产比例为 30.2：37.3：32.5（图 2）。要达到规划提出的"2020 年三产比例为 7：52：41"的目标有一定难度。

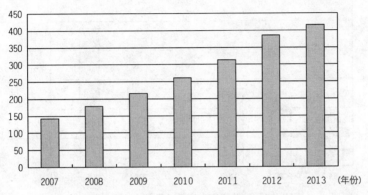

图 1 2007～2013 年兴安盟 GDP 变化情况（亿元）

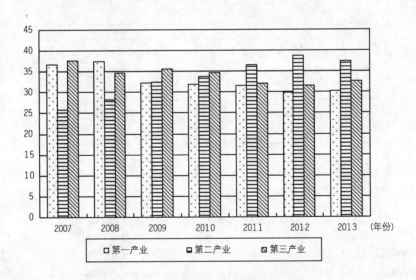

图 2 2007～2013 年兴安盟三次产业结构变化情况（％）

4.1.2 社会发展目标

据 2013 年统计公报，2013 年全盟常住人口为 160.34 万人，城镇人口为 71.14 万人，城镇化水平达到 44.37％（图 3）。近年来兴安盟人口增长缓慢（图 4），2013 年人口负增长 0.39 万人，因此，总人口可以达到"2020 年兴安盟总人口控制在 177 万人以内"的目标；城镇化水平低于内蒙古 58.7％的平均水平，按目前年均 1 个百分点的增速计算，到 2020 年可以达到规划提出的"城镇化水平达到 60%以上"的目标。

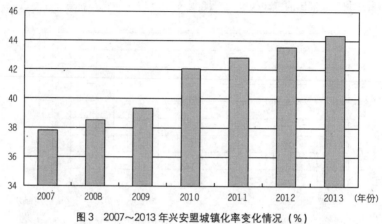

图 3　2007～2013 年兴安盟城镇化率变化情况（%）

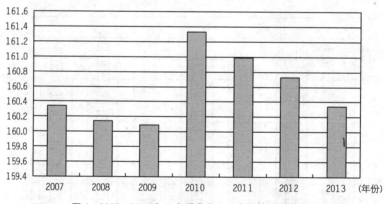

图 4　2007～2013 年兴安盟常住人口变化情况（万人）

4.1.3　生态环境目标

据 2013 年统计公报，2013 年全盟共确定自然保护区 10 个，其中：国家级自然保护区 2 个，自治区级自然保护区 7 个，县级自然保护区 1 个。自然保护区面积 58.19 万 hm^2，其中：国家级自然保护区面积 22.18 万 hm^2。全盟有国家级生态示范区 2 个，国家级优美乡镇 5 个，生态村 1 个。2013 年 SO_2 排放量 1.83 万吨，比上年下降 5.28%。全盟万元 GDP 能耗 1.14 吨标准煤，比上年下降 3.6%。

如表 3 所示，兴安盟已基本实现《规划》的发展目标，多数指标达到规划目标进度。发展目标最终评估量化分值为 0.71，加权转换后为 7.1 分。

表 3　城镇体系规划经济、社会、生态发展目标体系

指标名称		单位	实际值	现状值	目标值		完成情况
			2008 年	2013 年	2013 年	2020 年	
经济发展	地区生产总值	亿元	178.93	415.34	339.12	830	完成
	三次产业结构		37.4∶25.5∶37.1	30.2∶37.3∶32.5	—	7∶52∶41	未完成
	人均 GDP	万元	1.1	2.6	2	4.7	完成
社会发展	总人口	万人	160.14	160.34	166.96	177	完成
	城镇化水平	%	38.51	44.37	44	60	完成
生态保护	自然保护区面积	km²	5 819	5 818.7	7 291.7	1 万	未完成
	国家级生态示范区面积	km²	4 889.5	12 298.2	8791.5	2 万	完成

4.2　等级规模结构评估

城镇体系等级规模结构是区域内各城镇的规模、数量等方面的结构及其相互关系，是对城镇职能作用及城镇发展状况的直接反映，以下主要采用首位度、四城市指数和市域内各城镇人口规模等指标来反映实施程度。

4.2.1　首位度

城市首位度，是指一国或地区最大城市的人口数与第二大城市的人口数的比值，通常用来反映该国或地区的城市规模结构和人口集中程度。一般来说，城市首位度小于 2 表明区域城市结构正常、集中适当；大于 2 则存在城市结构失衡、过度集中的趋势。

2013 年兴安盟中心城市总城镇人口为 26 万人（包括乌兰浩特和科尔沁中心城区），位于第二位的音德尔镇总城镇人口为 8.08 万人，计算可得兴安盟城市首位度为 3.22。由此说明，兴安盟城市结构呈现显著的首位型分布，中心城市聚集力强，能够对周边城镇有带动和辐射作用，但同时也反映出其他各城镇规模较小，城镇结构存在失衡、过度集中的现象。

由此判断，城镇体系等级规模结构规划实施首位度指标量化分值为 0.6，加权转换后为 1.8 分。

4.2.2　四城市指数

四城市指数 S1＝P1/（P2＋P3＋P4），其中 P1、P2、P3、P4 表示城镇体系中按人口规模从大到小排序后某位次城市的人口规模。按照位序规模的原理，正常的四城市指数应为 1。

根据计算可得，兴安盟四城市指数为 1.33。由此说明，兴安盟盟域各城镇呈现多中心、低水平均衡分布，城镇结构有待进一步优化完善。

由此判断，城镇体系等级规模结构规划实施四城市指数量化分值为 0.6，加权转换后为 1.8 分。

4.2.3　盟域内各城镇人口规模

（1）第一级：兴安盟中心城市

2020 年，规划确定中心城市人口为 55 万人，2008 年兴安盟中心城市人口为 23 万人。按照规划确定的目标，2013 年应达到的阶段性目标为 33 万人，但是 2013 年中心城市实际人口为 26 万人，未达到规划目标（表 4）。

表 4　兴安盟中心城市人口规模实施情况（万人）

	实际值	现状值	目标值		完成情况
	2008 年	2013 年	2013 年	2020 年	
中心城市	23	26	33	55	未完成

（2）第二级：市县中心城镇

与 2013 年的规划阶段性目标相比，现状人口规模超过阶段性目标的城镇有 2 个，分别为音德尔镇和德伯斯镇；阿尔山、巴彦呼舒、突泉 3 个城镇的现状人口规模低于规划的阶段性目标，其中巴彦呼舒略低于规划目标；突泉和阿尔山的人口规模呈现下降趋势，现状人口规模低于 2008 年的规模。

从第二级城市整体来看，2020 年规划确定第二级市县中心城镇人口规模为 38.95 万人，假设规划期内人口年均增长率相同，可以得到，2013 年的阶段性目标为第二级市县中心城镇人口规模达到 26.85 万人。2013 年现状第二级市县中心城镇人口规模为 24.03 万人，总体规模未达到规划的阶段性目标（表 5）。

表 5　兴安盟第二级城镇人口规模实施情况（万人）

	实际值	现状值	目标值		完成情况
	2008 年	2013 年	2013 年	2020 年	
阿尔山	4.11	3.35	4.76	5.85	未完成
巴彦呼舒	5.00	6.30	6.67	10.00	未完成
突泉	5.32	5.10	6.62	9.00	未完成
音德尔	6.80	8.08	7.64	9.00	完成
德伯斯	0.41	1.20	1.16	5.00	完成
总计	21.64	24.03	26.85	38.85	未完成

（3）第三级：地方性中心镇（重点镇）

与 2013 年的规划阶段性目标相比，现状人口超过阶段性目标的重点镇有 9 个，包括归流河、察尔森、乌兰毛都、大石寨、吐列毛杜、高力板、六户、巴彦高勒和胡尔勒；乌兰哈达、五岔沟、阿力得尔、索伦、东杜尔基、学田、宝石、新林 8 个重点镇的现状人口低于规划阶段性目标。

从第三级城市整体来看，2020 年规划确定三级地方中心镇人口为 11.65 万人，假设规划期内人口年均增长率相同，得到 2013 年的阶段性目标为三级地方中心镇城镇人口规模达到 10.13 万人。2013

年现状第三级城镇人口规模为 11.46 万人，总体规模达到了规划的阶段性目标（表 6）。

表6　兴安盟第三级城镇人口规模实施情况（万人）

市（旗县名）	城镇名称	实际值 2008 年	现状值 2013 年	目标值 2013 年	目标值 2020 年	完成情况
乌兰浩特市	乌兰哈达	0.29	0.7	0.44	0.80	未完成
阿尔山市	五岔沟	0.42	0.46	0.45	0.5	未完成
科右前旗	归流河	1.29	1.8	0.94	0.6	完成
	察尔森	0.22	0.4	0.31	0.5	完成
	乌兰毛都	0.64	0.4	0.47	0.3	完成
	阿力得尔	0.38	0.4	0.58	1.05	未完成
	索伦	0.78	1.5	0.87	1.0	未完成
	大石寨	1.18	1.5	1.23	1.30	完成
科右中旗	吐列毛杜	0.24	0.4	0.33	0.5	完成
	高力板	0.51	0.5	0.51	0.5	完成
突泉县	东杜尔基	0.37	0.3	0.42	0.5	未完成
	六户	0.43	0.5	0.46	0.5	完成
	学田	0.51	0.4	0.55	0.6	未完成
	宝石	0.52	0.2	0.59	0.7	未完成
扎赉特旗	巴彦高勒	0.82	0.9	0.89	1.0	完成
	胡尔勒	0.3	0.5	0.37	0.5	完成
	新林	0.67	0.6	0.72	0.8	未完成
总和		9.57	11.46	10.13	11.65	完成

根据以上对三级城镇的分析得出：从城镇数量上来看，参与评估的城镇中，50％的城镇达到规划的阶段性目标；从城镇人口规模上来看，第一、二级城镇总人口规模未达到规划的阶段性目标，第三级城镇的总人口规模达到了规划的阶段性目标。由此判断，城镇体系等级规模结构规划实施盟域内各城镇人口规模指标的量化分值为 0.4，加权分值为 3.6 分。

综上所述不难看出，综合首位度、四城市指数和市域内各城镇人口规模三种指标对城镇体系等级规模结构实施情况的评价，得到城镇体系等级规模结构总得分为 7.2 分。

4.3　职能类型结构评估

根据调研结果，整理了各个城镇的现状职能和主要产业，与规划职能作比较（表7、表8）。

表7 2013年兴安盟中心城市的城市性质与职能现状

城镇名称	城市性质	城市职能	评估得分
乌兰浩特	兴安盟的中心城市，内蒙古东部重要的工贸城市和交通枢纽，内蒙古历史文化名城	兴安盟的政治、经济、文化中心，以发展能源电力、化工、机械、制药、食品加工等产业为主的综合性城市	1/1
阿尔山	中蒙口岸，国内重要的生态旅游度假城市	阿尔山市的居住、商贸、教育中心及交通枢纽	1/1
巴彦呼舒	以能源、农畜产品加工业、旅游为主的综合性城镇	科右中旗的综合型中心城市；能源及工业基地、铁路交通枢纽	1/1
突泉	以农副产品加工业及绿色食品精深加工业为主的小城市	以农产品生产加工及贸易为主的农贸型城镇	1/1
音德尔	以工矿、农产品深加工为主的小城市	扎赉特旗的综合性中心城市；以工矿、能源、农产品深加工为主	1/1

表8 2013年兴安盟重点镇城镇现状职能

市（旗县）名	城镇名称	规划职能	现状职能	城镇现状主要产业职能	评估得分
乌兰浩特市	葛根庙	工业型	农业型	种植业	0/1
阿尔山市	五岔沟	旅游型	农贸型	森林养殖、地方性交通枢纽、旅游	0.5/1
	天池	旅游型	农贸型	旅游、农业、畜牧业	0.5/1
科右前旗	归流河	商贸型	工贸型	农牧业、农产品加工	0.5/1
	察尔森	商贸型	商贸型	旅游、畜类养殖	1/1
	德伯斯	工业型	农业型	农业、牧业	0/1
	阿力得尔	交通型	农贸型	种植业、养殖业	0/1
	索伦	工贸型	农贸型	农业、农牧产品加工、商品集散	0.5/1
	大石寨	交通型	农业型	种植业、畜牧业、铁路枢纽	0.5/1
科右中旗	吐列毛都	交通型	农业型	农牧业	0/1
	代钦塔拉	工贸型	农贸型	牧业、牧产品加工、旅游	0.5/1
	高力板	工贸型	农贸型	农业、畜牧业、农牧产品加工、农牧产品集散	0.5/1
突泉县	东杜尔基	工贸型	农贸型	农业、畜禽养殖、农牧产品集散	0.5/1
	六户	农贸型	农贸型	种植业、公路枢纽	1/1
扎赉特旗	新林	工业型	农贸型	种植业、农畜产品集散	0/1
	胡尔勒	工贸型	工贸型	种植业、养殖业、矿产采掘加工	1/1
	巴彦高勒	工业型	农业型	农业、畜牧业	0/1

根据 2008 年以来各个旗县市编制的城市总体规划，总结了各中心城区的城市性质和城市职能，各重点镇的职能类型（表 9、表 10）。

表 9　兴安盟中心城市的城市性质与职能规划（摘自各市总体规划）

城镇名称	城市性质	城市职能
乌兰浩特	内蒙古自治区历史文化名城，蒙东地区清洁能源生产基地和重要交通枢纽及物流集散地，兴安盟的政治、经济、文化中心，建设中的山水园林和生态宜居城市	兴安盟的政治、经济、文化中心；蒙东地区重要交通枢纽和物流集散地；内蒙古新兴工业基地；以红色文化和蒙元文化为特色的内蒙古历史文化名城；山水园林景观突出的生态低碳宜居城市
科尔沁	科右前旗政治、经济、文化中心，以综合服务业为主导的绿色园林城市	科右前旗的政治经济文化中心，第三产业的主要承载地，乌兰浩特的城市功能新区
阿尔山	中蒙口岸，国际性的生态旅游度假城市	阿尔山市的居住、商贸、教育中心及交通枢纽
巴彦呼舒	科右中旗政治、经济、文化和旅游服务中心，以工业为主的综合型城镇，具有科尔沁草原文化特色的生态宜居城镇	全旗的政治、经济、文化和旅游服务中心；重要的铁路、公路交通枢纽；新型煤化工、能源、绿色农畜产品加工基地，商贸、交通及旅游服务业中心；草原生态宜居城镇
突泉	突泉县的政治、经济、文化中心，以农副产品加工业及绿色食品精深加工业为主的综合服务型城镇	政治管理、商贸经济、文化教育和信息中心；兴安盟重要的绿色食品、农副产品加工基地；县商品集散和物流中心；县中职教育基地、技术人才培训基地
音德尔	扎赉特旗的政治、经济、文化中心，绿色农畜产品加工基地，自治区级山水园林生态城市	扎赉特旗的综合性中心城市；旅游集散中心；矿产加工和建材制造中心；蒙东地区与东北老工业基地的连接要镇；北方绿色农畜产品加工基地

表 10　兴安盟重点镇城镇职能规划（摘自各市总体规划）

市（旗县）名	城镇名称	职能类型	城镇主要产业职能
乌兰浩特	葛根庙	旅游型	历史文化遗产重要集中镇，具有旅游服务功能
	太本站	交通型	铁路交通枢纽
科右前旗	阿力得尔苏木	商贸型	农牧产品加工、交通、商贸
	察尔森	商贸型	商贸、旅游服务、城郊农业
	索伦	工贸型	农牧产品加工、商贸
	乌兰毛都苏木	商贸型	农牧产品加工、旅游服务
	额尔格图	交通型	交通运输服务、物资储运
	巴拉格歹乡	商贸型	农牧产品加工、旅游服务

续表

市 (旗县) 名	城镇名称	职能类型	城镇主要产业职能
科右中旗	好腰苏木	商贸型	商旅贸易，物资、产品集散地
	高力板	工贸型	风能、农副产品加工
	吐列毛杜	工贸型	农副产品加工
	巴仁哲里木	工贸型	生产加工业为主
	杜尔基	工贸型	加工集散地
扎赉特旗	巴彦高勒	农工型	旗域副中心，农畜产品加工中心
	图牧吉	旅游型	旗域重点旅游城镇
	巴彦乌兰	旅游型	旗域西北部旅游城镇
阿尔山	五岔沟	旅游型	森林工业、旅游、地方性交通枢纽
	天池	旅游型	旅游疗养、绿色食品加工
突泉	东杜尔基	农贸型	农牧产品贸易、加工为主
	六户	农贸型	农副产品加工、物资集散
	水泉	工贸型	农畜产品贸易、加工业、建材工业为主

评估结论：中心城市职能定位较为准确，城市按照规划内容不断强化自身职能，重点镇按照规划职能处于起步发展阶段，但部分重点镇存在职能定位偏差、发展效果不佳等问题。各旗县市修编总体规划后，个别中心城市性质和职能发生了变化，重点镇数量也有所调整。以中心城镇 5 分权重、17 个重点镇 10 分权重，综合评价计算得出，职能结构发育评价总得分为 8.1 分。

4.4　地域空间结构评估

乌兰浩特市无论在规模上还是在承担的职能上都是兴安盟城镇体系的中心。为加速中心城市发展，2014 年提出了建设乌兰浩特都市圈。将乌兰浩特都市圈划分为三个圈层：①核心圈层：乌兰浩特市区和科尔沁镇区；②中间圈层：科尔沁镇除镇区以外的地区以及居力很镇、义勒力特镇、葛根庙镇和乌兰哈达镇；③外圈层：大石寨镇、归流河镇、察尔森镇、额尔格图镇、俄体镇、巴拉格歹乡、阿力得尔苏木以及太本站镇。都市圈总面积合计 9 144.3km²。为提升乌兰浩特都市圈中心城区中心性，拓展城市发展空间，规划将乌兰哈达镇和义勒力特镇并入乌兰浩特市，将居力很镇并入科尔沁镇。乌兰浩特都市圈将进行乌兰浩特市—科尔沁镇同城化建设，以建设成为功能齐全、设施配套、品位高尚、方便生活的大城市中心城区。

111 国道经过的乌兰浩特市、巴彦呼舒镇、突泉镇及音德尔镇均是区域中心城市，城市发展较好，另外，部分重点镇如巴彦高勒、东杜尔基、六户也分布在 111 国道沿线。因此 111 国道仍然为盟域的一级空间发展轴。

由于兴安盟各个城镇行政范围广阔，小城镇发展不足，规模较小，整体还处于重点发展部分基础好有潜力的城镇，因此盟域范围内并未形成城镇密集区（图 5）。

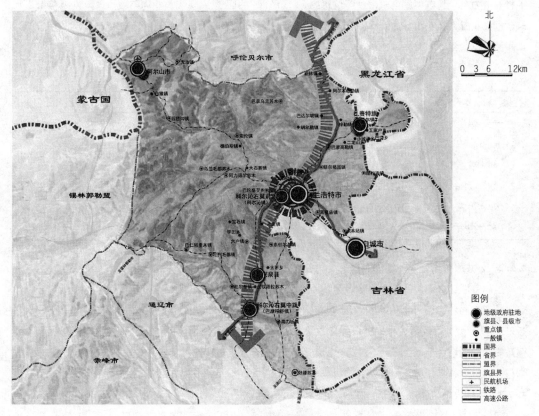

图 5　兴安盟城镇空间结构现状

评估结论：城镇空间结构规划较为准确，中心城市和一级空间发展轴发展程度较高。乌兰浩特都市圈的规划建设能够更好地促进中心城市的发展。综合评价计算得出，城镇空间结构评价总得分为 10 分。

4.5　城乡统筹评估

4.5.1　农村产业发展与布局

各旗县市逐渐形成农牧业发展重点（表 11）。突泉县禽产业基地不断巩固，养殖屠宰能力达到 6 000 万只，蔬菜产业步伐加快，设施温室大棚达到 1.4 万座。扎赉特旗重点打造水稻、玉米、大豆等种植基地，标准化养猪小区 355 处，标准化奶牛养殖小区（场）12 个，标准化肉羊养殖场 34 个。科右前旗粮食播种面积176 395hm²，以玉米、小麦为主，家畜总头数达338万头（只、口），新建肉羊标准化规模养殖场30个，建成肉牛标准化养殖场10个。乌兰浩特市农牧业以水稻、蔬菜、奶牛、肉羊种养殖为主。科右中旗全旗粮食产量达到11.3亿斤，积极发展现代农业肉羊项目，改良肉羊1.2万只，畜牧业占大农业比重达到53.6％。阿尔山完成卜留克订单种植3 500亩、马铃薯种薯种植1万亩，食用菌规模达到200万棒。

表11　兴安盟旗县市农村产业发展情况

旗县市	规划产业	现状产业	评估得分
突泉县	设施农业、禽类养殖、脱水蔬菜	禽类产业、设施农业	1/1
扎赉特旗	南猪北鹅	水稻种植、生猪肉羊养殖	0.5/1
科右前旗	设施农业和食用菌	玉米种植、肉羊肉牛养殖	0.5/1
乌兰浩特市	近郊奶牛、肉牛养殖	奶牛、肉羊养殖	1/1
科右中旗	肉牛、生猪养殖	肉羊养殖、种植业	1/1
阿尔山市	马铃薯、卜留克种植	马铃薯、卜留克、食用菌	1/1

4.5.2　公共服务设施整体规划布局

卫生方面：全盟共有苏木乡镇卫生院84所，嘎查村卫生室888所，农牧场所属医院10所。

教育方面：2013年年末农村牧区幼儿园74所，农村牧区小学81所，农村牧区初中41所。全盟1 500人以上大的行政嘎查村，已兴办公办幼儿园（班）186所，学前三年入园率达到74.21％。各级财政安排专项资金7 200万元，对薄弱学校改造计划及标准化建设项目学校的图书、音体美器材、教学仪器、电脑、多媒体远程设备等进行集中采购。

4.5.3　基础设施整体规划布局

2013年开展村容整治、整村推进工作，危房改造1.1万户，获得补助2.3亿元，开工建设11 630户，当年已竣工搬入新居。

兴安盟共有行政村847个，已有部分硬化街道的行政村309个，已硬化里程538km。2013年共实施通村沥青（水泥）路项目44个、建设里程821.3km，新增通沥青（水泥）路的行政村65个。新开工县乡道改造及路网改善项目6个（134.9km），完成投资1.24亿元；实施桥梁项目3个，完成投资0.23亿元；修建农村牧区沥青（水泥）路300.7km，完成投资1.52亿元。

兴安盟积极推进"十个全覆盖"工程，安全饮水、街巷硬化、村村通和农网改造、广播电视和通信、校舍建设及安全改造、标准化卫生室建设、文化室建设、便民连锁超市、养老医疗低保等工程正在逐步进行。

评估结论：各旗县市农村产业发展较好，绝大部分根据规划内容发展，且发展势头良好。公共服务设施正在有序推进；基础设施方面，村庄整治、乡村道路建设效果较好。以农村产业布局2分权重、公共服务设施4分权重、基础设施4分权重，综合评价计算得出，城乡统筹规划评价总得分为7.5分。

4.6　生态环境保护评估

4.6.1　环境质量

水环境：20 个流域水污染防治规划项目中，完成 4 个，已开工建设的 10 个，启动前期准备的 3 个。8 个城镇集中式饮用水源地中，有 3 个保护工作基本完成，1 个正在进行。全盟乡镇饮用水源保护区划定方案进入技术审核程序。2013 年，全盟地表水监测断面水质全部达到或优于三类水体标准，城市集中式饮用水源水质持续稳定达标。

大气环境：2013 年，全年监测乌兰浩特市城市环境空气 365 天，其中达到 Ⅱ 级标准天数为 362 天，占全年总数 99.18％；阿尔山市城区空气质量好于 Ⅱ 级以上的天数达到 95％以上，城区空气环境质量保持良好。

声环境：乌兰浩特市区域环境噪声平均等效声级为 52.9db，阿尔山噪声达到功能区划标准，其他旗县所在地交通噪声昼间基本达到功能区标准（表 12）。

生态环境：兴安盟已建成 10 个自然生态保护区，其中：国家级自然保护区 2 个、自治区级自然保护区 7 个、县级自然保护区 1 个。自然保护区面积 5 818.7km²，其中：国家级自然保护区面积 2 218.2km²。营造林 60 万亩，全盟森林覆盖率达到 30.6％，国有林区实现全面禁伐。草原建设面积 610 万亩，草原植被盖度达到 68％。水土保持治理面积 64 万亩。

4.6.2　污染防治现状

主要污染物减排任务较好完成，全年建设完成 22 个减排项目。全年 SO_2 排放量 1.83 万吨，全盟万元 GDP 能耗 1.14 吨标准煤。与 2012 年相比，2013 年兴安盟 4 项主要污染物排放实现"三降一平"，化学需氧量下降 2.5％，氨氮下降 0.56％，SO_2 下降 5.3％，氮氧化物与上年持平。

表 12　兴安盟环境质量情况对比

	具体分项	2020 年规划	2013 年现状	评估得分
水环境	集中式饮用水源水质达标率	100%	100%	1/1
	地表水监测断面水质	重点流域规划控制断面均达到三类水体	全部达到或优于三类水体标准	1/1
大气环境	空气质量达到 Ⅱ 级标准天数	乌兰浩特市大于 292 天	乌兰浩特市 362 天	1/1
		阿尔山市大于 300 天	阿尔山市 347 天	1/1
		其他旗县所在地大于 280 天	其他旗县所在地大于 300 天	1/1
声环境	噪声平均等效声级	乌兰浩特市区小于 55db	乌兰浩特市区 52.9db	1/1
		阿尔山市区小于 50db	达到功能区划标准	1/1
		其他旗县所在地小于 60db	达到功能区划标准	1/1

评估结论：兴安盟各项环境质量均达到规划要求，但在污染防治方面有待进一步加强。以环境质量目标 5 分权重、污染防治目标 5 分权重，综合评价计算得出，生态环境保护规划评价总得分为 7.5 分。

4.7 盟域基础设施评估

4.7.1 铁路建设方面

两伊铁路已建设完成，并已开通运营；锡乌铁路路基垫层全线贯通，轨道铺设已完成工程量的 50％以上。

4.7.2 公路建设方面

乌白高速公路已经通车，乌兰浩特至扎兰屯高速公路正在建设。

出盟通道、旗县市所在地实现一级路连接。乌阿一级路、阿尔山—杜拉尔一级公路已开通运营，基本完成音德尔—江桥一级公路项目；开始施工建设阿力得尔—霍林郭勒一级公路项目。国道 302 线科右前旗—阿尔山段一级公路项目进入工可研招标程序；国道 111 线哈根庙（通辽）—白音胡硕（中旗）一级公路项目前期逐步推进。

国道 302 线石头井子（巴彦高勒）—科右前旗二级公路改造项目进入招标程序，国道 331 线零点—宝格达山二级公路项目、国道 207 线后查干—阿力得尔二级公路等项目前期有序推进。

4.7.3 民航机场建设方面

阿尔山伊尔施机场已完成建设并已通航投入运营，开通了至北京、重庆、杭州、呼和浩特的航班；乌兰浩特机场完成飞行区跑道建设，航站楼主体框架基本完成。民航线路增开到 7 条，通航城市达到 5 个。

4.7.4 交通枢纽建设方面

乌兰浩特公路客运枢纽站项目工程设计上报交通运输厅待审批；新建乡镇客运站 6 个；已开通阿尔山—松贝尔口岸。

4.7.5 电力工程方面

乌兰浩特建成 2×340MW 兴安热电厂；科右中旗 1×33MW 热电厂于 2010 年投产运营，另一台 33MW 热电厂项目前期工作正在加快推进。兴安盟已完成 500KV 兴安变电站建设，建成德伯斯、伊尔施两座 220KV 变电站，并已开工建设科右前旗 220KV 变电站工程。

评估结论：兴安盟各项基础设施建设正按规划内容有序进行，部分项目已完成，但规划的 4 条二级公路都还未开工建设（表 13、图 6）。以交通设施 7 分权重、能源设施 3 分权重，综合评价计算得出，社会设施规划评价总得分为 6.5 分。

表 13　兴安盟基础设施建设情况

	具体分项	2020 年规划目标	2013 年现状	评估得分
铁路	新建	两伊铁路、两山铁路、齐乌铁路、锡乌铁路	两伊铁路已完成，锡乌铁路已完成 50%	0.5/1
	改造	白阿铁路	正在进行	1/1
公路	高速	乌白高速公路（302 国道）、乌兰浩特—扎兰屯高速公路、乌兰浩特—鲁北高速公路、乌兰浩特西环线高速公路	乌白高速公路已经通车，乌兰浩特—扎兰屯高速公路正在建设	0.5/1
	一级公路	乌阿公路、阿力得尔—霍林河、阿尔山—杜拉尔、巴彦呼舒—通辽、乌锡公路	乌阿公路、阿尔山—杜拉尔公路、音德尔—江桥公路已完成，阿力得尔—霍林郭勒正在施工	1/1
	二级公路	阿尔山—齐齐哈尔公路；乌兰浩特—牙克石公路；阿尔山—龙江公路；洮霍公路	G302 石头井子—科右前旗进入招标程序，G331 线零点—宝格达山、G207 线后查干—阿力得尔前期有序推进	0/1
民航机场	机场	乌兰浩特机场、阿尔山机场	乌兰浩特机场、阿尔山机场	1/1
	航线	开通乌兰浩特—沈阳、乌兰浩特—大连、乌兰浩特—哈尔滨航线	乌兰浩特机场线路增开到 7 条，通航城市达到 5 个；阿尔山机场开通了至北京、重庆、杭州、呼和浩特的航班	1/1
交通枢纽	铁路枢纽	乌兰浩特的铁路货场北移	正在建设，站场周边已建设物流园区	1/1
	公路枢纽	改建乌兰浩特长途客运中心，升级科尔沁长途客运站	新建设乌兰浩特公路客运枢纽站按一级站标准建设，正在组建项目建设管理机构	0/1
能源工程	电厂	建设中旗、突泉、乌兰浩特火电厂，增设白云花水库水电站、文得根水库水电站、绰勒水库水电站和苏河水电站	已建设乌兰浩特兴安热电厂、科右中旗热电厂，文得根水库水电站正在进行前期工作	0.5/1
	变电站	新建 500KV 兴安变电站、500KV 阿尔山输变电站	已完成 500KV 兴安变电站建设	0.5/1

4.8　盟域社会服务设施评估

4.8.1　教育科研

2013 年年末全盟学前三年幼儿入园率 74.21%，九年义务教育巩固率 94.86%，高中阶段毛入学率 90.72%。2013 年年末全盟共有幼儿园 460 所；小学 131 所；初中 66 所；普通高中 15 所，其中：教办普通高中民族语言授课学校 5 所、汉授学校 9 所、民办 1 所；中等职业学校共 17 所，其中：职业高中 10 所、普通中专 2 所、成人中专 5 所；高等院校 2 所，分别为兴安职业技术学院和兴安盟广播电视大学。

4.8.2　文化体育

2013 年年末盟旗两级共有图书馆 7 个、博物馆 3 个、群艺馆（文化馆）7 个、文物管理站（所）7 个。

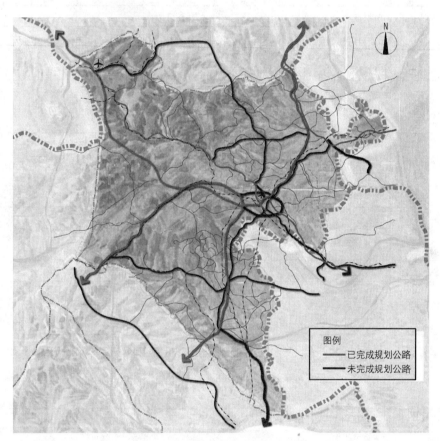

图例
—— 已完成规划公路
—— 未完成规划公路

图 6　兴安盟 2013 年已完成公路建设

4.8.3　医疗卫生

2013 年年末全盟共有卫生机构 1 690 个，其中：医院、卫生院（含疗养院）122 个；全盟有妇幼卫生保健机构 7 个。全盟有专科疾病防治院和疾病预防控制中心 14 个；卫生院 94 个；社区卫生服务中心 54 个。全盟共有苏木乡镇卫生院 84 所，嘎查村卫生室 888 所，农牧场所属医院 10 所，依据《内蒙古自治区一类卫生院评审标准》，有 36 所苏木乡镇卫生院进入一类卫生院行列，21 所苏木乡镇卫生院进入中心卫生院行列并全部进入一类卫生院行列。

评估结论：兴安盟各项社会服务设施建设正按规划内容有序进行，部分项目已完成（表 14）。以交通设施 7 分权重、能源设施 3 分权重，综合评价计算得出，社会设施规划评价总得分为 8 分。

表 14　兴安盟社会服务设施完成情况

	具体分项	2020 年规划目标	2013 年现状
教育科研	学前三年幼儿入园率	100%	74.21%
	义务教育巩固率	98%	94.86%
文化体育	文化体育活动中心	兴安文化中心、乌兰浩特市文化体育活动中心和旗县文化馆、图书馆	图书馆 7 个、博物馆 3 个、群艺馆（文化馆）7 个、文物管理站（所）7 个
医疗卫生	农村卫生室应设率	100%	100%
	农村卫生室合格率	100%	43.2%

4.9　旅游资源保护与开发评估

兴安盟现有 2 个机场、1 个口岸、1 个国家温泉火山地质公园、1 个国家湿地公园、2 个国家级自然保护区、3 个国家森林公园、AAAA 级景区 2 家、AAA 级景区 6 家、AA 级景区 9 家，形成了融生态观光、休闲度假、康体养生、冰雪运动于一体的产品开发格局。

全年共接待国内外游客 361.23 万人次，比上年增长 16.3%。其中：接待国内游客 361.09 万人次，增长 16.3%；接待境外游客 1 354 人次，增长 22.3%。全年实现国内旅游收入 34.89 亿元，增长 34.8%；入境过夜旅游收入 65.67 万美元，增长 34.0%。航空旅客吞吐量达 32 万人次，增长 26%。

近年来旅游业保持良好的发展态势。阿尔山市被国家确定为旅游扶贫试验区、生态旅游示范区和中国温泉之乡。赴蒙古国 3 条边境旅游线路获得国家批复。

目前兴安盟旅游正处于快速发展阶段，初步形成了"一体两翼双中心"的空间格局。阿尔山市旅游资源占有绝对优势，以自然旅游资源为主，其旅游龙头地位不可动摇，目前兴安盟 2 个 AAAA 级景区都在阿尔山境内，旅游发展势头较好；乌兰浩特是人文资源富集地，由于乌兰浩特是盟中心城市，是兴安盟的交通枢纽和旅游集散地，旅游服务业发展较好。科右中旗和扎赉特旗自然类资源具有较高的品位，两旗共有 AAA 级景区 3 个、AA 级景区 4 个，具有巨大的增长空间。

评估结论：兴安盟旅游业发展态势良好，旅游资源正在进一步开发，已经在全国范围内形成了一定的影响力，也初步形成了"一体两翼双中心"的空间格局。综合评价计算得出，旅游资源保护开发规划评价总得分为 5 分。

5　《规划》实施评估结论

在 2008 版城镇体系规划的指导下，兴安盟经过五年的规划建设，许多方面都取得了较大的成绩。

本次对兴安盟城镇体系规划实施评估的分值为66.1分，评估结果为良好（表15）。在规划的指标中，已有部分实现或超过了2020年规划目标，综合来看，在城镇空间结构、城乡统筹、生态环境保护、盟域社会服务设施、旅游资源保护与开发等方面实现程度较好。但在城市建设中存在许多不足之处需要改进和调整。在产业结构调整、城镇化水平、城镇等级规模、职能以及盟域基础设施建设方面实现程度较差，存在一定程度的滞后现象。

表15 兴安盟城镇体系规划实施评估结果

评估内容	评估指标	评估因子	权重	评估得分
总体发展目标落实情况10%	发展目标落实情况10%	根据规划所确定的发展目标动态选定	10	7.1
城镇体系规划实施情况45%	等级规模实现情况15%	首位度、四城市指数、城镇人口规模	15	7.2
	城镇职能实现情况15%	职能定位正确与否及实现情况	15	8.1
	空间结构实现情况15%	城镇空间发育情况	15	10
城乡统筹规划实施情况10%	农村产业发展与布局2%	发展是否一致	2	1.6
	公共服务设施整体规划布局4%	教育、文化、卫生、体育设施建设情况	4	3
	基础设施整体规划布局4%	农村道路、饮水、环境整治情况	4	2.5
生态环境保护10%	环境质量目标5%	目标实现情况	5	5
	污染防治目标5%	目标实现情况	5	2.5
盟域基础设施规划10%	交通设施7%	铁路、公路、机场、交通枢纽建设情况	7	4.6
	能源设施3%	变电站、电厂建设情况	3	1.5
盟域社会服务设施规划10%	教育、文化、医疗卫生	发展目标及设施建设情况	10	8
旅游资源保护与开发规划5%	旅游空间布局结构5%	旅游资源开发情况	5	5
城镇体系规划实施评估指标体系总权重			100	66.1

在对规划实施评价的相关研究的基础上，对兴安盟城镇体系规划的内容进行分解，并以主要内容为评价对象，分为总体发展目标、体系结构目标、城乡统筹目标、生态环境保护目标、基础设施发展目标、社会服务目标以及旅游发展目标七个方面来构建城镇体系规划实施评价指标框架，运用定性和定量相结合的方法，尽量将定性的规划目标用量化指标来进行评述，从而客观地反映该规划实施的情况。评估结果说明城镇体系规划实施评估定量方法具有一定的可操作性和实用性，有助于更加明确地

把握城镇体系规划的实施效果和区域城镇发展的阶段，也有助于城镇体系规划实施评估的科学化和系统化。

致谢

本文受国家科技支撑计划项目（2014BAL04B01）资助。兴安盟规划局提供帮助，特此致谢！

参考文献

[1] 丁国胜、宋彦、陈燕萍："规划评估促进动态规划的作用机制、概念框架与路径"，《规划师》，2013 年第 6 期。

[2] 郭垚、陈雯："区域规划评估理论与方法研究进展"，《地理科学进展》，2012 年第 6 期。

[3] 李王鸣、沈颖溢："关于提高城乡规划实施评价有效性与可操作性的探讨"，《规划师》，2010 年第 3 期。

[4] 林立伟、沈山、江国逊："中国城市规划实施评估研究进展"，《规划师》，2010 年第 3 期。

[5] 卢彧："湖北省城镇体系规划实施评价研究"（硕士论文），华中科技大学，2011 年。

[6] 鲁承斌、刘晟呈、郭新天等："关于我国城乡规划评估体系研究"，《城市发展研究》，2013 年第 9 期。

[7] 宋彦、陈燕萍：《城市规划评估指引》，中国建筑工业出版社，2012 年。

[8] 宋彦、江志勇、杨晓春等："北美城市规划评估实践经验及启示"，《规划师》，2010 年第 3 期。

[9] 孙晓东："市（县）域城镇体系规划实施评估研究"（硕士论文），山东建筑大学，2013 年。

[10] 万艳华、汪军、卢彧等："《湖北省城镇体系规划》实施评估研究"，《城市规划学刊》，2012 年第 1 期。

[11] 魏立华、刘玉亭："城乡规划的'执行阻滞'与规划督察"，《城市规划》，2009 年第 3 期。

[12] 吴江、王选华："西方规划评估：理论演化与方法借鉴"，《城市规划》，2013 年第 1 期。

[13] 周金晶、李枫、陈景进："省域城镇体系规划实施评估的框架构建设想"，《城市规划》，2011 年第 8 期。

慢科学宣言[①]

慢科学科学院

王建竹 译，顾朝林 校

Slow Science Manifesto

Slow Science Academy
(Slow Science Academy, Berlin, Germany)
Translated by WANG Jianzhu, proofread by
GU Chaolin
(School of Architecture, Tsinghua University,
Beijing 100084, China)

学术界正在经历一场根本性变革。全新的管理、融资和目标设定改变了现有的研究条件，而这些新变化在世界不同地区也引发了诸多的质疑和反思，其中不乏共同的话语和行动，慢科学运动就是在此背景下应运而生的。

1 科学不是生意

在过去几十年中，社会、政策以及大学都经历了深刻变革的洗礼。市场经济和货币主义主导了政府政策和公共服务。科技创新被视为知识经济的决定性要素。而大学也遭遇着全新的境况：一种商业模式正将工作及工作环境导向竞争和功利性的产出。研究在很大程度上由外部定义的研发计划、私有化的研究资源和成果（如专利、研究的副产品等）以及量化的优秀科研工作评价标准所主导。工作量常常超负荷，劳动合同也变得不确定。课程设计更为灵活和模块化，以使课程的商品化满足个性化的需求。

学术界这种基于知识和经济精英管理原则的商业模式，亟须批判性的评估和反对的呼声。日益严重的教育研究的私有化是结束的时候了。大学不应被卷入成本社会化和收益私有化的新自由主义逻辑之中。由国家（即纳税人）资助的研究不应只是为了生产各种产品的服务；年轻学者的超负荷工作和自我开发不应成为行业规则；为企业做贡献并不是学术工作的目的；大学既不是商业企业的研发分支机构，也不是政治上所倡导的知识经济的代言人。

我们呼吁一次新的全民大讨论，这是一场基于科学研究与教育、大学的任务和本质、研究的实践与应用的讨论，即慢科学运动的宗旨。

译校者简介

王建竹、顾朝林，清华大学建筑学院。

2 科学作为一个整体为社会服务

慢科学显然并不是懒散的科学，它也不同于"过去"的科学，即那个研究和研究者的独立性颇受尊重的黄金时代的科学。随着经济转向后工业时代模式，即所谓的"知识社会"，社会面临全球化和系统性挑战。大学负有特殊的使命，不仅因为它所创造的知识在应对这些挑战时扮演着无可争辩的重要角色，还因其作为代际传承机构具有重要的地位。

如今一代的学生不得不面对我们从前难以想象的境况。我们认为大学亟须担负起教育学生的责任，然而学术界和知识社会正在通过知识经济的特权渠道、私人利益以及快科学构建片面关系，使得这项艰巨的任务绝不可能完成。

慢科学倡导研究议程的确立应优先考虑我们所面临的切实的全球挑战。慢科学并不打算提供现成的答案或解药，因为那并不能解决诸如巨型城市、资源枯竭、全球变暖、军事战争、种族歧视以及不可持续发展等问题。慢科学需要根植于真正的知识社会。在这个社会中，不论是学术的还是本土的知识，都被视为是可信赖的、协同的知识生产模式的关键要素。

慢科学涉及研究精神的根本性重构。研究者不能再故步自封，不能再将科学知识局限于现有的学术实践；也不能再向投机钻营者和被动接受者间的选择机制低头。研究者必须在每一次与新环境和新问题建立联系的过程中，学会并教授重获知识可信性的主动意识。当然，这项慢科学运动也涉及对研究活动的资助和评价的截然不同的机制和流程。

3 所有人的教育和科学——共享的知识

教育是人的基本权利，科学应该为全人类所共享。通过使用"慢"这个字可以把慢科学与其他"慢"运动关联起来，共同抵制我们所担忧的科学私有化问题以及此前对此产生的某些并不理想的回应。私有化的科学意味着快科学，即肤浅的科学，从某种程度上说，也是通常不看好的科学。科学，就如同一门语言，不是个人的事，不应该被私有化。科学是"共有"的，而不是私有的，这是慢科学运动的主要目标之一。与此同时，共享知识以及知识生产的透明化也是关键。大学应该成为教育和（负责的）研究的机构，而这都有赖于长远的眼光。教育不只为了迎合劳动力市场的需求，学生也并不只是个人信用体系的分包商。

学术教育的首要目标是为创造意义和价值提供一个适宜的时空环境。教育和研究之间的关系，是科学教育的关键，应是兼容并蓄的。教育不仅应致力于专家的培养，更要实现由输出大量高学历人才向创造人类共同的智慧和想象力的空间转变。

为了使专业化的知识能够参与到这一过程中，教育面临的一大挑战便是积极促成专业化和非专业化的结合，使得科学界的专家和内行可以在更广泛的社会平台上探讨和论证专业知识的贡献和问题。

真正的科学实践者，不是在与世隔绝的象牙塔里，而是在社会的大学堂中，并清楚认识其研究在整个科学体系中的地位和意义。然而，当今社会对科技"产品"的庞大需求以及越来越多的研究合同所带来的风险，都是我们迈向这一目标的阻碍。

4 知识社会与知识经济——责任与赢利

致使学术自由深陷危机的原因，不仅是研究和教育的私有化，还有现行大学的管理制度。由于科技成果的评价体系导致了非理性的出版竞争。科技生产的过剩和过度竞争的筛选体系，明显降低了同行评审的质量，也增加了暗箱操作和徇私舞弊的风险。此外，这些外在的带有盲目性的遴选标准，可能会取代自主的更符合当下语境的决策机制，从而导致科学的视野受制于外在的资助标准和合同方的特定目的。最终，以上种种将导致一个以恶性竞争、等级体系以及臭名昭著的精英治理模式为特征的恶性工作环境的形成，而这又会进一步削弱建设一个有助于知识创造和协同工作的环境的可能性。

慢科学秉持负责的原则，反对由管理制度施加的盲目的"快"责任。慢科学力图争取更广泛的社会信任，而这种信任经常被科学界视为理所当然。然而，当竞争和获取科研经费成为科学的唯一驱动力时，社会信任将无从谈起。在特定语境下不附加意识形态的解决问题的严肃态度才是科学的责任所在。

至于评价体系，这个在现行管理制度中难以回避的重要问题，慢科学倡导恰当合理的评价体系，即评价体系的设计应充分尊重研究领域和研究视角的多样性，并谨慎负责地评估其结果。有些大学甚至不去检讨当前评价体系的后果，只是一味屈从于管理制度和条例，实在令人汗颜。其严重后果便是产业的人力资源管理模式被简单套用到研究者的科研生产工作的管理中。

当前的学术体系对于鼓励参与公众讨论没有任何奖励机制或预留时间。参与公众讨论——这一学术界的最高呼声之一——始终未得到应有的重视。在知识商品化和应用私有化的操纵下，知识社会的重要性与日俱增，政府通过资助政策研究来控制舆论和交流，科学研究沦为工具，进一步加剧了这一情势。

在如今的现实情况下，科学研究的质量难以得到保证。慢科学是开放的科学，也是开放和共享资源的科学。科学的发现属于全人类，而不是属于某些企业和公司。

5 慢科学的发展条件与实践

慢科学运动呼吁积极反对和抵制目前排他性知识生产的主流趋势，呼吁发展一种不同的学术环境，呼吁政策制定者、资助者、研究项目管理者、研究组织的领导者以及每个研究者践行新的科学道德观，呼吁研究个人、科学团体和组织、院系和部门以及政府官员能够认同我们的讨论，并以批判的眼光重新审视和评估现行的科学体制。开放讨论，鼓励发展新理论、建议和指导意见，以期从根本上扭转现有的知识生产过程。倡导共享建议和经验，支持和发展遍及全世界的慢科学运动浪潮。

在此，我们提出发展慢科学的一些最基本的条件，从而使以后"更好的创新"、"新的科学"成为可能。

(1) 政府资助的研究机构应保证研究和知识成果为公共利益服务，不能为私人的利益、目的或是知识经济的需要所左右。

(2) 针对科学出台的政策，应该意识到好的科学研究有其特殊的条件和需要，应提供充足的公共经费以保证其独立性，仅进行最低限度的干预即可。由于基础科学与应用科学之间的界限并不总是那么分明，资助方案应该在两者之间进行合理的权衡和范围的调整。为私人财产和利益服务的研究只能从私人获取资金和报酬。

(3) 研究议程的制定应针对我们所面临的重大系统性挑战——政治、文化、社会、生态、经济的问题，应有助于改变人类的集体行为。慢科学运动致力于倡导一种新的教育和研究方法，这将直接或间接地促进社会和环境正义。

(4) 研究成果的交流和传播对于科学的"共享"至关重要。应优先考虑在相关受众的媒介发表研究成果。总而言之，高等教育的真正民主化应作为优先考虑的议题。

(5) 与日俱增的发表和出版压力已经让许多研究部门难以为继，而这对青年研究者的影响更甚。为了摆脱目前出版压力的窘境，提议超越现有的量化产出的模式，尝试不同的评价方法和实践。在研究组和个人层面，都要避免以下情形的发生，即尽管发表和出版物的数量不断增加，但产出成果的质量以及对知识的贡献却很有限。

(6) 此外，有必要重新审视发表和出版过程。为抵制缺乏组织、过分专业化的同行评审形式，建议在评审过程中引入其他领域的学者，以提高审稿人指定过程的透明度和观点的多样性，保证审稿的时间和投入，从而平衡研究者、审稿人和编辑之间的无偿劳动付出以及有偿劳动者、出版商和订阅者之间的利润分配。

(7) 慢科学被称作开放的科学，从某种意义上说，是因为它鼓励和倡导科学范式和实践的多样性，因而有助于多层次、跨学科和交叉领域的实践和成果孵化。慢科学的拥护者同时也是同行评审程序（发表和出版、研究计划、职业评估、机构的教育和研究成果评估）的透明度和辩证性的最佳仲裁者。这里提到的最佳仲裁者，他们尊重科学方法的多样性（前提是这些方法对科学的内在和外在标准给予应有的尊重），并致力于通过舆论和媒体帮助那些为科学事业做贡献的工作者。

(8) 科研人员的工作条件亟待改善。坚决反对目前研究者不稳定和无保障的待遇。随着新自由主义之风在大学盛行，临时的、无保证的合同成为主导。对此，应提供更多的法律和社会保护措施以保障科研人员的合法权益，并对根深蒂固的性别不平等问题给予关注。必须重建平等和法治，并使这种新的秩序在赢家和输家、专家和普通民众、顶层与底层等关系中得到有效的贯彻落实。

(9) 快科学仍然是男性的科学。尽管近年来有越来越多的女性进入高校任职，甚至在一些院系中占多数；但如果只考虑学术性职务，女性从业人数便急剧下降，而在高层就职的女性更少。导致这一结果的不仅是潜在的性别歧视（快科学是男性的科学），还因为学术工作越来越被预设为全天候的奉献，即晚上、周末和假期作为实际的工作时间（用来阅读和写作）已经是行业标准。而在这种情况下，女性受到极大的歧视。类似的情况还有学术人员的种族和肤色歧视，这一点十分鞭辟入里，一方面满口称道"国际化"，另一方面却不为吸引全球的人才来就业做任何实际的努力。

（10）科研工作者应该是有责任感的公民。当研究者致力于公共讨论或作为某项事业的积极推动者时，应该确保他们的言论自由和行动的权利。这是独立负责的研究的核心所在。从这个意义上讲，慢科学运动也是捍卫研究自主性和基于科学视野的行动权利的团结的运动。更确切地说，与致力于保证科学知识的发展始终与社会息息相关，反对由技术主导研究和发展的单一路径。

（11）慢科学是以严格的研究伦理为基础的。随着日益增加的工作量和随之而来的压力，会目睹越来越多的欺骗、隐瞒和各种来自网络的不良影响。需要抵制为谋求企业或经济利益而违背社会和环境正义的发表行为。同样地，也需要抵制为实现政治或文化目的而违背社会和环境正义的发表行为。

（12）公众对科学知识局限性（由不确定性因素、知识的壁垒、真实世界的复杂性等引起的）和不可避免的非中立性的认知也是研究伦理的一部分。对科学保有适当的谦逊，可以为决策者制定基于科学视角的审慎的政策和实践创造空间，同时这也有利于决策者运用新的科学或实践眼光重新考量现有的政策和实践。

6 结论：慢科学鼓励独立和批判性的探索

学校（scholè）意味着自由的时间，而不是"忙碌"（busy-ness），即生意（a-scholè）。作为公共知识生产机构的研究实体应该致力于成为共同、多元与包容的场所，在这里批判性的辩论促进社会、政治、文化、经济和环境意识的形成。科学、教育、研究至关重要，尤其是在这个历史时期，对其进行私有化，将导致巨大的问题和极高的风险。独立自主的科学不应与封闭狭隘的科学相混淆。

慢科学不需要与忙碌世界的噪声相隔绝。但它需要从由知识经济催生的仓促的、通常是不民主的解决方案中解放出来。它需要时间来建立一种协同工作的关系，从而找出问题和答案。科学研究和教育的最高目标应该并且始终是提出困境和问题，并培养和塑造富于批判性、创造性、责任感和执行力的人。

科学、教育和研究应该始终秉持亲民和草根的精神。排他性的知识生产和使用是十分不负责任和具有破坏性的。或者从正面来讲，知识的民主化势在必行。我们因此坚信人类需要慢科学，更坚信这个地球需要慢科学。最后，最重要的是，我们坚信慢科学运动需要你的行动。

注释

① http://www. baidu. com/s? wd = Slow%20Science%20Manifesto&pn = 0&oq = Slow%20Science%20Manifesto&ie = ut f - 8&usm = 1&f = 8&rsv_bp = 1&tn = baidu.

顶层设计与规划改革

——关于《社会主义市场经济条件下城市规划工作框架研究》

刘 宛

Review of *Research on the Urban Planning Framework under the Socialist Market Economy*

LIU Wan
(School of Architecture, Tsinghua University, Beijing 100084, China)

《社会主义市场经济条件下城市规划工作框架研究》

陈晓丽主编，2007 年
北京：中国建筑工业出版社
302 页，58.00 元
ISBN：978-7-112-08519-4

与改革开放的大时代一起，中国城市规划走过了 30 多年繁荣的历程。在纷纷攘攘的环境下，一批理想主义的中国规划师抱持着对于城乡发展的美好憧憬，在艰苦的条件下筚路蓝缕，执着坚持，留下先行者探索的足迹。30 多年经济高速增长和快速的城镇化进程，彻底改变了中国城乡的社会结构和地理景观，也形成了不同于世界上其他模式的城乡规划与发展的"中国经验"。温故而知新，从过去的成果中重新寻找和发现曾经做过的有价值的研究，对于当前理论界寻求中国特色的规划理论框架的努力当会有启发性。

《社会主义市场经济条件下城市规划工作框架研究》一书正是这样一部有价值的研究成果。这部大开本的书籍，由中国建筑工业出版社出版，时任城市规划司司长的陈晓丽同志担任主编，汇集了 1997～2002 年的研究成果。

1997 年两会期间中央领导询问中国城市建设和规划管理方面的情况，建设部（现住房和城乡建设部）城市规划司（现城乡规划司）完成专题报告《中外城市化、城市规划建设管理对比分析》，这是规划界 1990 年代最具代表性的一份关于城镇化问题的政策报告。接下来，城市规划司继续组织国内规划管理、规划设计部门以及高校科研机构，汇聚了国内规划界各个方面的技术力量，开展《社会主义市场经济条件下城市规划工作框架研究》（下文简称《框架研究》）的课题研究，目的在于围绕社会主义市场经济条件下城市规划工作的总体思路进行研究设计，总结国内规划管理、规划科研、规划设计领域多年来的思想和经验，力求对我国规划体系改革做出比较全面和具有一定前瞻性的研究和把握。用今天的话说，相当于对规划改革进行"顶层设计"。

作者简介
刘宛，清华大学建筑学院。

全书分为三个部分。第一部分是《框架研究》的总报告；第二部分是《框架研究》的部分专题报告，选取了规划编制体系、规划管理、法规体系、区域规划四个专题报告；第三部分是中外城市规划管理体制对比分析，这个研究是《框架研究》过程中的延伸项目，是在1990年代后期集中当时一批有留学经历、学成归国的学者，就法国、美国、德国、瑞士、澳大利亚、日本、俄罗斯等国的城市规划体系所做的系统分析，这也是迄今为止国内最为完整和具有权威性的中外城市规划体系对比研究。总体来讲，这部著作代表了1990年代至2000年代初规划界主流思想在一些重大问题上的共识。

第一，《框架研究》从认识上明确了社会主义市场经济条件下中国城市规划的作用和性质。

报告总结了新中国成立以来，特别是改革开放以来规划工作的状况，认为凡是规划工作健康发展的时期，规划都较好地适应了当时社会经济发展的需要，契合了政治经济体制；城市规划是政府对城市发展实施宏观调控的重要依据和手段，在城市建设和管理中具有无可取代的综合指导作用；而土地资源的合理利用和空间资源的合理配置是城市规划工作的核心和关键环节；城市规划管理机制必须适应社会主义市场经济新体制的要求；加强城市规划的科学性是城市规划事业赖以发展的重要基础，任何时候都必须反对和避免违反城市发展客观规律和规划科学原则的"超常规划"、"遵命规划"，把为公共利益服务作为城市规划工作的出发点和归宿，因为只有这样城市规划才能得到社会广泛支持的社会基础。

城市规划工作的根本目标在于，在城市发展中维护整体利益和公共利益，保护自然和文化遗产，促进社会经济的可持续发展。随着市场经济下政府职能的转移，城市规划作为国家干预市场的一种手段，在宏观经济的调控、区域协调、城市化推进、土地与空间的有效利用等方面都具有非常重要的作用，需要不断完善和加强。毋庸置疑，规划界十几年前所建立的这些基本认识到今天也并不过时。

第二，在市场经济条件下我国的规划体系需要进行全面的改革和建构。

围绕着城市规划的编制体系、管理体系和法制体系，许多分析是很有创见的。譬如，报告认为城市规划工作具有一定的地方性，而中央对地方的规划编制主要采取指导和监督。再譬如，城市规划新的编制体系应当分为"基本序列"和"非基本序列"。前者通过规划法律来确立编制和审批的制度，为规划行政审批提供依据，可分为战略规划、城市总体规划、详细规划三个层次，这些规划工具在不同级别的政府之间发挥着重要的纽带作用。而"非基本序列"则基于一种放权的理念，从城市一时一地的发展需要出发，更加灵活，更容易适应市场发展的需要，目的是使法定规划的政策内容进一步得到落实，而无须中央政府统一做出编制和审批的规定。就编制体系进行的结构性调整，着眼于突出市场经济条件下政府的调控职能，使城市规划编制的政策意义、管理意义逐步大于技术意义。

在城市规划管理方面，报告提出要着力构建行政管理的整体框架，建立决策和执行相对分离的行政体系，实现国家—省—城市各级规划部门合理的事权划分，理顺规划主管部门同相关部门的横向关系。建立规划实施的监察评估制度，强化规划实施的监督制约机制，设立督察特派员制度，由国家和省政府派驻各城市，倡导上级规划主管部门同监察部门协作开展联合监督，推动人大及政协的监督，实现政务公开和申诉制度，推动公众参与城市规划。

至于城市规划法制体系，报告认为城市规划法制体系的完善，要着重在对规划机构设置、规划编制审批的法律程序、建设用地的规划管理、"一书两证"制度、规划监督检查、公众参与城市规划等方面的制度建设。报告从管理性质角度将规范性文件分为行政的规范性文件和技术的规范性文件。前者包括国家法律《城乡规划法》、若干行政法规、部门规章和地方法规四个层次；后者包括国家技术规范（包括强制性技术标准和指导性技术标准）、地方技术规范。报告提出近期重点任务在于修改《城市规划法》，在近期初步完成《城乡规划法》。事实上，我国的第一部《城乡规划法》在对 1990 版《城市规划法》修改的基础上，2008 年颁布实施。

第三，基于国际普遍经验的整理和总结，应认识到各个国家社会经济政治背景虽然不同，但是城市规划的概念、原则和方法是基本相通的。

发达国家先于我国完成工业化的进程，因此也建立起一套相对完整的法治化的规划管理系统。在不同的政治和经济体制下，采取综合的手段来达到对土地使用的统一管理。尽管我们常用"城市规划"一词，但实际上是一个较为宽泛笼统的概念，包含了国土规划、区域规划、城市和乡村规划，也可称之为"空间规划"。因此，报告把建设具有中国特色的空间规划体系作为研究目标，回归到城市规划的本义来开展比较研究。

通过中外对比，可以认识到城市规划编制和实施管理所具有的共同特征，报告概括为五个方面：一是规划是政府的重要职能和调控手段，一级政府，一级规划；二是规划工作的技术核心是土地使用规划；三是规划编制和实施管理应具有高度综合性，编制体系的构架应体现实施管理的方式，两者相辅相成，共同实现规划的意图；四是随着经济全球化成为明显的发展趋势，各国特别是发达国家在权力下放的同时，反而高度重视区域的协同发展，旨在增强城市和区域在国际上的竞争力，这是我国应高度重视的发展趋势；五是规划的编制和实施管理需要建立法制化和民主化的过程，要充分学习国外好的做法，强化城市规划的严肃性。

在最后的若干建议中，报告强调了七个方面：一是确立市场经济条件下城市规划工作的指导思想和整体思路；二是尽快建立和完善我国的地域空间规划体系；三是改进和完善规划编制体系，从规划编制入手，推动规划工作的改革；四是加强城乡规划法规体系建设，推进法治化进程；五是开展规划管理体制的试点工作，创新城市规划制度；六是重视和加强城乡规划的研究工作，加强城乡规划理论研究和规划政策研究，切实增强城乡规划的预见性、针对性和有效性；七是加强规划队伍的自身建设，提高从业人员的职业道德和整体素质。

"在新世纪，构建有中国特色的城乡规划体系是历史赋予我们的光荣任务和重大使命。"这是住房和城乡建设部原副部长仇保兴博士撰写的序言中的一句话，其实直到今天，这一任务和使命仍然还没有完成。这部著作的形成凝聚着规划界许许多多从业者的心血，也是对市场经济建设初期我国城乡建设发展出现的问题给予的积极回应，有些建议后来被逐步实施。

时过境迁，十多年后的今天，我国的社会经济形势有了很大的改变。中共中央做出了深化改革的重大决定，颁布了《新型城镇化规划》，提出了处理好城市规划和空间规划关系等一系列值得深入探究的问题。面对新的要求，《框架研究》的许多成果和观点仍有思考的价值，而最具启发性的还在于这样一种研究改革的方法和思路：尽管采取了渐进改革的策略，我们仍需静下心来，避免头疼医头脚疼医脚，在中外理论和实践的双重基础上，认识规律性的内容，努力做好规划改革的顶层设计，使规划改革能在行动之前做出更为全局性和长远性的综合考虑。

规划界是勤于学习和思考的集体，过去30多年有过从未间断过的研究。但同时，规划界的一些研究有时也显得缺乏系统和持久的知识积累，众说纷纭，言人人殊，结果在建构理论体系所需要的基本概念系统上迟迟不能形成属于我们自己的话语体系。或许还有好多有价值的研究成果等待后来者的发掘，让它们在新的时代发挥对后人的启迪作用。

"路漫漫其修远兮，吾将上下而求索"，建构中国特色的规划工作框架是每一个规划师共同的理想。有人说，理想借助英雄改写历史，致中国城市规划界理想飞扬的英雄！

致谢

本文得到北京市自然科学基金项目（8132041）资助。

勘　误

1. 2013 年第 2 期（总第 16 期）P25 "其辞世后的 1986 年由后人整理发表的'考古学'"改为"其辞世后的 1986 年发表的'考古学'"。

2. 2013 年第 2 期（总第 16 期）P158 "希望能在 1990 年前后达到 200 门/百人的水平"改为"希望能在 1990 年前后达到 20 门/百人的水平"。

对于书中出现的各种失误，我们感到非常抱歉。给大家带来了不便与困惑，我们诚挚地向各位读者道歉。如果书中还有任何失误，或对《城市与区域规划研究》有更多的意见或建议，请通过以下方式联系我们：

电话：86-10-82819552

电子信箱：urp@tsinghua.edu.cn

《城市与区域规划研究》 征稿简则

本刊栏目设置

本刊设有 7 个固定栏目：

1. 主编导读。介绍本期主题、编辑思路、文章要点、下期主题安排。

2. 特约专稿。发表由知名学者撰写的城市与区域规划理论论文，每期 1～2 篇，字数不限。

3. 学术文章。城市与区域规划理论、方法、案例分析等研究成果。每期 6 篇左右，字数不限。

4. 国际快线（前沿）。国外城市与区域规划最新成果、研究前沿综述。每期 1～2 篇，字数约 20 000 字。

5. 经典集萃。介绍有长期影响、实用价值的古今中外经典城市与区域规划论著。每期 1～2 篇，字数不限，可连载。

6. 研究生论坛。国内重点院校研究生研究成果、前沿综述。每期 3 篇左右，每篇字数 6 000～8 000 字。

7. 书评专栏。国内外城市与区域规划著作书评。每期 3～6 篇，字数不限。

设有 2 个不固定栏目：

8. 人物专访。根据当前事件进行国内外著名城市与区域专家介绍。每期 1 篇，字数不限，全面介绍，列主要论著目录。

9. 学术随笔。城市与区域规划领域知名学者、大家的随笔。

用稿制度

本刊收到稿件后，将对每份稿件登记、编号及组织专家匿名评审，刊登与否由编委会最后审定。如无特殊情况，本刊将会在 6 个月内告知录用结果。在此之前，请勿一稿多投。来稿文责自负，凡向本刊投稿者，即视为同意本刊以纸质图书版本以及包括但不限于光盘版、网络版等数字出版形式出版。稿件发表后，本刊会向作者支付一次性稿酬并赠样书 2 册。

投稿要求

本刊投稿以中文为主（海外学者可用英文投稿），但必须是未发表的稿件。英文稿件如果录用，本刊可以负责翻译，由作者审查定稿。投稿请将电子文件 E-mail 至：**urp@tsinghua. edu. cn**。

1. 文章应符合科学论文格式。主体包括：①科学问题；②国内外研究综述；③研究理论框架；④数据与资料采集；⑤分析与研究；⑥科学发现或发明；⑦结论与讨论。

2. 稿件的第一页应提供以下信息：①文章标题、作者姓名、单位及通信地址和电子邮件；②英文标题、作者姓名的英文和作者单位的英文名称。稿件的第二页应提供以下信息：①文章标题；②200 字以内的中文摘要；③3～5 个中文关键词；④英文标题；⑤100 个单词以内的英文摘要；⑥3～5 个英文关键词。

3. 文章正文中的标题、插图、表格、符号、脚注等，必须分别连续编号。一级标题用 "1"、"2"、"3" ……编号；二级标题用 "1.1"、"1.2"、"1.3" ……编号；三级标题用 "1.1.1"、"1.1.2"、"1.1.3" ……编号。

4. 插图要求：300dpi，16cm×23cm，黑白位图或 EPS 矢量图，由于刊物为黑白印制，最好是黑白线条图。图表一律通栏排，表格需为三线表（图：标题在下；表：标题在上）。

5. 所有参考文献必须在文章末尾，按作者姓名的汉语拼音音序或英文名姓氏的字母顺序排列，并在正文相应位置标出（翻译作品或文集、访谈演讲类以及带说明性文字的参考文献请放脚注）。体例如下：

   [1] Amin, A. and Thrift, N. J. 1994. *Holding down the Globle*. Oxford University Press.

   [2] Brown, L. A. et al. 1994. Urban System Evolution in Frontier Setting. *Geographical Review*, Vol. 84, No. 3.

   [3] 陈光庭："城市国际化问题研究的若干问题之我见"，《北京规划建设》，1993 年第 5 期。

   正文中参考文献的引用格式采用如 "彼得（2001）认为……"、"正如彼得所言：'……'（Peter，2001）"、"彼得（Peter，2001）认为……"、"彼得（2001a）认为……。彼得（2001b）提出……"。

   [4]（德）汉斯·于尔根·尤尔斯、（英）约翰·B. 戈达德、（德）霍斯特·麦特查瑞斯著，张秋舫等译：《大城市的未来》，对外贸易教育出版社，1991 年。

6. 所有英文人名、地名应有规范译名，并在第一次出现时用括号标注原名。

《城市与区域规划研究》征订

《城市与区域规划研究》为小 16 开，每期 300 页左右。欢迎订阅。

订阅方式

1. 请填写"征订单"，并电邮或邮寄至以下地址：
   - 联系人：刘炳育
   - 电　话：（010）82819553、82819552
   - 电　邮：urp@tsinghua.edu.cn
   - 地　址：北京市海淀区清河中街清河嘉园甲一号楼 A 座 22 层
     《城市与区域规划研究》编辑部
   - 邮　编：100085

2. 汇款
   - ① 邮局汇款：地址同上。
     收款人姓名：北京清大卓筑文化传播有限公司
   - ② 银行转账：户　名：北京清大卓筑文化传播有限公司
     开户行：北京银行北京清华园支行
     账　号：0109033460012010568638

《城市与区域规划研究》征订单

每期定价	人民币 42 元（含邮费）				
订户名称				联系人	
详细地址				邮　编	
电子邮箱		电　话		手　机	
订　阅	年　　期至　　年　　期			份　数	
是否需要发票	□是　发票抬头				□否
汇款方式	□银行	□邮局		汇款日期	
合计金额	人民币（大写）				

注：订刊款汇出后请详细填写以上内容，并把征订单和汇款底单发邮件到 urp@tsinghua.edu.cn。